普通高等教育“十二五”规划教材

有机化学实验

熊洪录　周　莹　于兵川　主编

化学工业出版社

·北京·

内容简介

本书是根据高等学校化学实验教学改革的要求组织编写的。全书按由浅入深、由简单到复杂、由单一反应到多步反应的顺序编排，主要包括有机化学实验的基本知识、有机化合物性质及物理常数的测定、有机化合物的合成实验、综合性实验、设计性和研究性实验等部分。

本书内容覆盖面较广，既有经典实验，也有新型实验，既有基本实验，也有提高性实验。在内容选择上，既考虑了有机化学实验内容间的联系，也考虑了部分实验内容的相对独立性，既有基本技能训练，也有综合性技能引导训练，有利于在全面训练学生有机实验技术的同时，培养学生的创新意识和创新能力。

本书可作为高等院校理工农医及化学化工相关专业的有机化学实验教材，也可作为有关科研技术人员的有机化学实验参考书。

图书在版编目（CIP）数据

有机化学实验/熊洪录，周莹，于兵川主编. —北京：化学工业出版社，2011.7（2023.1 重印）
普通高等教育“十二五”规划教材
ISBN 978-7-122-11499-0

Ⅰ. 有… Ⅱ. ①熊…②周…③于… Ⅲ. 有机化学-化学实验-高等学校-教材 Ⅳ. O62-33

中国版本图书馆 CIP 数据核字（2011）第 107539 号

责任编辑：旷英姿　李姿娇　　装帧设计　王晓宇
责任校对：宋　夏

出版发行：化学工业出版社（北京市东城区青年湖南街 13 号　邮政编码 100011）
印　　装：三河市双峰印刷装订有限公司
787mm×1092mm　1/16　印张 12¾　字数 305 千字　　2023 年 1 月北京第 1 版第 15 次印刷

购书咨询：010-64518888　　售后服务：010-64518899
网　　址：http://www.cip.com.cn
凡购买本书，如有缺损质量问题，本社销售中心负责调换。

定　　价：33.00 元

《有机化学实验》编写人员

主　编　熊洪录　（长江大学）

周　莹　（中南林业科技大学）

于兵川　（长江大学）

参　编（按姓名笔画排序）

王文革　（湖南工学院）

刘满珍　（常德职业技术学院）

李水芳　（中南林业科技大学）

李娇娟　（中南林业科技大学）

肖细梅　（湖南工业大学）

吴天泉　（长沙学院）

周攀登　（湖南城市学院）

陶李明　（湘南学院）

彭霞辉　（长沙学院）

前　言

随着社会对人才质量要求的提高和我国高等教育改革的深入发展，对高等院校学生的知识、能力和素质的要求，在新的形势下被提升到了一个新的高度。为此，教育部开展了“新世纪高等教育教改工程”和“高等学校本科教学质量与教学改革工程”建设工作，各高等院校及教育研究机构也都在进行积极探讨和深入研究。根据教育部“两个工程”建设的要求以及各高等院校化学实验教学示范中心建设和实验教学研究的经验，目前各高等院校在有机化学实验教学中都逐步采用了分层次的实验教学体系，以适应不同专业、不同层次人才培养的需要。压缩“验证性实验”，增加“综合性实验”，适当开设“设计性实验”和“研究性实验”，建立以能力培养为核心，以实验技术要素为主线，为学生提供个性学习与发展空间，为培养学生创新意识和创新能力的新的多样性的实验教学课程体系，已经成为有机化学实验教学改革的主要方向。但目前与之相匹配的有机化学实验教材建设则相对滞后。根据这种情况，我们结合国内外非化学专业有机化学实验教学的发展现状和趋势以及有机化学实验教学改革的实践经验，经审慎研讨、精心组织，编写了这本《有机化学实验》教材。

本书是在熊洪录主编的《有机化学实验》(武汉大学出版社，2009 年)、周莹主编的《有机化学实验》(中南大学出版社，2006 年)的基础上，汲取了它们在教学实践过程中的使用经验和意见，结合教学改革的发展趋势与编者多年来从事有机化学实验教学的实践经验，反复修改编写而成的。全书分为有机化学实验的基本知识、有机化合物性质及物理常数的测定、有机化合物的合成实验、综合性实验、设计性和研究性实验等五部分，各部分相对独立形成体系，又相互联系。

与以往的《有机化学实验》教材相比，本书具有以下编写特点：

(1) 在合理保留与学生所学理论知识相互印证的经典实验项目的基础上，适当增加了综合性、设计性、研究性实验项目，力求完善创新实验体系，达到既能规范提高学生的基本实验技能，培养学生严谨科学的态度，又能锻炼学生综合应用所学知识的能力和分析问题、解决问题的能力，激发和培养学生的创新意识的目的。

(2) 部分实验项目与生产生活实际紧密联系，体现了编者近年来的最新科学研究成果，是编者经过反复实践开发出来的实验项目，具有较强的可操作性和实践性。之所以选用这些实验项目，是为了使学生的实验过程接近于实际科学研究工作，有助于提高学生的学习兴趣和动手能力，对创新型人才的培养和实践教学质量的提高起到事半功倍的效果。

(3) 鉴于本书主要面向非化学专业的化学实验教学，针对有关专业与化学的联系特点，本书选取了一些非化学专业与化学专业的交叉学科的特色实验项目，以利于相关非化学专业学生更深刻地体会多学科交叉的应用，拓宽其知识面。同时，考虑到教材既要适应教学计划的需要，又要让使用教材的院校有选择的余地并对学生有一定的参考价值，本书中编入的实验项目和内容较计划实验教学学时要多一些，各院校可根据自身的专业特点和实际需要进行取舍。

(4) 本书在保证编写内容既要符合“普通高等学校本科人才培养方案”的要求，又要体现有机化学学科特点和相关专业培养目标的前提下，力求内容精练、知识面宽、适用性强。

本书由熊洪录、周莹、于兵川任主编。参加编写的人员还有李水芳、李娇娟、陶李明、肖细梅、周攀登、彭霞辉、吴天泉、王文革、刘满珍等。

本教材在编写过程中，得到了长江大学、中南林业科技大学等院校的有关领导和老师的大力支持和帮助，长沙理工大学的杨道武教授、李和平教授，湖南工业大学的刘志国教授、周晓娇教授，长江大学的蔡哲斌教授应邀对本教材进行了认真的审议，在此谨向他们表示衷心的感谢！同时，对本书所列参考文献的作者表示诚挚的谢意！

限于编者水平，书中难免存在疏漏与不足之处，敬请同行与读者批评指正。

编　者

2011 年 5 月

目 录

1 绪论

1.1 有机化学实验的性质与任务

有机化学是一门以实验为基础的自然科学，有机化学实验是有机化学学科体系中不可分割的重要组成部分。有机化学实验不仅是有机化学理论发展的源泉和动力，也是推动有机化学进步以及检验和评价有机化学理论的有效途径、方法和标准。

有机化学实验课程与有机化学理论课程一样，是化学化工以及相关专业十分重要的基础课程。有机化学实验课程以验证再现为基础实验层次，以应用设计为综合实验层次，以探索开发为研究实验层次，将理论与实践、知识与技能、验证与探索密切结合，使学生获得系统、规范、严格、科学的有机化学实验训练。有机化学实验课程是实施创新教育的重要途径，具有有机化学理论课程所不能替代的特殊作用。

通过有机化学实验课程系统规范的训练，以期完成下列任务并实现相应的目标：

(1) 巩固、拓展和深化课堂所学的有机化学理论知识，加深对有机化学基础知识、基本原理的理解和掌握。

(2) 掌握有机化学实验的基本知识、基础理论和基本技能。规范基本操作，能正确使用各种仪器装置；规范实验记录，科学处理实验数据，正确表达实验结果；学会查阅文献资料，正确设计实验，培养学生独立从事有机化学实验工作的能力。

(3) 通过实验操作，实验现象的观察、记录、分析，实验数据的处理和实验报告的撰写，以及自拟实验方案的综合设计实验，培养学生积极进取的实验创新能力。

(4) 培养学生认真操作、仔细观察、如实记录、积极思考、科学分析的工作作风和严谨、求真、协作、创新的科学素质，为今后从事科学研究工作打下坚实的基础。

1.2 有机化学实验的基本内容

1.2.1 有机化学实验的基本知识

有机化学实验的基本知识和基本操作是有机化学实验课程的重要内容，是动手开展有机化学实验的基本前提。有机化学实验的基本知识包括有机化学实验的基本规则、有机化学实验的基本仪器及装置、有机化学实验的基本程序、有机化学实验的基本操作等内容。

在有机化学实验过程中，学生不仅要熟悉有机化学实验的基本规则，还应熟悉有机化学实验的基本仪器和基本的实验装置。在此基础上，应该熟练掌握有机化学实验的基本操作，这是其后顺利进行有机化学实验的基本条件和基本要求。

1.2.2 有机化合物性质及物理常数的测定

有机化合物的性质包括物理性质和化学性质。重要的物理性质有熔点、沸点、折射率、旋光度、黏度、相对密度等。这些物理性质不仅是鉴定有机化合物的重要常数，也是有机化合物纯度的标志。化学性质是有机化合物最重要的性质，只有全面掌握了有机化合物的化学性质，才能更好、更有效、更准确地应用这些性质造福于人类。

学生在掌握有机化合物物理常数测定技术的基础上，通过进行有机化合物物理常数的测定以及有机化合物化学性质的实验，可以对所学的有机化学知识及相关理论进行科学性、客观性验证，加深和巩固对所学知识的认识和理解，同时也可以对有机化合物进行相关的鉴定，特别是进行各类有机化合物的合成。

1.2.3 有机化合物的合成实验

有机化合物的合成实验既要求学生具备较好的专业理论基础，也要求学生具有应用各种理论知识和各种实验技术的能力。因此，有机合成实验既是对所学理论知识的一种综合性应用，更是对学生动手能力的一种有效训练。有机合成实验结果不仅可检验不同类型的有机合成反应的客观性，更能够培养和训练学生的合成技能与合成技巧。学生根据实验教材或教师的指导，按照有关的实验方法和步骤进行实验，验证所学的科学知识、客观规律以及实验设计对于实验成功的重要性，加深和巩固对所学知识的认识和理解，更能够在合成实验的过程中规范训练各种实验操作的基本技术和有效掌握相关的实验技能。

1.2.4 综合性实验

在对学生进行全面实验训练的过程中，除了继续巩固基本操作技术、基本实验技能训练之外，要始终不忘实验课程的最终目的：使学生获得综合运用所掌握的实验知识和实验技能来解决实际问题的能力。综合性实验就是要把学生掌握的基本实验技术、基本实验技能，与已有的多方面知识、多学科内容、多因素影响，统筹考虑、综合应用开展实验。这一阶段学生的实验不再仅仅是单一的基本操作、分离、合成、鉴定鉴别等内容，而是要将有关方面的内容融为一体。主要涉及制备与分离的综合、各种分离技术的综合、分离与鉴定的综合、制备与鉴定的综合、制备与结构表征的综合、多步合成反应的综合以及新的合成技术的运用。本阶段实验的重点在于对学生进行实验基本操作技能和动手能力的综合性训练，强化对学生的综合实验素质以及分析问题和解决问题能力的培养。

1.2.5 设计性和研究性实验

在完成基础性实验和综合性实验的基础上，放手让学生开展一些设计性和研究性实验是十分必要的。设计性和研究性实验是让学生根据选定的实验项目，在教师的指导下，学生自己查阅文献资料，运用已有的理论知识和实验技能，自行设计实验方案，完成包括实验目的、实验原理、实验药品、仪器选用、装置构建、实验操作步骤、实验结果预测、实验结果鉴定、实验报告格式等在内的一整套完整方案的制订。实验方案制订后，经指导教师审核，进一步完善方案后，由学生独立进行操作，完成全部实验内容。实验完成之后，学生根据所得实验结果写出完整的实验报告。

实践证明，设计性和研究性实验能激发学生探索知识的兴趣，是全面提高学生的实验综合能力、创新能力和科学素养的有效途径。通过设计性和研究性实验，全面提高学生分析问题和解决问题的能力以及创新意识和创新能力。

1.3 有机化学实验的教学方法

1.3.1 实验与理论相结合

在有机化学实验教学过程中，要注重与有机化学理论教学内容紧密结合。有机化学理论与有机化学实验是相辅相成、相互关联、密不可分的，有机化学理论的检验和发展离不开有机化学实验，同样有机化学实验的原理以及实验的设计也离不开有机化学理论的指导。在有机化学实验的教学过程中，一定要强调有机化学实验与有机化学理论的结合。

1.3.2 动手与动脑相结合

有机化学实验不只是一个动手的过程，还需要分析思考，从有机化学实验的原理到有机化学实验的设计，从有机化学实验结果到实验结果的解读，从有机化学实验中的问题到问题的分析与解决，都离不开思考。只有在实验的过程中手脑并用，才能真正学好有机化学实验课程。

1.3.3 自学与讲授相结合

有机化学实验教学实践证明，在教师的指导下学生的自学是最有前途、最有效率的教学方法之一。教师的职责是讲授重点、难点及注意事项，然后放手让学生自己学、自己做，最大限度地发挥学生的主观能动性，充分调动学生在有机化学实验的过程中学习的主动性和积极性，促使学生形成自我约束、自我激励、主动学习的优良学风，从而提高在新教育形势下有机化学实验教学的质量。有机化学实验教学应该改变主要靠老师去讲、去演示的传统教学方式，从根本上改变学生等待知识传授的习惯和消除其依赖心理，真正体现“教师导学，学生自学”、“以人为本，以学生的发展为本”的现代教育理念，使有机化学实验教学调整为靠学生去自学、去做、去积累、去领悟，鼓励学生独立思考，善于发现问题、提出问题、分析问题、解决问题，不断提高获取新知识的能力。

1.3.4 现代化教学手段与传统实验室教学相结合

在有机化学实验教学过程中，除了充分地利用实验室进行实践教学之外，在条件允许的情况下，还应该尽可能利用网络、录像、多媒体等现代化教学手段配合实验教学，以使实验课教学更加直观、形象、生动，有助于学生对所学内容的理解和掌握。合理利用先进的多媒体网络技术，对现行实验教学方法进行改革。对于重要的实验操作以及耗时较长、毒性较大、不能现场操作的实验制作成动画或视频给学生看，既生动形象，又可以节约教学时数，开阔学生眼界，提高教学质量。

创新教育是以培养人的创新意识和创新能力为基本价值取向的教育，是通过对学生施以系统教育，在传授知识、培养能力的同时，把培养学生的创新意识、创新思维和创新能力有机地统一起来，为学生将来成为创新人才奠定基础。为此，在有机化学实验教学中，应通过多种途径，注重对学生创新能力的培养，进而从根本上全面提高有机化学实验教学的质量。

2 有机化学实验的基本知识

2.1 有机化学实验的基本规则

2.1.1 有机化学实验规则

为了保证有机化学实验正常、有效、安全地进行，并保证实验教学的质量，使学生养成良好的实验习惯，要求学生在进行实验时必须遵守下列规则。

(1) 认真预习　实验前要认真预习实验教材，明确实验目的，弄清实验原理和操作步骤，了解实验的关键问题及应该注意的事项，合理安排时间并初步预测实验结果。

(2) 注意安全　进入实验室要穿实验服，严格遵守实验室安全守则，弄清水、电、煤气的开关及通风设备、灭火器材、救护用品的配备情况和安放地点，并能正确使用。如遇意外事故，应立即报告指导老师，采取适当措施，妥善处理。

(3) 规范操作　实验前检查实验用品是否齐全，装置是否正确。实验时认真操作，仔细观察，积极思考，及时、如实地记录实验现象并作出科学的解释。如遇实验结果和理论不符，应分析原因或重做实验，得出正确的结论。如更改实验内容或步骤，须征得指导老师同意后方可进行。

(4) 保持整洁　实验室仪器、药品应摆放整齐有序，保持实验环境的整洁。装置安装要求规范、美观。废酸、废碱倒入废液缸，废纸、火柴梗等固体废物应丢入废物箱，不得倒入水槽或扔在地上。实验完毕，应将玻璃仪器洗净备用，公用仪器或药品用后应及时送还原处，做好清洁工作。离开实验室前，关好水、电、煤气的开关，关好门窗。

(5) 厉行节约　爱护实验室各种仪器和设备，药品按需取用，节约水、电、煤气。未经许可，不得将仪器和药品携出实验室外。损坏仪器要填写仪器破损单，经指导老师签署意见后，凭损坏原物向管理室换取新仪器。

(6) 完成报告　实验课后应及时整理实验记录，独立撰写实验报告。书写实验报告要求叙述简明扼要、条理清晰、字迹工整、图表规范，并按时交指导老师批阅。

2.1.2 有机化学实验安全规则

为了确保实验人员、实验仪器设备及实验室的安全，每位进入实验室进行实验的学生，都必须重视安全操作和熟悉一般安全常识，并切实遵守实验室的安全守则。

2.1.2.1 有机化学实验室安全守则

(1) 进入实验室应穿实验服，不得穿拖鞋、凉鞋。实验室严禁吸烟、饮食，不得大声喧哗，不得擅离岗位。实验完毕要认真洗手。

(2) 实验开始前应认真阅读实验内容，检查仪器是否完好无损，装置是否安装正确。实验时要经常注意反应情况是否正常，装置有无漏气、破裂等现象。

(3) 对反应过程中可能生成有毒、有腐蚀性、有刺激性气体的实验，应在通风橱内进行，使用过的器皿应及时清洗。

（4）当进行有可能发生危险的实验时，要根据实验情况采取必要的安全措施，如戴防护眼镜、面罩或穿防护衣等。

（5）禁止随意混合各种试剂药品，以免发生意外事故。

（6）实验药品不得入口，避免药品与皮肤直接接触。取用有毒试剂（如氰化物、钡盐、铅盐、砷的化合物、汞的化合物等）时更须小心，不得接触伤口，也不能将有毒物品随便倒入下水管道，以免污染环境。

（7）不能用湿手去使用电器或接触插头。实验完毕应先切断电源，再拆卸装置。

（8）充分熟悉安全用品如灭火器、沙箱以及急救药箱的放置地点和使用方法，并妥加爱护，安全用具及急救药品严禁挪作他用。

2.1.2.2　实验室事故的预防

有机化学实验中使用的药品种类繁多，且多数属易燃、易挥发、毒性、腐蚀性物品，实验中又多使用玻璃仪器、电炉、酒精灯等设备，大大增加了实验的潜在危险性。若操作不慎，极易发生着火、中毒、烧伤、爆炸、触电、漏水等事故。因此必须掌握正确的操作规程，遵守实验室安全守则，做好防护措施，避免事故的发生。

（1）火灾的预防　实验室中使用的有机溶剂大多是易燃的，着火是有机实验中常见的事故。预防火灾的基本原则如下所述。

① 在操作易燃的溶剂时，应注意：

a. 远离火源。

b. 切勿将易燃溶剂放在广口容器（如烧杯）内直接加热，加热必须在水浴中进行，切勿使容器密闭，否则会造成爆炸。

c. 当附近有露置的易燃溶剂时，切勿点火。

② 在进行易燃物质加热或燃烧实验时，应养成先将酒精等易燃的物质搬开的习惯。

③ 蒸馏易燃的有机化合物时，装置不能漏气，一旦发现漏气，应立即停止加热，检查原因。若因塞子被腐蚀，则待冷却后，才能换掉塞子。漏气不严重时，可用石膏封口，但是切不能用蜡涂口，因为蜡受热后会熔融，不仅起不到密封的作用，还会被溶解到有机物中，引起火灾。从蒸馏装置接收瓶出来的尾气，其出口应远离火源，最好用橡皮管引到室外。

④ 回流或蒸馏易燃低沸点液体时，应注意：

a. 放几粒沸石以防止暴沸。若在加热后才发觉未加入沸石，不能立即揭开瓶塞补放，而应先停止加热，待被蒸馏的液体冷却后才能再加入。

b. 瓶内液量最多只能装至半满。

c. 加热速度不能过快，避免局部过热。

⑤ 用油浴加热蒸馏或回流时，必须十分注意避免由于冷凝用水溅入热油浴中致使油外溅到热源上而引起火灾。

⑥ 当处理大量的可燃性液体时，应在通风橱中或在指定地方进行，室内应无火源。

（2）爆炸的预防　有机化学实验中预防爆炸的一般措施如下：

① 仪器装置必须正确，否则往往有发生爆炸的危险。常压蒸馏及回流时，整个系统不能密闭；减压蒸馏时，应事先检查玻璃仪器是否能承受系统设定的压力；若在加热后发现未加入沸石，应停止加热，冷却后再补加；冷凝水要保持畅通。

② 切勿使易燃、易爆的气体接近火源。

③ 使用乙醚时，必须检查有无过氧化物存在，如果发现有过氧化物存在，应立即用硫酸亚铁除去过氧化物后，才能使用。

④ 对于易爆炸的固体，如重金属乙炔化物、苦味酸金属盐、三硝基甲苯等，都不能重压或撞击，以免引起爆炸；对于危险的残渣，必须小心销毁。例如，重金属乙炔化物可用浓盐酸或浓硝酸分解，重氮化物可加水煮沸使之分解等。

⑤ 有些有机物遇氧化剂会发生猛烈的爆炸或燃烧，操作或存放时应格外小心。

(3) 中毒的预防

① 使用有毒或有较强腐蚀性的药品应严格按照有关操作规程进行，不能用手接触这类化学药品，不得入口或接触伤口，亦不可随便倒入下水管道。实验后的有毒残渣必须作妥善而有效的处理，不得随意丢弃。

② 反应过程中可能生成有毒或有腐蚀性气体的实验应在通风橱内进行，使用后的器皿应及时清洗。

③ 实验中若发现有头晕、头痛等中毒症状，应立即转移到空气新鲜的地方休息，严重者应立即送往医院。

(4) 触电的预防　使用电器时，应防止人体与电器导电部分直接接触，不能用湿的手或手握湿物接触电源插头。为了防止触电，装置和设备的金属外壳等都应连接地线。实验后应切断电源，再将连接电源的插头拔下。

2.1.2.3　实验室事故的处理与急救

(1) 火灾的处理　实验室一旦发生失火事故，不能惊慌失措，应保持镇静，室内全体人员应积极有序地进行灭火，并采取各种相应措施，以减少损失。

首先，应立即切断电源，熄灭附近所有的火源，并移开附近的易燃物质。紧接着应根据具体情况立即进行灭火。有机化学实验室灭火，常采用使燃着的物质隔绝空气的办法，通常不能用水，否则，可能会引起更大的火灾。

① 如果油类着火，要用干砂子或灭火器灭火，也可撒上干燥的固体碳酸氢钠粉末。

② 如果电器着火，首先应先切断电源，然后用二氧化碳灭火器或四氯化碳灭火器灭火(注意：四氯化碳蒸气有毒，在空气不流通的地方使用有危险!)，因为这些灭火剂不导电，不会使人触电。绝不能用水和泡沫灭火器灭火，因为水能导电，会使人触电甚至死亡。

③ 如果衣服着火，切勿奔跑，而应立即在地上打滚，邻近人员可用湿毛毡或湿棉被一类物品盖在其身上，使之隔绝空气而灭火。

总之，失火时，应根据起火的原因和火场周围的情况，采取不同的方法灭火。无论使用哪一种灭火器材，都应从火的四周开始向中心扑灭，把灭火器的喷出口对准火焰的底部。在抢救过程中切勿犹豫。

(2) 割伤和烫伤的处理　在玻璃仪器的使用和玻璃工的操作中，常因操作不当或操作失误而发生割伤和烫伤的情况。若发生此类事故，可用如下方法处理。

① 割伤　首先取出玻璃片，用蒸馏水或双氧水清洗伤口，搽上碘酒后包扎。若伤口严重，应在伤口上方10cm处用纱布扎紧，减慢流血，紧急送往医院。

② 烫伤　轻者涂烫伤膏；重者涂烫伤膏后立即送往医院。

(3) 化学灼伤的处理　强酸、强碱和溴等化学药品接触皮肤均可引起化学灼伤，使用时应格外小心，一旦发生这类情况应立即用大量水冲洗，再用如下方法处理。

① 酸灼伤　眼睛灼伤用1% $NaHCO_3$ 溶液清洗；皮肤灼伤用5% $NaHCO_3$ 溶液清洗。

② 碱灼伤　眼睛灼伤用1%硼酸溶液清洗；皮肤灼伤用1%～2%醋酸溶液清洗。

③ 溴灼伤　立即用酒精洗涤，再涂上甘油，或敷上烫伤油膏。如眼睛受到溴蒸气刺激，可对着盛有卤仿或酒精的瓶内注视片刻。

④ 钠灼伤　可见的小块用镊子移去，用大量水洗，再以1%～2%硼酸溶液洗，最后用水洗。

灼伤较严重者经急救后及时送往医院治疗。

(4) 中毒的处理　毒物溅入口中而尚未咽下的应立即吐出，并用大量水冲洗口腔；如已吞下，应根据毒物的性质给以解毒剂应急处理，并立即送往医院急救。

① 腐蚀性毒物中毒　对于强酸，先饮用大量的水，再服氢氧化铝凝胶或鸡蛋清；对于强碱，也要先饮用大量的水，然后服用醋、酸果汁或鸡蛋清。不论酸或碱中毒都需灌注牛奶，不可吃呕吐剂。

② 刺激性及神经性中毒　先服用牛奶或鸡蛋清使之缓和，再服用硫酸镁溶液催吐，也可用手指伸入喉部催吐，然后立即送往医院。

③ 吸入气体中毒　将中毒者搬抬至室外，解开衣领及纽扣。吸入少量氯气或溴气者，可用碳酸氢钠溶液漱口。严重者应立即送往医院。

2.1.2.4　急救用具

(1) 消防器材　包括泡沫灭火器、四氯化碳灭火器、二氧化碳灭火器、防火毛毯、黄沙等。

(2) 急救药箱　内备碘酒、紫药水、甘油、凡士林、烫伤油膏（如兰油烃等）、75%酒精、3%双氧水、1%醋酸溶液、1%硼酸溶液、1%碳酸氢钠溶液、饱和碳酸氢钠溶液、创可贴、绷带、纱布、药棉、棉签、橡皮管、镊子、剪刀等。

2.1.3　有机化学实验室守则

为了确保有机化学实验顺利地进行，保证实验的教学质量，学生必须遵守下列实验室规则。

(1) 进入有机化学实验室前，做好充分的预习，明确实验目的、原理及操作中的注意事项，并写出预习报告。

(2) 进入实验室时，应熟悉实验室及其周围的环境，熟悉灭火器材、急救药箱放置的位置及正确的使用方法。严格遵守实验室安全守则和每个具体实验操作中的安全注意事项。如有意外事故发生应及时报告指导老师，进行妥善处理。

(3) 实验室中应保持安静，不得擅离岗位，严禁在实验室吸烟、进食。合理安排实验时间，规范实验操作，认真观察实验现象，积极思考实验中出现的问题，如实记录实验现象、结果及数据。

(4) 实验仪器、药品应摆放整齐有序，随时保持实验环境（桌面、地面等）的整洁。不得将固体物或腐蚀性的液体倒入水槽，实验留下的有机物应倒入指定的容器中，废酸、废碱应倒入废液缸中。对一些难处理的有害废物可送环保部门进行专门处理。

(5) 爱护国家财产，正确使用仪器与设备，公用仪器使用后应放回原处。损坏仪器需填写仪器破损单，如果发现仪器设备有故障，应立即停止使用，并报告指导教师，再作恰当处理。

(6) 药品按需取用，注意保持药品和试剂的纯净，严防混杂，取完药品后应及时盖上瓶塞，并将药品放回原处。

(7) 实验完毕后应将玻璃仪器洗净备用，值日生应做好清洁卫生工作，关好门、窗和水、电、煤气闸门，经指导老师检查同意后方可离开实验室。

(8) 实验室内的一切物品，未经本室负责教师批准，严禁携出室外，借物必须办理登记手续。

2.2 有机化学实验的基本仪器及装置

在有机化学实验中，经常要使用一些玻璃仪器和实验装置。熟悉所用仪器和装置的性能，掌握各种仪器和装置正确的使用方法以及维护方法，对实验者来说是十分必要的。

2.2.1 有机化学实验常用的玻璃仪器

有机化学实验中常用的玻璃仪器一般由软质或硬质玻璃制作而成。如普通漏斗、量筒、吸滤瓶、干燥器等均由软质玻璃制成，它们的耐温性、耐腐蚀性较差，但价格相对便宜；而烧瓶、烧杯、冷凝器等玻璃仪器则由硬质玻璃制成，它们一般具有较好的耐温、耐腐蚀性能。

有机化学实验所用的玻璃仪器一般可分为普通玻璃仪器和标准磨口玻璃仪器。

2.2.1.1 普通玻璃仪器

实验室常用的普通非磨口玻璃仪器有锥形瓶、烧杯、量筒（杯）、吸滤瓶（又称抽滤瓶）、普通漏斗、分液漏斗等，见图 2-1。

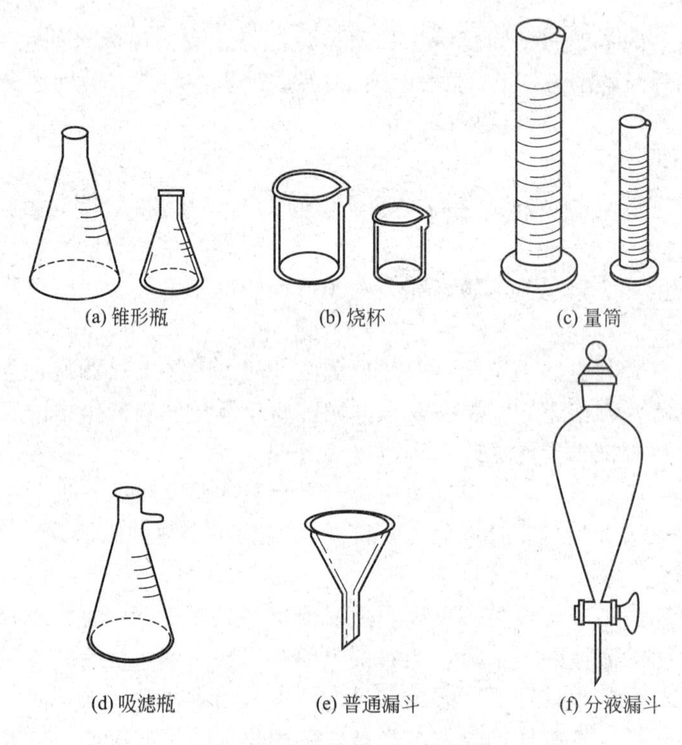

图 2-1 常用的普通玻璃仪器

使用玻璃仪器时应轻拿轻放。除试管等少数仪器外，一般都不能直接用明火加热。锥形瓶不耐压，不能作减压用。厚壁玻璃器皿（如吸滤瓶）不耐热，不能用作加热容器。广口容器（如烧杯）不能存放有机溶剂。带活塞的玻璃器皿如分液漏斗、滴液漏斗、分水器等，用过洗净后，在活塞与磨口间应垫上纸片，以防粘连。若已粘连，可用水煮后再轻敲活塞；或在磨口四周涂上润滑剂后用电吹风吹热风，使磨口膨胀松开。另外，温度计不能当成搅拌棒使用，也不能用来测量超过量程范围的温度。温度计使用后要缓慢冷却，不可立即用冷水冲洗，以免炸裂。

2.2.1.2　标准磨口玻璃仪器

常用的标准磨口玻璃仪器有各种烧瓶、蒸馏头、干燥管、冷凝器、接收容器等，如图2-2所示。

标准磨口，是指其接口部位的尺寸都是按标准统一的，即标准化的。按磨口口径标准，磨口玻璃仪器分为10、14、19、24、29、34、40、50等号。只要是相同尺寸的标准磨口，相互之间便可以装配吻合。对不同尺寸的磨口仪器，还可以通过相应尺寸的大小磨口接头（见图2-2）使之相互连接。

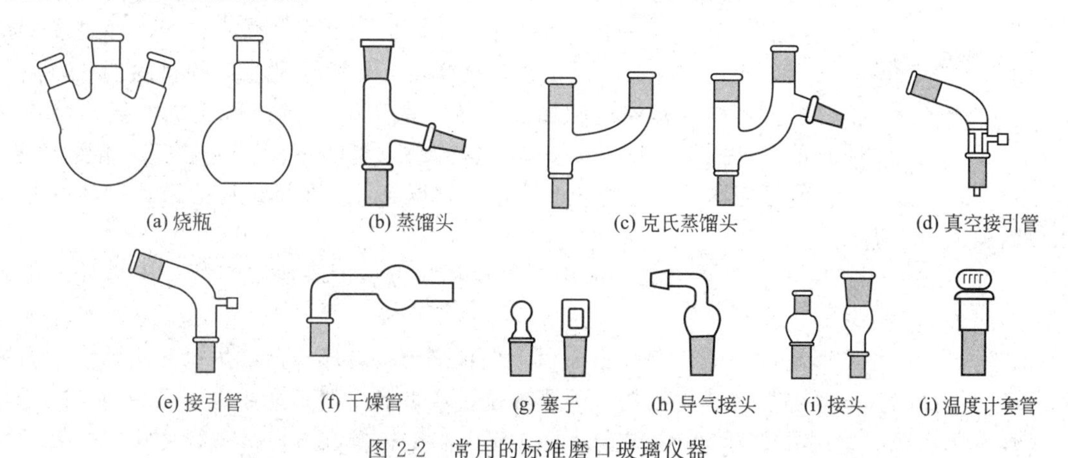

图2-2　常用的标准磨口玻璃仪器

目前进行有机化学实验普遍使用标准磨口玻璃仪器。标准磨口仪器具有尺寸的标准化、系列化和磨砂口塞的密合性好等特点，相同规格（或编号）的磨口、塞具都可以紧密相连，通用性强。标准磨口仪器利用不多的器件可组合成多种功能的实验装置，利用率高。标准磨口仪器安装、拆卸方便，工作效率高。

在使用标准磨口玻璃仪器时，还需要注意以下事项：

(1) 玻璃仪器在使用完毕后，应及时清洗干净，不得粘有固体物质，特别是磨口处必须洁净。清洗时应该避免用去污粉擦洗磨口，否则，可能会造成磨口处连接不紧密，甚至损害磨口。洗净的玻璃仪器最好自然晾干。

(2) 磨口仪器接口如果粘连在一起，切不可用蛮力拆卸。可先用热水煮接口粘连处或用电吹风吹热风对接口粘连处加热，然后再试着拆卸。

(3) 磨口仪器在安装时，应先检查磨口处有无固体物质，若粘有固体物质，会导致接口处漏气。安装时还应注意接口要对齐，做到横平竖直，不可用力过猛。磨口连接处不可承受歪斜应力，以免因应力的影响而使仪器破损。

(4) 一般情况下，磨口处无需涂润滑剂，以免污染反应物和产物。若反应中有碱性物质，则应涂润滑剂，以免内外磨口因碱腐蚀而发生粘连。若进行减压蒸馏，应适当地涂抹真空脂。

2.2.2　有机化学实验常用的电器设备

(1) 电热套　电热套是目前最常用的加热设备（见图2-3）。它用玻璃和石棉纤维丝包裹着电热丝编织成半圆形的内套，外边加上金属外壳，中间填上保温材料。根据内套直径的大小分为50mL、100mL、150mL、200mL、250mL等规格。电热套不用明火加热，属于热气流加热，受热均匀、加热效率高，使用较安全。但要注意，使用时不要将药品和水洒在电热套中，避免电热套被损坏和带来安全隐患。

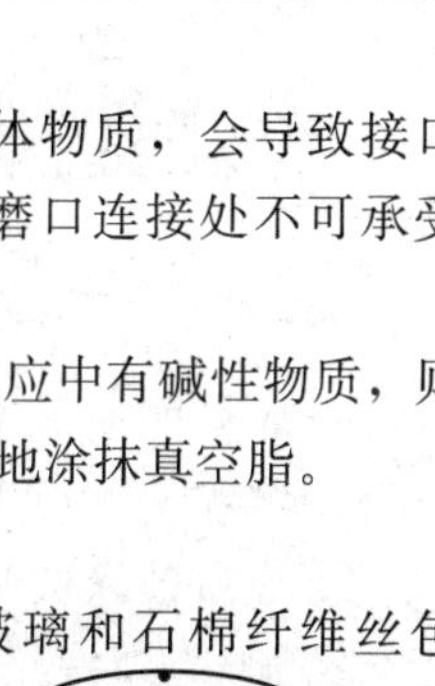

图2-3　电热套

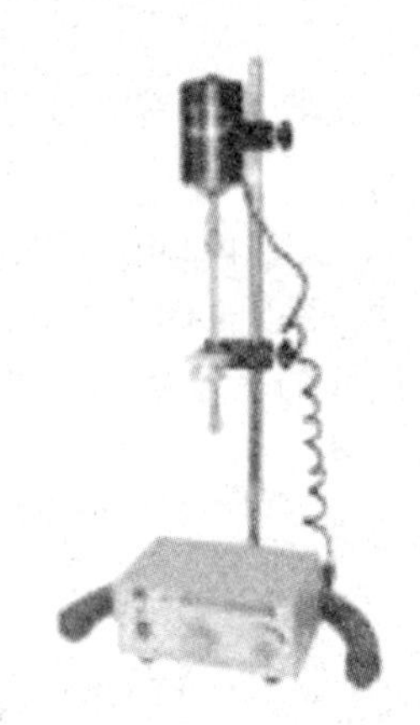
图 2-4　电动搅拌器

（2）电动搅拌器　如果反应在互不相溶的两种液体或固液两相的非均相体系中进行，或其中一种原料需逐渐滴加进料时，需要使用搅拌装置。电动搅拌器（见图 2-4）是由电机带动搅拌棒进行搅拌的一种装置，其搅拌速率可以调节。

（3）磁力加热搅拌器　磁力加热搅拌器常简称磁力搅拌器，是通过一个可旋转的磁铁带动一根以玻璃或塑料密封的磁子（又称软铁）旋转而进行搅拌的一种装置（见图 2-5）。将磁子放入盛有反应物的容器中，将容器置于磁力搅拌器托盘上，接通电源。由于内部磁场不断旋转变化，容器内磁子也随之旋转，从而达到搅拌的目的。磁力搅拌器一般都具有控速和加热装置。使用磁力搅拌器比机械搅拌装置简单，易操作，且更加安全。它的缺点是不适用于大体积和黏稠体系。使用完毕后应注意及时收回搅拌磁子，不得随反应废液或固体一起倒入废料桶或下水道。

（4）电吹风　实验室中常使用电吹风来干燥玻璃仪器。电吹风宜存放于干燥处，应防潮、防腐蚀。

（5）干燥箱　实验室内一般使用恒温鼓风干燥箱来干燥玻璃仪器或烘干无腐蚀性、加热不分解的药品。挥发性易燃物或以酒精、丙酮淋洗过的玻璃仪器不能放入干燥箱内，以免发生爆炸。干燥箱的使用温度为 50～300℃，通常使用温度控制在 60～120℃之间。一般干燥玻璃仪器时应先沥干，无水珠滴下时放入干燥箱，温度控制在 100～120℃，取出时应用干布衬手，以免烫伤。

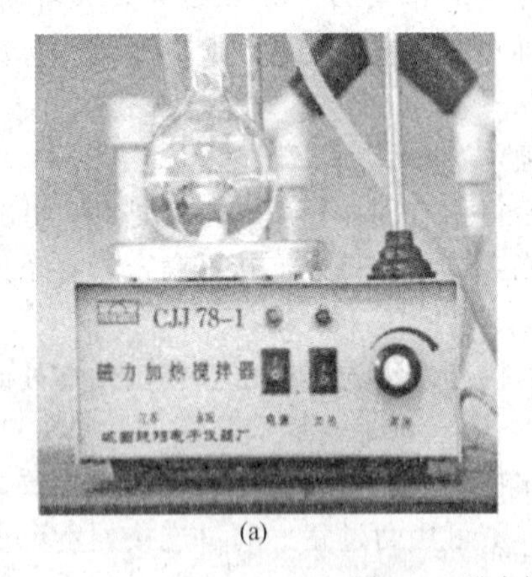

(a)

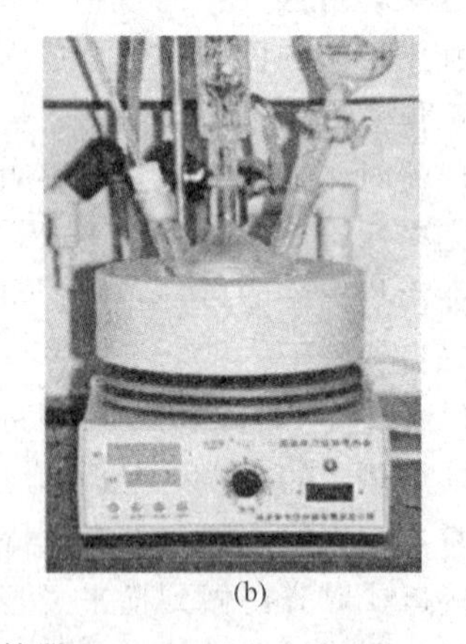
(b)

图 2-5　磁力搅拌器

图 2-6　气流烘干器

干燥箱的使用说明：接上电源后，即可开启加热开关，再将控温旋钮由“0”位顺时针旋至一定程度（视干燥箱型号而定），此时干燥箱内即开始升温，红色指示灯亮。若有鼓风机，可开启鼓风机开关，使鼓风机工作。当温度计升至工作温度时（由干燥箱顶上的温度计读数得知），即将控温计旋钮按逆时针方向旋至指示灯刚熄灭。在指示灯明灭交替处即为恒温定点。

（6）气流烘干器　气流烘干器（见图 2-6）是借助热空气将玻璃仪器烘干的一种设备，其特点是快速方便。将玻璃仪器插入风管上，5～10min 后仪器即可烘干。

（7）循环水真空泵　循环水真空泵是以循环水作为工作流体的喷射泵（见图 2-7）。它是利用射流产生负压的原理而设计的一种减压设备，用于对真空度要求不高的减压体系，广泛用于蒸发、蒸馏、过滤等操作。其最大优点是节约水。

(8) 旋转蒸发仪 旋转蒸发仪由马达带动可旋转的蒸发器（圆底烧瓶）、冷凝器和接收器组成（见图 2-8），能够在常压或减压下操作。既可一次进料，也可分批或连续吸入蒸发料液。由于蒸发器的不断旋转，不加沸石也不会暴沸。蒸发器旋转时，会使料液的蒸发面大大增加，加快蒸发速度。因此，它是浓缩溶液、回收溶剂的理想装置。

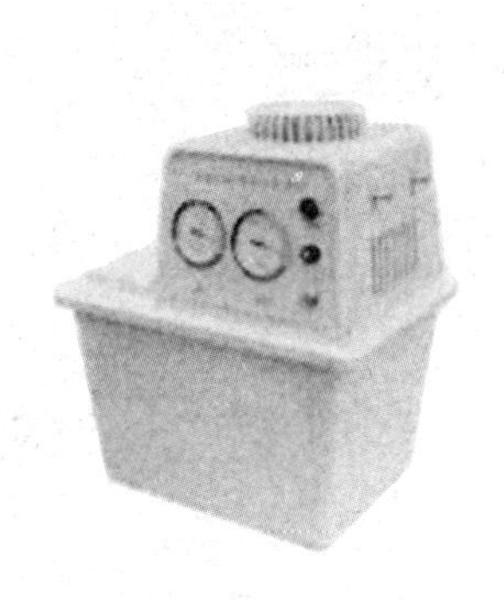

图 2-7 循环水真空泵

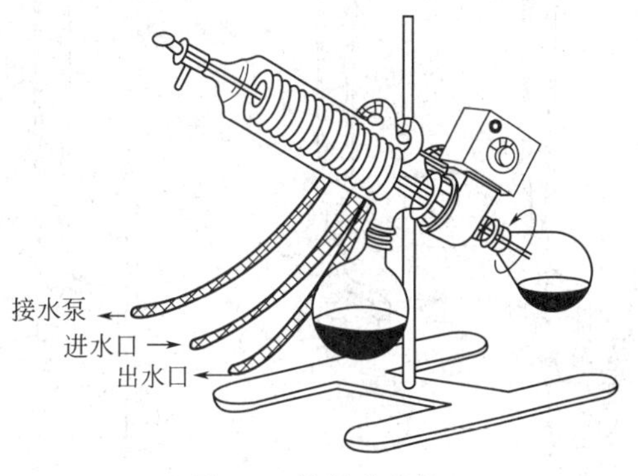

图 2-8 旋转蒸发仪

2.2.3 有机化学实验基本装置

2.2.3.1 基本实验装置

(1) 回流装置 当有机化学反应需要在反应体系的溶剂或反应物的沸点附近进行时，需用回流装置。图 2-9 是一组常见的回流冷凝装置。当回流温度不太高时（低于 140℃），通常选用球形冷凝管［见图 2-9(a)］或直形冷凝管，不过前者较之后者冷凝效果要好一些；当回流温度较高时（高于 150℃），就要选用空气冷凝管，因为球形或直形冷凝管在高温下容易炸裂。如果反应物怕受潮，应在冷凝管上端安装干燥管［见图 2-9(b)］；如果反应过程中有气体产生，就要安装气体吸收装置［见图 2-9(c)］。在图 2-9(c) 的烧杯或吸滤瓶中可装入一些气体吸收液，如酸液或碱液，以吸收反应过程中产生的碱性或酸性气体。

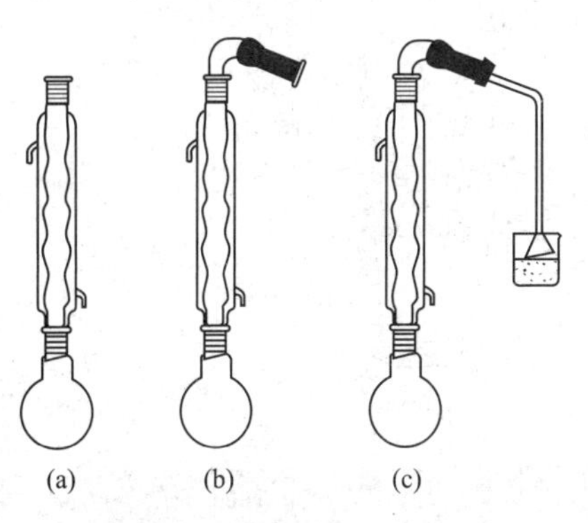

图 2-9 常见的回流冷凝装置

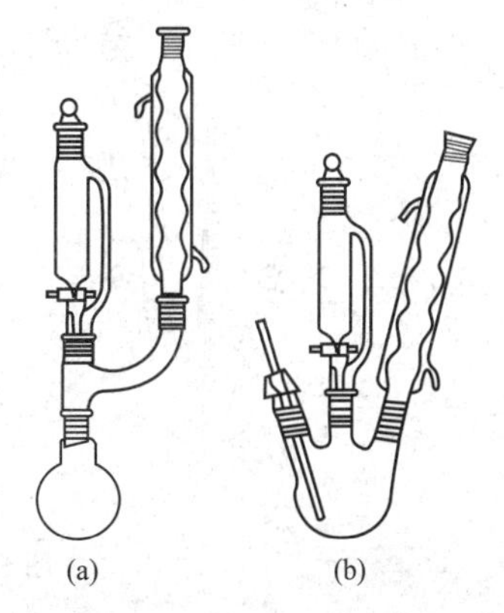

图 2-10 滴加回流装置

(2) 滴加回流装置 某些有机化学反应比较剧烈，放热量大，如果一次加料过多会使反应难以控制；有些反应为了控制反应的选择性，也需要缓慢加料。这时可以采用带滴液漏斗的滴加回流装置（见图 2-10）。

(3) 回流分水装置 对于一些有水生成的可逆反应，为使平衡正向移动，提高产率，需将水不断从反应体系中蒸出，此时，可用回流分水装置（见图 2-11）。反应过程中，蒸气冷凝回流进入分水器，在分水器中分层，有机层自动流回到反应烧瓶中，生成的水从分水器中放出。

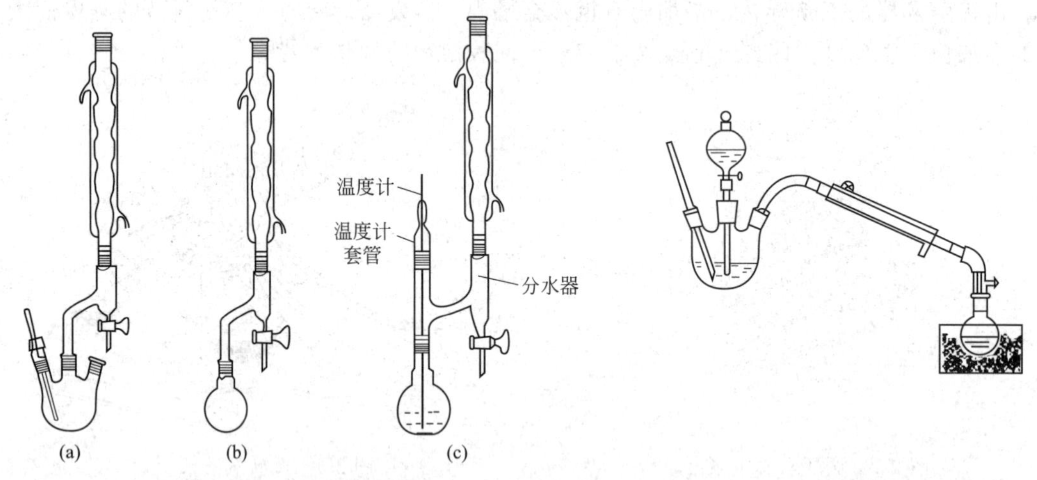

图 2-11　回流分水装置　　　　图 2-12　滴加蒸出装置

对于有水生成的可逆反应，如果生成的水与反应物之一沸点相差较小（20～30℃），且两者能够互溶，要除去反应生成的水，可用简单分馏装置（见图 2-16）。该装置中有一个刺形分馏柱，低沸点的水被分馏出去，高沸点组分回流到烧瓶中继续反应。

（4）滴加蒸出装置　某些有机反应，为防止产物发生再次反应，或希望通过改变平衡来提高产率，需要一边滴加反应物，一边蒸出产物，这时可用滴加蒸出装置（见图 2-12）。

（5）机械搅拌回流装置　如果反应在互不相溶的两种液体或固液两相的非均相体系中进行，或其中一种原料需逐渐滴加进料时，必须使用搅拌装置。搅拌可以保证两相的充分混合接触和被滴加原料的快速均匀分散，避免或减少因局部过浓、过热而引起的副反应。常用的机械搅拌回流装置见图 2-13。

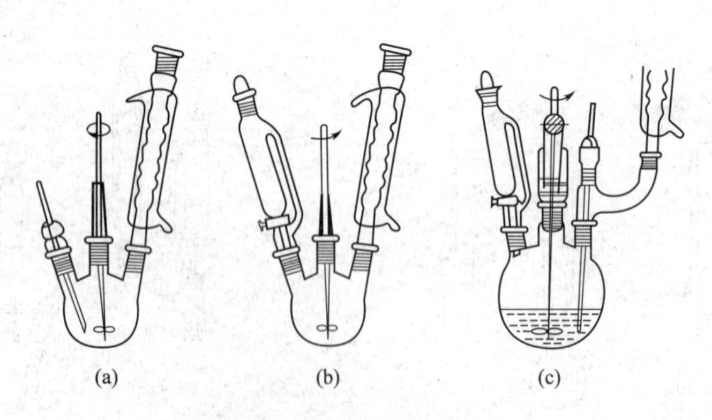

图 2-13　机械搅拌回流装置

（6）气体吸收装置　在有机合成过程中，有时会有气体产生，此时就需要安装气体吸收装置（见图 2-14）。气体吸收装置中的吸收瓶内可以根据需要装入碱性或酸性气体吸收液，这样可以吸收反应中产生的酸性或碱性气体。

2.2.3.2　实验装置的安装与拆卸

标准磨口仪器装配时要对齐，不可用力过猛，以免破裂。一般情况下，磨口处不必涂润滑剂。若作减压蒸馏时，应适当地涂抹真空脂。实验结束后应及时拆卸仪器，以免粘连难以拆卸。

安装仪器的程序，应遵循“先下后上，从左到右”的八字原则，将仪器逐件安装。安装完毕后，应认真检查构建装置所选用的仪器规格型号是否正确，连接接口是否严密，搭建的装置是否稳固，是否规范端正。安装时，所有铁夹、铁架台都要在玻璃仪器后面，十字夹的凹口不能向下，安装冷凝管前要先接好冷凝水管。拆卸装置前，应先停止加热，移走热源，待反应液停止沸腾，稍冷后关闭冷凝水，然后逐件拆卸仪器，拆卸顺序与安装顺序相反。拆卸冷凝管时注意不要将水洒在电炉或电热套上。

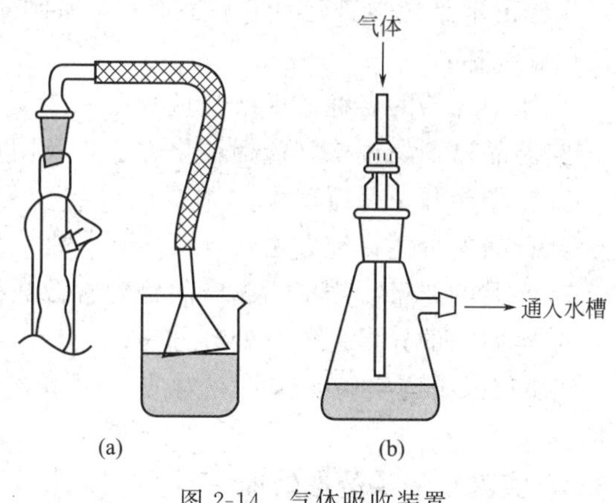

图 2-14　气体吸收装置

2.3　有机化学实验的基本程序

2.3.1　实验预习

实验预习是成功做好实验的第一步。首先需要认真阅读实验教材及相关参考资料，做到实验目的明确、实验原理清楚、操作步骤熟悉，并了解实验中的注意事项及安全操作规程。在此基础上，简明扼要地写出预习报告。预习报告包括以下内容。

（1）实验目的　提出实验要达到的主要目的和要求。

（2）实验原理　写出主要反应式及副反应式。

（3）实验用品　查阅并列出主要试剂的理化常数、试剂的规格及用量、仪器及其规格型号。

（4）实验装置图　绘出主要反应装置图。

（5）实验步骤　简述实验步骤及操作，合理安排实验进度并预测实验结果。

（6）其他　对于实验中可能出现的问题，特别是安全问题，写出防范措施及解决方法。

2.3.2　实验操作及实验记录

实验是培养学生独立工作和思维能力的重要环节，必须独立认真地完成。对于实验操作，应注意以下事项。

（1）按时进入实验室，认真听取指导老师的讲解，有疑难问题及时提出，做好实验准备。

（2）原则上应根据实验教材上所提示的方法、步骤进行操作。设计性实验或者对一般实验提出的新的实验方案，应与指导教师讨论、修改，经批准后方可进行。

（3）实验操作及仪器的使用应严格按照操作规程进行。

（4）实验过程中要精力集中，仔细观察，及时、如实地记录实验现象和数据，积极思考。发现异常现象应认真分析和查明原因，必要时重做实验进行验证。

（5）实验中要保持良好的秩序，爱护公共财物，保持实验室的卫生。实验结束后经指导老师检查同意后方可离开实验室。

实验记录是科学研究的第一手资料，必须对实验全过程进行仔细的观察和记录。具体记录的内容包括：

① 所用仪器的名称、规格与型号；

② 药品试剂的规格（包括纯化方法）及用量；

③ 操作步骤及反应现象；

④ 产品的分离提纯方法；

⑤ 产品的产量、产率、测定的物理常数数据及光谱分析谱图等；

⑥ 实验中的异常现象及处理方法。

实验记录要与实验操作一一对应。时间、操作、现象及变化等内容应简明准确，书写清楚。

2.3.3 实验结果及数据处理

实验数据处理应有原始数据记录、计算过程及计算结果。

有机化合物的性质实验要记录发生的化学现象。化学现象的解释最好用化学反应式。

有机化合物的合成实验要有产率计算，并应列出反应式及计算式。

对实验结果，特别是实验过程中出现的异常现象，应认真分析，展开讨论，从而得到有益的科学结论。

2.3.4 实验小结

实验小结是锻炼学生分析问题的重要环节，是使直观的感性认识上升到理性思维的必要步骤。实验小结包括对实验现象的解释，对实验结果进行的定性分析或定量计算，对实验中遇到的疑难问题提出的见解，对实验内容、实验方法、实验装置及实验教学的改进意见或建议，实验的心得体会等。

2.3.5 实验报告

实验操作完成后应及时、独立地写出实验报告，并按规定的时间送指导老师批阅。一份好的实验报告，不仅可以充分反映学生实验的实际过程及结果，同时也能充分体现学生对实验理解的深度、综合解决问题的素质以及文字表达的能力。书写实验报告应该做到叙述简明扼要、条理清楚、字迹工整、图表清晰。实验报告一般包括以下内容。

（1）实验名称　通常作为实验题目出现。

（2）实验目的　简述该实验所要求达到的目的和要求。

（3）实验原理　简要介绍实验的基本原理，包括主要反应式及副反应式。

（4）实验用品　写明所用实验仪器的名称、型号、规格，所用试剂的名称、规格、用量。

（5）主要试剂及产物的物理常数　包括相对分子质量、相对密度、熔点、沸点和溶解度等数据。

（6）实验装置图　画出主要实验仪器的装置图。

（7）实验内容及步骤　要求简明扼要，尽量用表格、框图、符号表示，不要全盘抄书。

（8）实验现象和数据的记录　要求观察仔细、记录详实。

（9）结论和数据处理　化学现象的解释最好用化学反应式。如果是合成实验，还要写明产物的特征、产量，并计算产率。

（10）问题与讨论。

下面分别给出合成实验、性质实验、基本操作实验的实验报告格式，以供参考。

（1）合成实验报告格式

实验名称：________________

1．实验目的

2．实验原理

3．实验用品

4．主要试剂的物理常数

5．实验装置图

6．实验步骤

7．实验现象和数据的记录

8．实验结果

9．问题与讨论

10．思考题解答

（2）性质实验报告格式

实验名称：________________

1．实验目的

2．实验内容

项目名称	试剂或操作	现象	解释(反应式)

3．问题与讨论

（3）基本操作实验报告格式

实验名称：________________

1．实验目的

2．实验原理

3．实验装置图

4．实验步骤

5．实验结果

6．问题与讨论

7．思考题解答

关于实验报告的具体书写，示例如下。

实验六　溴乙烷的制备

一、实验目的

1．掌握由醇制备卤代烃的方法、原理。

2．学习磁力搅拌器的使用。

3．学习低沸点物质蒸馏的基本操作，巩固分液漏斗的使用方法。

二、实验原理

主反应：

$$NaBr + H_2SO_4 \longrightarrow HBr + NaHSO_4$$

$$C_2H_5OH + HBr \rightleftharpoons C_2H_5Br + H_2O$$

副反应：

$$2C_2H_5OH \xrightarrow{H_2SO_4} C_2H_5OC_2H_5 + H_2O$$

$$C_2H_5OH \xrightarrow{H_2SO_4} C_2H_4\uparrow + H_2O$$
$$2HBr + H_2SO_4 \longrightarrow Br_2\uparrow + SO_2\uparrow + 2H_2O$$

三、实验用品

仪器：圆底烧瓶（100mL），锥形瓶，烧杯，蒸馏头，直形冷凝管，分液漏斗，量筒，温度计，磁力搅拌器。

药品：浓硫酸（d=1.8）19mL，溴化钠（无水）13g(0.126mol)，乙醇（95%）10mL(7.9g，0.165mol)，饱和亚硫酸氢钠溶液 5mL。

四、主要试剂的物理常数

名称	相对分子质量	熔点/℃	沸点/℃	相对密度	溶解度/(g/100g 溶剂)
乙醇	46	−117.3	78.4	0.7893	水中∞
溴化钠	103	1390		3.203	水中 79.5(0℃)
溴乙烷	109	−118.6	38.4	1.4239	水中 1.06(0℃),醇中∞
乙醚	74.12	−116.2	34.6	0.7138	水中 7.5(20℃),醇中∞
乙烯	28.05	−169	−103.7	0.384	水中不溶
浓硫酸	98		340(分解)	1.84	水中∞

五、实验装置图

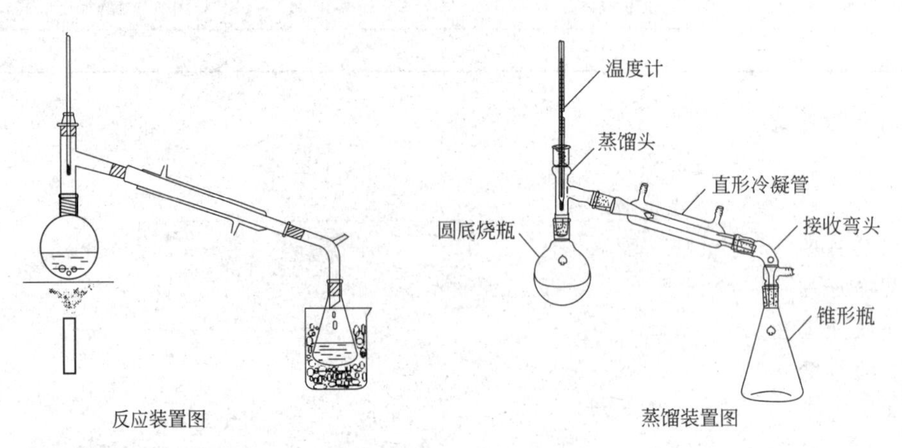

反应装置图　　蒸馏装置图

六、实验步骤（此处从略）

七、实验记录（此处从略）

八、数据处理及实验结果（此处从略）

九、问题与讨论（此处从略）

十、思考题解答（此处从略）

2.4 有机化学实验的基本操作

2.4.1 玻璃仪器的洗涤与干燥

2.4.1.1 玻璃仪器的洗涤

化学实验中经常使用各种玻璃仪器。如果使用不洁净的仪器，会由于污物和杂质的存在而得不到正确的结果，甚至导致实验失败。因此，玻璃仪器的洗涤是化学实验中的一项重要内容。

玻璃仪器的洗涤方法很多，应根据实验要求、污物的性质和沾污的程度来选择合适的洗涤方法和洗涤剂。

一般方法是将玻璃仪器用毛刷淋湿，蘸取洗衣粉或洗涤剂，擦洗仪器内外壁，然后用水冲洗干净。如果毛刷刷不到，可将碎纸捣成糊浆，放进容器，剧烈摇动，使污物脱落下来，再用水冲洗干净。

用一般方法难以洗净时，可选用洗液洗涤。洗涤仪器前，应尽可能倒尽仪器内残留的水分，然后向仪器内注入约1/5体积的洗液，使仪器倾斜并慢慢地转动，让器壁全部被洗液湿润，如果能浸泡一段时间或用热的洗液洗涤，则效果会更好。洗液用后，应倒回洗液原瓶。洗液洗涤后，再用自来水和蒸馏水冲洗干净。洗液洗涤后的首次冲洗液应倒在废液缸里，不能倒入水槽，以免腐蚀下水道和污染环境。

洗液具有强腐蚀性，使用时千万不能用毛刷蘸取洗液刷洗仪器。若不慎将洗液洒在衣物、皮肤或桌面上，应立即用水冲洗。

仪器经洗液洗涤后，污物一般会去除得比较彻底。若有机污物用洗液仍不能洗净，则可选用合适的有机溶剂浸洗。

已洗净的玻璃仪器应该清洁透明，器壁不挂水渍。凡已洗净的仪器，内壁不能用布或纸擦拭，否则布或纸上的纤维及污物会玷污仪器。

2.4.1.2　玻璃仪器的干燥

有些有机反应必须在无水条件下才能正常进行，要求仪器必须干燥。水的存在也会影响有些反应的速率和产率，仪器也常常要干燥。根据不同情况，可采用下列方法将仪器进行干燥。

（1）晾干　对于不急用的仪器，可将仪器倒插在干燥架上自然风干。

（2）吹干　将仪器倒置沥去水分，并擦干外壁，用电吹风或气流烘干器的热风将仪器内残留的水分吹干。

（3）烘干　将洗净的玻璃仪器先沥去水珠，然后放至干燥箱中的隔板上，若是容器则须口朝下放置，将温度控制在100～120℃烘干。取出烘干后的仪器时，应用干布衬手，以免烫伤。取出后不能碰水，以防炸裂。取出后的热玻璃仪器，若自行冷却，器壁常会凝上水汽，可用电吹风吹入冷风助其冷却。

（4）用有机溶剂干燥　在洁净的仪器内加入少量有机溶剂（如乙醇、丙酮等），转动仪器，使仪器内的水分与有机溶剂混合，倒出混合液（回收），仪器即迅速干燥。

必须指出，在化学实验中，许多情况下并不需要将仪器干燥，如量器、容器等，使用前先用少量待盛溶液润洗2～3次，洗去残留水滴即可。带有刻度的量器不能用加热法干燥，否则会影响仪器的精度；如需要干燥，可采用晾干或冷风吹干的方法。

2.4.2　试剂的取用

2.4.2.1　固体试剂的取用

（1）用试剂勺取用　固体试剂通常用干净的试剂勺取用，每种试剂专用一个试剂勺，否则，用过的试剂勺须洗净擦干后才能再用，以免玷污其他试剂。常用的试剂勺有塑料勺、牛角勺和钢勺。试剂要按需用量取用，试剂一旦取出，不能再放回原瓶，以免污染瓶中试剂，剩余的试剂可放入指定的容器内。试剂取出后，要将瓶塞盖严（注意：不要盖错盖子!），并将试剂瓶放回原处。将试剂倒入受器时，若是块状试剂，应将受器倾斜，让块体沿受器器壁缓慢滑到其底部，以免击碎受器；若是粉状试剂，可用试剂勺直接将粉状试剂送入受器底部，勿让粉末沾在受器壁上。若受器是管状容器或烧瓶，可借助一张对折的纸条，将粉状试剂送入受器底部。

（2）用台式天平称取　称取一定质量的固体试剂时，可将固体试剂放在纸上或表面皿上，在台式天平上称取。具有腐蚀性或易潮解的固体试剂不能放在纸上，而应放在玻璃容器内进行称取。

（3）用分析天平称取　准确称取一定量的固体试剂时，可将固体试剂放在称量瓶中用差减法在分析天平或电子天平上称取。

2.4.2.2　液体试剂的取用

液体试剂一般用滴管吸取或用量筒、移液管（吸量管）量取。其操作方法如下。

（1）用滴管吸取　从滴瓶中吸取液体试剂时，必须用滴瓶配带的滴管，勿用别的滴管。先用手指捏紧滴管上部的胶帽，排出其中的空气，然后将滴管插入试液中，放松手指即可吸取试液。移液时，不要让滴管接触受器的器壁，更不应将滴管伸入其他液体试剂中，以免玷污滴管和污染整瓶试剂。滴管的管口不能向上倾斜，以免液体试剂回流到胶帽中，腐蚀胶帽，污染试剂。

（2）用量筒量取　量筒用于量取一定体积的液体，可根据需要选用不同容量的量筒。取液时，先取下试剂瓶塞并把它倒置在桌面上，一手拿量筒，一手拿试剂瓶（试剂瓶上的标签朝向手心），然后倒出所需量的试剂，并将瓶口在量筒口上靠一下（以免留在瓶口的液滴流到瓶的外壁。倒出的试剂绝对不允许再倒回试剂瓶），最后把试剂瓶竖直后放在桌面上，盖上瓶塞。读取量筒内液体的体积时，应使视线与量筒内液体的凹液面相切，视线偏高或偏低都会因读数不准而造成较大的误差。在某些实验中，无需准确量取试剂，所以不必每次都用量筒，只要估计取用的液体的量即可。因此，学生需要反复练习估计液体体积的操作，直到熟练掌握为止。

（3）用移液管量取　要求准确地移取一定体积的液体时，可用各种不同容量的移液管。移液管的使用方法可参见分析化学实验教材，此处不再赘述。

2.4.2.3　特种试剂的取用

取用剧毒、强腐蚀性、易爆、易燃试剂时，需要特别小心，必须采用适当的方法来处理。取用时，请参阅有关书籍。

2.4.3　加热与制冷

2.4.3.1　加热

在有机化学实验中，经常要对反应体系加热，以提高反应速率。通常，反应温度每提高10℃，反应速率就会增加一倍。在提纯、分离化合物及测定一些物理常数时，也常常需要加热。常用的加热方式有空气浴、水浴、油浴和砂浴。实验室常用的热源有煤气灯、酒精灯、电炉、电热套和微波炉等。

（1）空气浴　直接利用煤气灯隔着石棉网或用电热套对玻璃仪器加热即为空气浴。玻璃仪器离石棉网约1cm，使中间间隙因石棉网下的火焰充满热空气。这种加热方式较猛烈，不十分均匀，因而不适合低沸点易燃液体的回流操作，也不能用于减压蒸馏操作。

（2）水浴　加热温度在100℃及以下，最好用水浴。将反应容器置入水浴锅中，使水浴液面稍高出反应容器内反应液的液面，用煤气灯或电热器对水浴锅加热，使水浴温度达到所需温度范围。与空气浴加热相比，水浴加热均匀，温度易控制，适合于低沸点物质的回流和蒸馏。

如果加热温度接近100℃，可用沸水浴或蒸汽浴。由于水会不断蒸发，在操作过程中，应注意及时补加水。

（3）油浴　当加热温度在100～250℃时，可用油浴。常用的油浴浴液有石蜡油、硅油、真空泵油或一些植物油，如豆油、棉油、蓖麻油等。硅油和真空泵油加热温度都可达到

250℃，热稳定性好，但价格较贵。

用油浴加热时，要防止着火和水溅入油中产生泡沫或引起飞溅。

(4) 砂浴　若加热温度在250～350℃范围，应采用砂浴。通常将细砂装在金属盘中，把反应容器半埋在砂中，并保持其底部留有一层砂层，以防局部过热。由于砂浴温度不均匀，故测试浴温的温度计水银球应靠近反应容器。

2.4.3.2　冷却和冷却剂

某些实验需要在较低的温度下进行，这就需要冷却。例如，一些放热反应，随着反应的进行，温度会不断升高，为了避免反应过于剧烈，可以将反应容器浸没在冷水中或冰水中；如果水对反应无影响，还可以将冰块直接投入到反应容器中进行冷却。如果需要更低的温度(低于0℃)，可以采用冰-盐混合物作冷却剂。不同的盐和冰按一定比例可制成冷却温度范围不同的冷却剂，见表2-1。

表2-1　常用冷却剂的组成及最低冷却温度

冷却剂的组成		最低冷却温度/℃	冷却剂的组成		最低冷却温度/℃
盐	冰		盐	冰	
NH_4Cl　1份	4份	−15	$CaCl_2\cdot 6H_2O$　1份	1份	−29
NaCl　1份	3份	−21	$CaCl_2\cdot 6H_2O$　1.4份	1份	−55

2.4.4　试剂的干燥

试剂的干燥指的是除去固体、液体或气体中的水分。根据除水原理，干燥可分为物理方法和化学方法。

常用的物理除水方法有吸附、分馏、共沸蒸馏等。也可采用离子交换树脂或分子筛除水。离子交换树脂和分子筛吸水后受热又会释放出水分子，故可反复使用。

常用的化学除水方法主要是利用干燥剂与水发生可逆或不可逆反应来除水。例如，无水氯化钙、无水硫酸镁等能与水反应，可逆地生成水合物而达到除水的目的；另有一些干燥剂如金属钠、五氧化二磷等可与水发生不可逆反应生成新的化合物而实现除水。

(1) 液体有机化合物的干燥　在进一步纯化有机化合物之前，常常需要除去液体中含有的少量水。在需干燥的溶液或液体中加入适量干燥剂，振荡，放置一定时间，然后将液体和干燥剂分离。

干燥剂的用量要适当，新加入的干燥剂不再有明显的吸水现象即可。不能过多，也不能太少。由于固体干燥剂的表面吸附，过多干燥剂会造成有机化合物的吸附损失；太少则达不到干燥效果。

选择合适干燥剂的原则是：不与被干燥的有机化合物发生化学反应；不溶于被干燥的有机化合物；吸水量较大，干燥速度较快，并且价格低廉。常用干燥剂的性能及应用见表2-2。

表2-2　常用干燥剂及其适用范围

化合物类型	干　燥　剂	化合物类型	干　燥　剂
烃	$CaCl_2$、P_2O_5、Na	酮	K_2CO_3、$CaCl_2$、$MgSO_4$、Na_2SO_4
卤代烃	$CaCl_2$、$MgSO_4$、Na_2SO_4	酸、酚	$MgSO_4$、Na_2SO_4、K_2CO_3
醇	$CaCO_3$、$MgSO_4$、CaO、Na_2SO_4	酯	$MgSO_4$、Na_2SO_4、K_2CO_3
醚	$CaCl_2$、P_2O_5、Na	胺	KOH、NaOH、K_2CO_3、CaO
醛	$MgSO_4$、Na_2SO_4	硝基化合物	$CaCl_2$、$MgSO_4$、Na_2SO_4

液体有机化合物的干燥除了用干燥剂外，还可采用共沸蒸馏的方法除水。

(2) 固体有机化合物的干燥　干燥固体有机化合物最简便的方法就是将其摊开在表面皿

或滤纸上自然晾干，但这只适合于非吸湿性化合物。如果被干燥的有机化合物热稳定性好，且熔点较高，可将其置于烘箱中或在红外灯下进行烘干处理。对于易吸潮或受热易分解的有机化合物，则可置于干燥器中进行干燥。

(3) 常用干燥剂的性能

① $CaCl_2$ 吸水量大，干燥速度快，价格低廉，但不适用于醇、胺、酚、酯、酸、酰胺等的干燥。

② Na_2SO_4 吸水量大，但作用慢，效力低，宜作为初步干燥剂。

③ $MgSO_4$ 吸水量大，比 Na_2SO_4 作用快，效力高。

④ K_2CO_3 适用于碱性有机化合物的干燥，不适用于酸、酚等酸性有机化合物的干燥。

⑤ KOH、NaOH 适用于胺、杂环等碱性有机化合物的干燥，不适用于醇、酯、醛、酸、酚及其他酸性有机化合物的干燥。

⑥ Na 适用于酸、叔胺、烃中痕量水的干燥，不适用于氯代烃、醇及其他对金属钠敏感的有机化合物的干燥。

⑦ P_2O_5 适用于干燥醇、酸、胺、酮、乙醚等有机化合物。

2.4.5 普通蒸馏

液态物质受热沸腾变为蒸气，蒸气经冷凝又变为液体，用另一容器收集冷凝液的操作称为蒸馏。它是分离和提纯液态物质的一种常用方法。根据不同的分离目的和操作方法，蒸馏可分为简单蒸馏、平衡蒸馏、精馏、特殊精馏，或者常压蒸馏、加压蒸馏、减压蒸馏等种类。此处主要介绍普通常压蒸馏，其他蒸馏方法将在后面章节中另作介绍。

2.4.5.1 基本原理

纯液态物质在一定压力下具有一定的沸点，一般不同的物质具有不同的沸点。蒸馏就是利用不同物质沸点的差异对液态混合物进行分离和提纯的方法。当液态混合物受热时，由于低沸点物质易挥发，首先被蒸出，而高沸点物质因不易挥发而留在蒸馏瓶中，从而使混合物分离。若使蒸馏有较好的分离效果，组分沸点要相差30℃以上。如果组分沸点差异不大，就需要采用分馏（见 2.4.6）操作对液态混合物进行分离和提纯。

通常情况下，纯化合物的沸程（沸点范围）较小（0.5～1℃），而混合物的沸程较大。因此，蒸馏操作既可用来定性地鉴定化合物，也可用来判定化合物的纯度。

具有恒定沸点的液体并非都是纯化合物，因为有些化合物相互之间可以形成二元或三元共沸混合物，共沸混合物不能通过蒸馏操作进行分离。

2.4.5.2 操作方法

(1) 先将蒸馏烧瓶安装在铁架台上，然后将待蒸馏液体通过长颈漏斗或直接从烧瓶瓶口加入瓶中，待蒸馏液体的体积一般占圆底烧瓶容积的 1/3～2/3。投入 2～3 粒沸石，再依次装上蒸馏头、温度计（调节温度计水银球的上端与蒸馏头支管下沿处于同一水平线上）、直形冷凝管、接引管、接收瓶。通常要准备两个接收瓶，一个接前馏分，另一个接产品。装置见图 2-15。

(2) 接通冷凝水，开始加热，使瓶中液体沸腾。调节火力，控制蒸馏速度，以 1～2 滴/s为宜。在蒸馏过程中，注意温度计读数的变化，记下第一滴馏出液流出时的温度。当温度计读数稳定后，换一个接收瓶收集馏分。保持平稳加热，当无馏分流出，而且温度突然下降时，则该段馏分基本蒸完，停止加热，记下该段馏分的沸程。馏分沸程的温度范围愈小，其纯度就愈高。有时，在有机反应结束后，需要对反应混合物直接蒸馏，此时，可以将三口烧瓶作蒸馏瓶组装成蒸馏装置直接进行蒸馏。

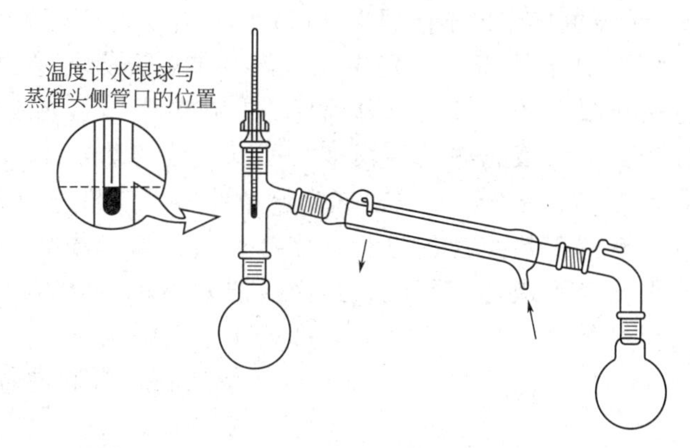

图 2-15　普通蒸馏装置

2.4.5.3　注意事项

(1) 待蒸馏液体的沸点低于或等于 140℃时，选用直形冷凝管；高于 140℃时，选用空气冷凝管，若用直形冷凝管则易发生爆裂。

(2) 如果蒸馏装置中所用的接引管无侧管，则接引管和接收瓶之间应留有空隙，以确保蒸馏装置与大气相通；否则，会引起爆炸。另外，切忌蒸干，以免发生意外。

(3) 沸石是一种多孔性物质，它可以将液体内部的气体导入液体表面，形成汽化中心，使液体保持平稳沸腾，防止暴沸。如果蒸馏已经开始，而忘了加沸石，此时应先停止加热，待液体稍冷片刻后再加入沸石。切忌直接补加沸石，以免引起暴沸。如加热中断，再加热时应重新加入新沸石，因原来沸石上的小孔已被液体充满，不能再起汽化中心的作用。

(4) 蒸馏低沸点易燃液体（如乙醚）时，不能用明火加热，常用热水浴加热；用明火蒸馏沸点较高的液体时，一定要置放石棉网，以防烧瓶受热不匀而炸裂。

(5) 如果蒸馏出的物质易挥发、易燃、有毒，或蒸馏的同时放出有毒气体，则需在接引管上装配气体吸收装置；如果蒸馏出的物质受潮易分解，则需在接引管侧管上连接一个装有氯化钙的干燥管。

2.4.6　分馏

简单蒸馏只能对沸点相差较大的混合物进行有效分离，而对沸点相近的混合物进行分离和提纯，则需要分馏。分馏是分离纯化沸点相近且又互溶的液体混合物的重要方法，可以将沸点相距 1～2℃的混合物分离开来。它是利用分馏柱将多次汽化-冷凝过程在一次操作中完成的方法。一次分馏可以达到多次蒸馏的效果，分离效率高。

2.4.6.1　基本原理

分馏是利用分馏柱来进行的，当混合物受热沸腾时，其蒸气进入分馏柱。由于柱内外存在温差，柱内蒸气中高沸点组分受柱外冷空气的作用而被冷凝流回烧瓶，导致继续上升的蒸气中低沸点组分的含量相对增加。这一个过程可以看作是一次简单蒸馏。当高沸点冷凝液在回流途中遇到新蒸上来的蒸气时，两者之间发生热交换，上升的蒸气中，同样是高沸点组分被冷凝，低沸点组分继续上升。这又可以看作是一次简单蒸馏。蒸气就这样在分馏柱内反复地进行着汽化、冷凝和回流的过程，或者说，重复地进行着多次简单蒸馏，最终上升的蒸气中低沸点组分增多，下降的冷凝液中高沸点组分增多，低沸点的物质先被蒸出来，高沸点的组分回到烧瓶中。因此，只要分馏柱的效率足够高，从分馏柱上端蒸出的蒸气组分绝大部分是低沸点的馏分，是纯净的易挥发组分，而高沸点组分仍回流到蒸馏烧瓶中，从而把不同沸点的化合物分离开来。但分馏操作也不能用来分离共沸混合物。

分馏柱的效率主要取决于柱高、填充物和保温性能。分馏柱愈高，接触时间愈长，效率就愈高。柱高也是有限度的，过高时分馏困难，速度慢。填充物可增大蒸气与回流液的接触面积，使分离完全。填充物品种很多，可以是玻璃珠、瓷环或金属丝绕成的螺旋圈等。填充物之间要有一定的空隙，以使气流流动性增大，阻力减小，分离效果较好。分馏柱的保温效果好，有利于热交换的进行，也有利于分离。若绝热性能差，热量散失快，则气液两相的热平衡受到破坏，降低了热交换的效果，使分离不够完全。分馏柱自下而上要保持一定的温度梯度。另外，分馏速度太快、太慢也都不利于分离。其中的关键还在于混合液各组分的沸点要有一定差距。

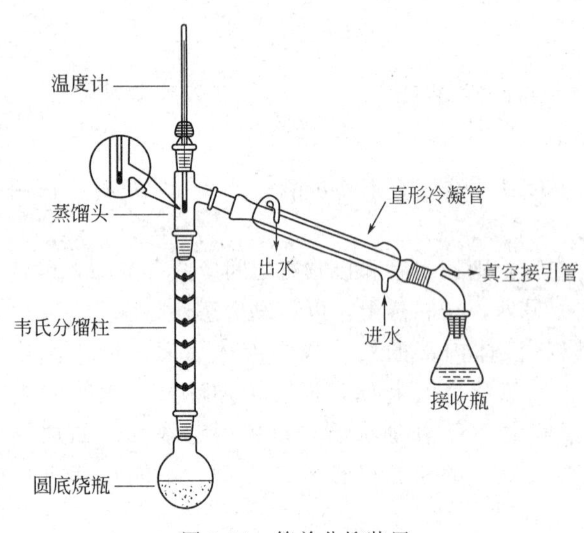

图 2-16 简单分馏装置

2.4.6.2 操作方法

(1) 将待分馏液体装入圆底烧瓶，并放入几粒沸石，然后依次安装分馏柱、蒸馏头、温度计、冷凝管、接引管及接收瓶。装置如图2-16所示。

(2) 接通冷凝水，开始加热，使液体平稳沸腾。当蒸气缓缓上升时，注意控制温度，使馏出速度维持在1滴/(2～3)s。记录第一滴馏出液滴入接收瓶时的温度，然后根据具体要求分段收集馏分，并记录各馏分的沸点范围及体积。

2.4.6.3 注意事项

(1) 分馏柱柱高是影响分馏效率的重要因素之一。实验室中常用的韦氏（Vigreux）分馏柱，是一种柱内呈刺状的简易分馏柱。一般分馏柱越高，上升蒸气与冷凝液之间的热交换次数就越多，分离效果就越好。但分馏柱过高会影响馏出速度。

(2) 当室温较低或待分馏液体的沸点较高时，一般将分馏柱用石棉绳等保温材料包裹起来，以维持柱内气液两相间平衡，有利于分离。

(3) 控制馏出速度适中，防止出现液泛现象。如果馏出速度太快，分馏柱内的回流液来不及流回至烧瓶，并逐渐在分馏柱中形成液柱，这种现象称为液泛。若出现液泛现象，应停止加热，待液柱消失后再加热分馏。

2.4.7 水蒸气蒸馏

将水蒸气通入不溶于水的有机化合物中或将水与有机化合物共热使有机化合物与水共沸而蒸出，这个过程称为水蒸气蒸馏。

水蒸气蒸馏是分离和提纯液态或固态有机化合物的一种方法，适用于下列情况：

① 待分离有机化合物的沸点很高且在接近或达到沸点温度时易分解；

② 从大量树脂状杂质或不挥发性杂质中分离有机化合物；

③ 从较多固体的反应混合物中分离被吸附的液体产物。

被提纯的有机化合物必须具备以下条件：

① 不溶或难溶于水；

② 在100℃左右，具有一定的蒸气压，蒸气压至少为0.7～1.3kPa；

③ 与水长时间共沸不发生化学反应。

2.4.7.1 基本原理

根据分压定律，当水与有机化合物混合共热时，其蒸气压为各组分之和，即

$$p_{混合物}=p_{水}+p_{有机物}$$

如果水的蒸气压和有机化合物的蒸气压之和等于大气压，混合物就会沸腾，有机化合物和水就会一起被蒸出。显然，混合物沸腾时的温度要低于其中任一组分的沸点，有机化合物与水共热沸腾的温度总在100℃以下。换句话说，有机化合物可以在低于其沸点的温度条件下被蒸出。理论上讲，馏出液中有机化合物的质量（$m_{有机物}$）与水的质量（$m_{水}$）之比，应等于两者的分压（$p_{有机物}$和$p_{水}$）与各自相对分子质量（$M_{有机物}$和$M_{水}$）的乘积之比，即

$$\frac{m_{有机物}}{m_{水}}=\frac{p_{有机物}M_{有机物}}{p_{水}M_{水}}$$

2.4.7.2 操作方法

（1）将待分离混合物转入圆底烧瓶中，再依次安装、克氏蒸馏头、水蒸气发生器、T形管、导气管、温度计、冷凝管、接引管和接收瓶。装置见图2-17。

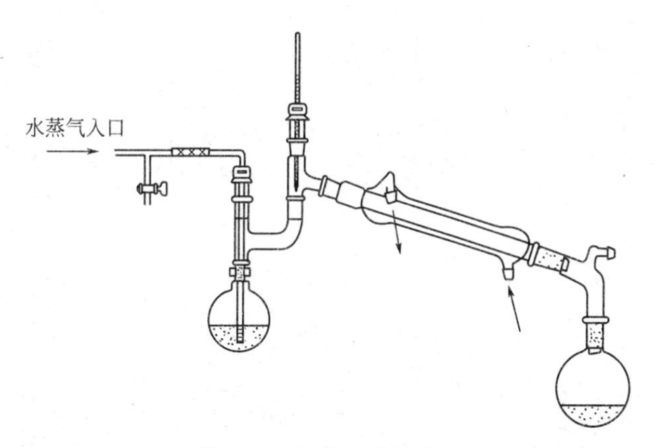

图2-17 水蒸气蒸馏装置

（2）蒸馏：将T形管活塞（或止水夹）打开，加热水蒸气发生器使水沸腾。当有水蒸气从T形管支口喷出时，将T形管活塞关闭（或用止水夹夹住T形管支口上的乳胶管），使水蒸气通入烧瓶。接通冷却水，调节火力，控制馏出速度，以2～3滴/s为宜。当馏出液清亮透明、不再含有油状物时，即可停止蒸馏。停止蒸馏前应先打开T形管支口，然后停止加热。

（3）将收集液转入分液漏斗，静置分层，除去水层，即得分离产物。

2.4.7.3 注意事项

（1）通常根据需要往水蒸气发生器中加入适量水，最多不超出其容积的2/3。水蒸气发生器要配置安全管。安全管的下端要插入水面以下，并要接近水蒸气发生器底部，但不能接触底部。

（2）水蒸气发生器与烧瓶之间的连接管路应尽可能短，以减少水蒸气在导入过程中的热损耗。

（3）导气管应插入圆底烧瓶中液体的液面下，以提高蒸馏效率。

（4）要经常观察安全管中的水柱，如果水柱急剧上升，应立即打开T形管上的活塞或止水夹，停止加热，找出原因，排除故障后再进行蒸馏。

(5) 停止蒸馏时，一定要先打开 T 形管，然后停止加热。如果先停止加热，水蒸气发生器因冷却而产生负压，使烧瓶内混合液发生倒吸。

2.4.8 减压蒸馏

有些有机化合物热稳定性较差，常常在受热温度还未到达其沸点就已发生分解、氧化或聚合。对这类化合物的纯化或分离不宜采取常压蒸馏的方法，而应该在减压条件下进行蒸馏。减压蒸馏又称真空蒸馏，可以将有机化合物在低于其沸点的温度下蒸馏出来。减压蒸馏尤其适合于蒸馏那些沸点高、热稳定性差的有机化合物。

2.4.8.1 基本原理

液体化合物的沸点与外界压力有密切的关系。当外界压力降低时，使液体表面分子逸出而沸腾所需要的能量也会降低。换言之，如果降低外界压力，液体沸点就会随之下降。用油泵减压，多数有机化合物的沸点要比其常压下的沸点低 100℃左右。沸点与压力的关系可近似地用图 2-18 表示。

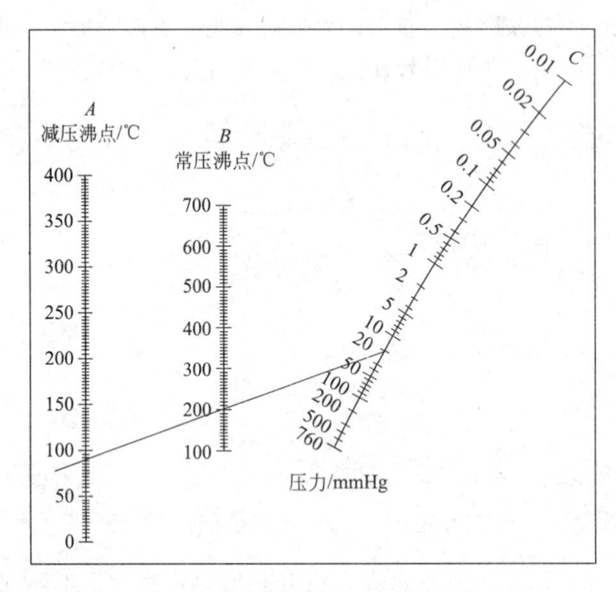

图 2-18 有机液体的沸点-压力近似关系图

例如，某一化合物在常压下的沸点为 200℃，若在 2.7kPa 的减压条件下进行蒸馏操作，此时沸点是多少呢？先在沸点与压力的近似关系图中常压沸点刻度线上找到 200℃标示点，在系统压力曲线上找出 2.7kPa 标示点，然后将这两点连接成一直线并向减压沸点刻度线处延长相交，其交点所示的数字就是该化合物在 2.7kPa 减压条件下的沸点，即 90℃。所得近似值对于减压蒸馏操作有一定的参考价值。

2.4.8.2 操作方法

减压蒸馏装置由蒸馏和抽气两部分组成，见图 2-19。其中，蒸馏部分由圆底烧瓶 A、克氏蒸馏头、直形冷凝管、真空接液管连圆底烧瓶 B 和安全瓶所组成。克氏蒸馏头的侧口插入温度计，另一直口插入毛细管 C，其长度恰好使其下端距瓶底 1～2mm，毛细管上端有一带螺旋夹 D 的橡皮管，用以调节进入的空气，使有极少量空气进入液体呈微小气泡冒出，成为液体沸腾的汽化中心，使蒸馏平稳地进行。蒸馏时若要收集不同的馏分而又不中断蒸馏，可用两尾或多尾接液管。

对于抽气（减压）部分，实验室通常用水泵或油泵进行抽气减压。用油泵进行减压时，为了防止易挥发的有机溶剂、酸性物质和水汽进入油泵，必须在接收器与油泵之间顺次安装冷却阱和几个吸收瓶，以免污染油泵用油，腐蚀机件。冷却阱中冷却剂的选择随需要而定，可用冰-水、冰-盐、干冰-丙酮等。在冷却阱前要接上一个安全瓶 E，E 上的活塞 G 供调节系统压力及放气之用。吸收瓶常设有三个，一个装无水氯化钙或浓硫酸以吸收水汽，一个装固体氢氧化钠以吸收酸性物质及水汽，后一个装石蜡片以吸收挥发性烃类气体。水银气压计用来测量减压系统的压力。用水泵减压时可省去吸收瓶，但在水泵前必须安装安全瓶 E，防止水压骤降时水倒流入接收瓶中。

减压蒸馏的具体操作方法如下：

(1) 按图 2-19 安装减压蒸馏装置，依次装配蒸馏烧瓶、克氏蒸馏头、冷凝管、真空接引管及接收瓶，用玻璃漏斗或直接将待蒸馏液体注入蒸馏烧瓶中，配置毛细管，使毛细管下端距瓶底 1～2mm，将真空接引管用厚壁真空橡皮管依次与安全瓶、冷却阱、压力计、气体吸收塔、缓冲瓶及油泵相连接。冷却阱可置于广口保温瓶中，用液氮或冰-盐冷却剂冷却。

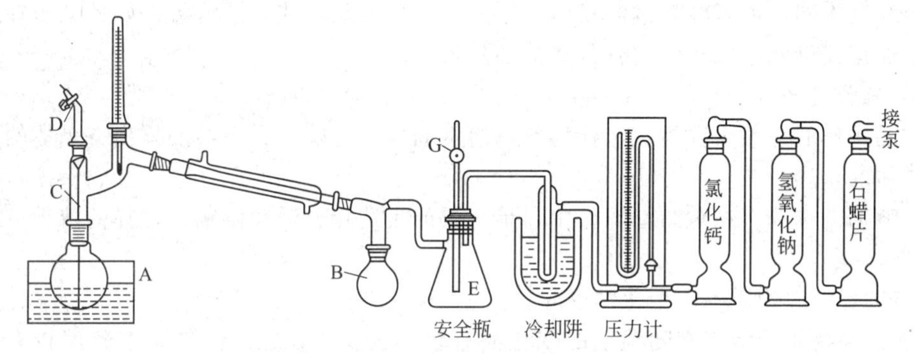

图 2-19 减压蒸馏装置

(2) 检查装置是否漏气以及装置能否达到所要求的压力。先打开压力计的活塞，再打开安全瓶上的活塞，使体系与大气相通。然后开启油泵减压，慢慢关闭安全瓶上的活塞，同时观察压力计的数值变化。慢慢旋转安全瓶上的活塞，将体系的真空度调节至所需值。

(3) 加入待蒸馏的液体于圆底烧瓶中，其体积不得超过烧瓶容积的 1/2，关好安全瓶的活塞，开启油泵，调节毛细管导入空气量，以能稳定地冒出一连串小气泡为宜。

(4) 当压力已降至所需压力时，接通冷凝水，把圆底烧瓶浸入热浴（水浴或油浴）中，加热蒸馏。随时调节螺旋夹，导入空气，以能稳定地冒出一连串小气泡为宜，保证液体平稳沸腾。

(5) 当有液体开始馏出时，控制热浴温度，通常浴液温度要高出待蒸馏物质减压时的沸点 20～30℃，使馏出速度以 1～2 滴/s 为宜，并记录其沸点及相应的压力。如果待蒸馏物中有几种不同沸点的馏分，可通过旋转多尾接引管，收集不同的馏分。

(6) 蒸馏结束后，停止加热并移去热浴，稍冷后慢慢旋开毛细管上的螺旋夹，并慢慢打开安全瓶上的活塞，使系统与大气相通，压力计的水银柱缓慢地恢复原状。待系统内外的压力达到平衡后，关闭油泵和压力计上的活塞，拆除装置。

2.4.8.3 注意事项

(1) 如果压力降不下来，则应逐段检查装置是否漏气，直到符合要求为止。

(2) 蒸馏结束后，打开安全瓶上的活塞要慢，切勿让空气放入太快而冲破压力计。

(3) 内外压力平衡后才可关闭抽气泵，以免抽气泵中的油反吸入干燥塔。

(4) 如果待蒸馏物对空气敏感，则应通过毛细管导入惰性气体（如氮气）。在磁力搅拌下进行减压蒸馏更好。

（5）在使用油泵进行减压蒸馏前，通常要对待蒸馏混合物进行预处理，或者在常压下进行简单蒸馏，或者在水泵减压下利用旋转蒸发仪蒸馏，以蒸除低沸点组分。

2.4.9 重结晶

有机合成的固体粗产物中常含有一些反应的原料、副产物等杂质，必须分离纯化。重结晶是纯化固体有机化合物最常用的一种方法。利用被纯化物质与杂质在某种溶剂中的溶解度不同，或在同一溶剂中的溶解度随温度变化有明显差异，将其分离的操作称为重结晶。

2.4.9.1 基本原理

固体有机化合物在溶剂中的溶解度受温度的影响很大。一般来说，升高温度会使溶解度增大，而降低温度则使溶解度减小。加热溶解固体有机化合物成热的饱和溶液，然后冷却，由于溶解度下降，原来热的饱和溶液就变成了冷的过饱和溶液，因而有晶体析出。就同一种溶剂而言，对于不同的固体化合物，其溶解性是不同的。重结晶操作就是利用不同物质在溶剂中的溶解度不同，或者经热过滤将溶解性差的杂质滤除，或者让溶解性好的杂质在冷却结晶过程中保留在母液中，从而达到分离提纯的目的。

2.4.9.2 操作方法

重结晶操作的一般步骤为：选择溶剂→溶解固体→滤除杂质→结晶析出→晶体的过滤与洗涤→晶体的干燥。

（1）溶剂的选择　在重结晶操作中，最重要的是选择合适的溶剂。选择的溶剂应符合下列条件。

① 与被提纯的物质不发生化学反应。

② 被提纯物质的溶解度随温度的变化而有较大的变化，热的溶剂中溶解度较大，冷的溶剂中几乎不溶或溶解度较小。

③ 需要除去的杂质的溶解度很大或很小（前一种情况杂质将留在母液中不析出，后一种情况杂质在热过滤时被除去）。

④ 被提纯物质能在该溶剂中生成较整齐的晶体。

⑤ 溶剂的沸点适中。若过低，则溶解度改变不大，难分离，且操作也比较难；若过高，则附着于晶体表面的溶剂不易除去。

⑥ 价廉易得，毒性低，回收率高，操作安全。

通常采用试验的方法选择合适的溶剂，具体操作如下。取0.1g待重结晶的固体物质于一小试管中，用滴管滴加约1mL溶剂，振荡。若固体全部或大部分溶解，则这种溶剂不合适；若固体不溶或大部分不溶，但加热至沸腾时完全溶解，且冷却后能析出大量晶体，这种溶剂一般认为合适；若样品不溶于1mL沸腾溶剂中，再分批加入溶剂，每次加入0.5mL，并加热至沸腾，总共用3mL热溶剂，而样品仍未溶解，这种溶剂也不合适；若样品溶于3mL以内的热溶剂中，冷却后仍无结晶析出，这种溶剂也不合适。

如果难以选择一种适宜的溶剂，可选用混合溶剂。混合溶剂一般由两种能互相溶解的溶剂组成，目标物质易溶于其中一种溶剂，而难溶于另一种溶剂。先将目标物质溶于易溶溶剂中，沸腾时趁热逐渐加入难溶的溶剂，至溶液变浑浊，再加入少许前一种溶剂或稍加热，溶液又变澄清。放置，冷却，使结晶析出。在此操作中，应维持溶液微沸。

（2）固体物质的溶解　为减少目标物质残留在母液中造成的损失，一般在沸腾的溶剂中溶解混合物，并使之饱和。溶剂应尽可能不过量，但这样在热过滤时，会因冷却而在漏斗中出现结晶，引起很大的麻烦和损失。因此，具体操作是：将混合物置于烧瓶（或锥形瓶）

中，装上球形冷凝管，先从冷凝管上口滴加少量溶剂，加热至沸腾，继续滴加溶剂并保持微沸，直到目标物质恰好溶解（避免因为待重结晶的物质中含有不溶解的杂质而加入过量的溶剂），再多加20%～30%的溶剂将溶液稀释。否则，在热过滤时，可能会由于溶剂的挥发和温度的下降导致溶解度降低而析出结晶。但如果过量太多，则难以析出结晶，还需要将溶剂蒸出。

（3）过滤　热溶液中若还含有不溶物，应在热水漏斗中趁热过滤，如用玻璃漏斗过滤，常因冷却导致在漏斗中或其颈部析出晶体。热水漏斗是铜制的，内外壁间有空腔，可以盛水。热水漏斗中插一个玻璃漏斗。使用时在外壳支管处加热，可把夹层中的水烧热使漏斗保温。加热过滤时为不使滤纸贴在漏斗壁上，提高过滤效率，应使用折叠式滤纸。溶液若有不应出现的颜色，则待其冷却后加入适量活性炭（以防引起暴沸），煮沸5min左右脱色，然后趁热过滤。

折叠式滤纸的折叠方法见图2-20。先将圆形滤纸对折后再对折，得折痕1-2、2-3、2-4[见图2-20(a)]。在2-3、2-4间对折出2-5，在1-2、2-4间对折出2-6[见图2-20(b)]。在2-3、2-6间对折出2-7，在1-2、2-5间对折出2-8[见图2-20(c)]。在2-3、2-5间对折出2-9，在1-2、2-6对折出2-10[见图2-20(d)]。在相邻两折痕间（如在2-3与2-9间，2-9与2-5间，…，2-10与1-2间）都按反方向对折一次[见图2-20(e)和(f)]。最后将各处折痕用力压叠，再拉开双层即得折叠式滤纸[见图2-20(g)]。

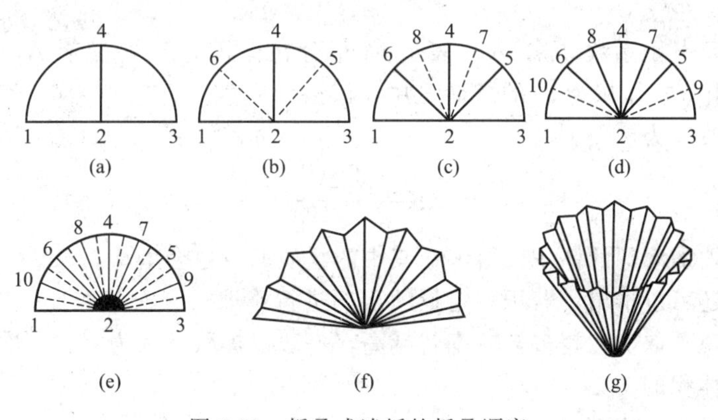

图2-20　折叠式滤纸的折叠顺序

（4）结晶　将收集的热滤液静置，慢慢冷却，不要急冷或剧烈搅拌。因为这样形成的晶体颗粒太小，表面积大，吸附的杂质多。如果晶体颗粒太大，则晶体中会夹杂母液，不易干燥。因此，当发现有较大晶体形成时，轻轻摇动使之形成均匀的小颗粒晶体。有时晶体不易析出，则可用玻璃棒摩擦器壁或加入少量该溶质的晶体。为使结晶更完全，最后可用冰水冷却，也可放置在冰箱中冷却。

（5）晶体的过滤、洗涤与干燥　用布氏漏斗进行减压过滤（见图2-21），用少量合适的溶剂洗涤，继续减压过滤得到晶体，再用适当的方法将晶体干燥。

2.4.9.3　注意事项

（1）如果所选溶剂是水，可以不用回流装置；若使用易挥发的有机溶剂，一般都要采用回流装置，并应考虑回收溶剂。

（2）溶剂一般过量20%～30%，以免在热过滤操作中，因溶剂迅速挥发导致晶体在过滤漏斗上析出。

（3）活性炭在极性溶液（如水溶液）中的脱色效果较好，而在非极性溶液中的脱色效果差一些。活性炭对杂质和待纯化物质都有吸附作用，因此，在满足脱色的前提下，活性炭的用量应尽量少。

(4) 减压过滤时，布氏漏斗的斜面对准抽滤瓶的支管口；停止减压过滤时，应先打开缓冲瓶的活塞或拔去抽气的橡皮管。

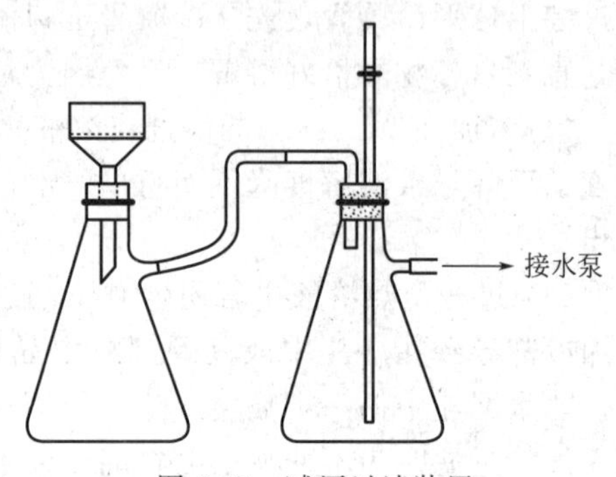

图 2-21 减压过滤装置

2.4.10 萃取

用溶剂从固体或液体混合物中提取所需要的物质，这一操作过程称为萃取。萃取不仅是提取和纯化有机化合物的一种常用方法，而且还可以用来洗去混合物中的少量杂质。

2.4.10.1 基本原理

(1) 液-液萃取　萃取是利用同一种物质在两种互不相溶的溶剂中具有不同溶解度的性质，将其从一种溶剂转移到另一种溶剂中，从而实现分离或提纯的一种方法。

在一定温度下，同一种物质（M）在两种互不相溶的溶剂（A、B）中的浓度之比为一常数，称之为分配定律，用数学式表示如下：

$$K=\frac{m_{\mathrm{M}}/V_{\mathrm{A}}}{m'_{\mathrm{M}}/V'_{\mathrm{B}}}$$

式中，K 表示分配系数；$m_{\mathrm{M}}/V_{\mathrm{A}}$ 表示 M 组分在体积为 V 的溶剂 A 中所溶解的质量；$m'_{\mathrm{M}}/V'_{\mathrm{B}}$表示 M 组分在体积为 V'的溶剂 B 中所溶解的质量。

上式也可以改写为：

$$K=\frac{m_{\mathrm{M}}V'_{\mathrm{B}}}{m'_{\mathrm{M}}V_{\mathrm{A}}}$$

显然，如果增加溶剂的体积，溶解在其中的物质的量也会增加。

由以上公式还可以推出，若用一定量的溶剂进行萃取，分次萃取比一次萃取的效率高。当然，这并不是说萃取次数越多，效率就越高，一般以提取三次为宜，每次所用萃取剂约相当于被萃取溶液体积的 1/3。

此外，萃取效率还与溶剂的选择密切相关。一般来讲，选择溶剂的基本原则是：①被提取物质的溶解度较大；②与原溶剂不相混溶；③沸点低、毒性小。

例如，从水中萃取有机物时常用氯仿、石油醚、乙醚、乙酸乙酯等溶剂；若从有机物中洗除其中的酸、碱或其他水溶性杂质时，可分别用稀碱、稀酸或直接用水洗涤。

(2) 液-固萃取　如果要从固体中提取某些组分，则是利用样品中被提取组分和杂质在同一溶剂中具有不同溶解度的性质进行提取和分离的。在实验室中，通常用索氏（Soxhlet）提取器（也称脂肪提取器）进行提取，见图 2-22。其工作原理是通过对溶剂加热回流并利用虹吸现象，使固体物质连续被溶剂所萃取。

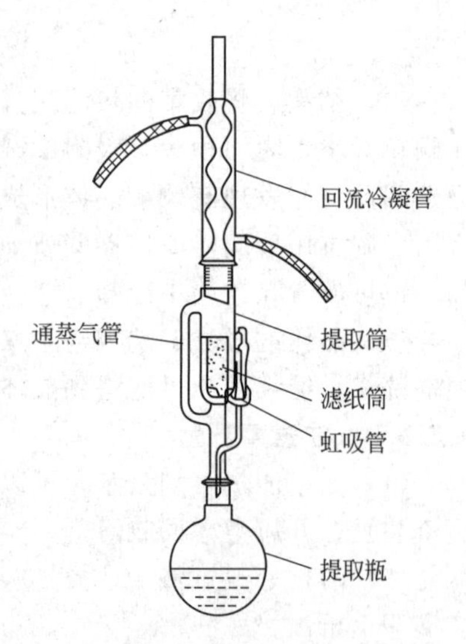

图 2-22 索氏提取器

2.4.10.2 操作方法

(1) 液-液萃取　将分液漏斗置入固定在铁架台上的

铁圈中，将待萃取混合液（体积为 V）和萃取剂（体积约为 $V/3$）倒入分液漏斗，盖好上口塞。用右手握住分液漏斗上端，并以右手食指末节按住上口塞；左手握住分液漏斗下端的活塞部位，小心振荡［见图 2-23(a)］，使萃取剂和待萃取混合液充分接触。振荡过程中，要不时将漏斗尾部向上倾斜（但不要对准人）并打开活塞，以排出因振荡而产生的气体。振荡、放气操作重复数次后，将分液漏斗再置放在铁圈上，静置分层。当两相分清后，把上口塞上的小槽对准漏斗颈口的小孔（或打开分液漏斗的上口塞），缓慢旋开活塞，使下层液体经活塞孔从漏斗下口慢慢放出［见图 2-23(b)］，上层液体自漏斗上口倒出。如果上层是水溶液，不必倒出，可直接进行再萃取。这样，萃取剂便带着被萃取物质从原混合物中分离出来。水溶液再倒入分液漏斗中，进行再次萃取，一般萃取三次。将萃取液合并于一干燥锥形瓶中，加干燥剂干燥后蒸馏出萃取剂得到提取物。

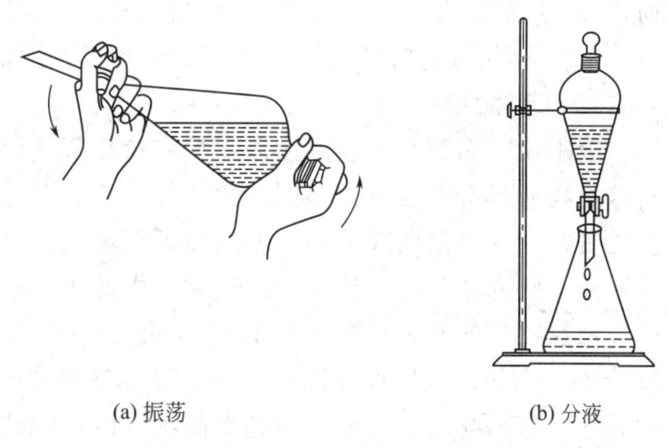
(a) 振荡　　(b) 分液

图 2-23　分液漏斗的使用

（2）液-固萃取　向圆底烧瓶内加入适量溶剂和几粒沸石，并固定在铁架台上；将待提取物研细装入底部折封的滤纸筒中，置入提取筒内；将提取筒插入烧瓶口中，在提取筒上口插上回流冷凝管，冷凝管中部用爪形夹固定在铁架台上，见图 2-22。先通冷凝水，再开始加热，使溶剂沸腾，保持回流冷凝液不断滴入提取筒中，溶剂逐渐积聚。当其液面高出虹吸管顶端时，浸泡样品的萃取液便会自动流回烧瓶中。溶剂受热后又会被蒸发，溶剂蒸气经冷凝又回流至提取管，如此反复，使萃取物不断地积聚在烧瓶中。当萃取物基本上被提取出来后，蒸除溶剂，即获得提取物。

2.4.10.3　注意事项

（1）所用分液漏斗的容积一般要比待处理的液体体积大 1～2 倍。在分液漏斗的活塞上应涂上薄薄一层凡士林（注意不要抹在活塞孔中），然后转动活塞使其均匀透明。在萃取操作之前，应先加入适量的水以检查活塞处是否滴漏。

（2）使用低沸点溶剂（如乙醚）作萃取剂，或使用碳酸钠溶液洗涤含酸液体时，应注意在振荡过程中要不时地放气，否则，分液漏斗中的液体易从上口塞处喷出。

（3）如果在振荡过程中液体出现乳化现象，可以通过加入强电解质（如食盐）破乳。

（4）分液时，如果不知哪一层是萃取层，则可以通过再加入少量萃取剂来判断。若加入的萃取剂穿过分液漏斗中的上层液层溶入下层液，则下层是萃取相；反之，则上层是萃取相。为了避免出现失误，最好将上下两层液体都保留到操作结束。

（5）在分液时，上层液体应从分液漏斗上口倒出，以免萃取层受污染。

（6）用索氏提取器来提取物质，最大的优点是萃取效率高，节省溶剂。但由于被萃取物要在烧瓶中长时间受热，所以受热易分解或易变色的物质就不宜采用这种方法。此外，应用索氏提取器来萃取，所用溶剂的沸点也不宜过高。

2.4.11　升华

升华是纯化固体有机物的一种方法。固体物质受热后不经熔融就直接变成蒸气，该蒸气经冷凝又直接转变成固体，这个过程称为升华。利用升华不仅可以分离具有不同挥发性的固体混合物，而且还能除去难挥发的杂质。一般由升华提纯得到的固体有机物纯度都较高。但是，由于该操作较费时，而且损失也较大，因而升华操作通常只限于实验室少量物质的精制。

2.4.11.1 基本原理

一般来说，那些在熔点温度以下具有较高蒸气压的固体物质，能够通过升华操作进行纯化。这类物质具有三相点，即固、液、气三相共存之点。在三相点以下，物质只有固、气两相。这时，只要将温度降低到三相点以下，蒸气就可不经液相直接转变为固相；反之，若将温度升高，则固相又会直接转变为气相。由此可见，升华操作应该在三相点温度以下进行。例如，六氯乙烷的三相点温度为186℃，压力为104.0kPa，当升温为185℃时，其蒸气已达101.3kPa，六氯乙烷即可由固相常压下直接挥发为蒸气。

另外，有些物质在三相点时的平衡蒸气压比较低，在常压下进行升华时效果较差，这时可在减压条件下进行升华操作。

2.4.11.2 操作方法

将待升华物质研细后放入干燥的蒸发皿中，然后用一张扎有许多小孔的滤纸覆盖在蒸发皿口上，并用一玻璃漏斗倒置在滤纸上面，在漏斗的颈部塞上一团疏松的棉花，如图2-24(a)所示。用小火隔着石棉网慢慢加热（也可用砂浴加热），使蒸发皿中的物质慢慢升华，蒸气透过滤纸小孔上升，凝结在玻璃漏斗的壁上。滤纸面上也会结晶出一部分固体。升华完毕，可用不锈钢匙将凝结在漏斗壁上以及滤纸上的结晶小心地刮落并收集起来。

较大量物质的升华，可在烧杯中进行。烧杯上放一个通冷水的烧瓶，使蒸气在烧瓶底部凝结成晶体附着在瓶底上，如图2-24(b)所示。

减压条件下的升华操作与上述常压升华操作大致相同。首先将待升华物质置放在吸滤管内，然后在吸滤管上装上指形冷凝管，内通冷凝水，用油浴加热，吸滤管支口接水泵或油泵抽气，如图2-24(c)所示。

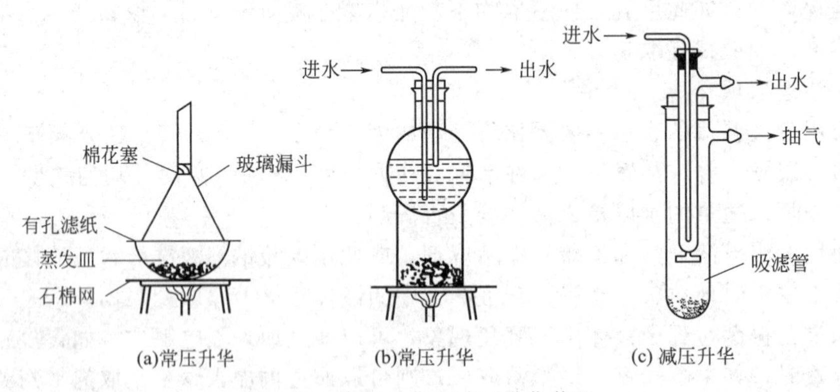

图2-24 常压升华和减压升华装置

2.4.11.3 注意事项

(1) 待升华物质要充分干燥，否则在升华操作时部分有机化合物会与水蒸气一起挥发出来，影响分离效果。

(2) 为了达到良好的分离效果，升华避免用明火直接加热，可采用砂浴、油浴或空气浴。升华温度控制在待纯化物质的三相点温度以下。如果加热温度高于三相点温度，就会使不同挥发性的物质一同蒸发，从而降低分离效果。另外，温度过高，物质会发生碳化。

2.4.12 色谱法

色谱法是分离、提纯和鉴定有机化合物的重要方法之一。色谱法源于对有色物质的分离，随着各种显色、鉴定技术的引入，色谱法也可用于无色物质的分离。由于它具有微量、简便、快速、高效、准确等特点，特别适用于少量和微量物质的分离、鉴定和纯度检验，已广泛应用于有机化学、生物化学和医学的研究及化工生产等多个领域。

2.4.12.1　基本原理

色谱法有许多种类，但基本原理是一致的，即利用待分离混合物中的各组分在某一物质（称作固定相）中亲和性的差异，如吸附性差异、溶解性（或称分配作用）差异等，让混合溶剂（称作流动相）流经固定相，使待分离的混合物在流动相和固定相之间进行反复吸附或分配等作用，从而使混合物中的各组分分离。根据不同的操作条件，色谱法可分为纸色谱、薄层色谱、柱色谱、气相色谱等。

2.4.12.2　操作方法

（1）纸色谱　纸色谱属于液-液分配色谱。纸色谱使用的载体是滤纸，附着在纸上的水是固定相。样品溶液点在纸上，作为展开剂的有机溶剂自下而上移动，样品混合物中各组分在水-有机溶剂两相发生溶解分配，并随有机溶剂的移动而展开，达到分离的目的。

纸色谱在糖类、氨基酸和蛋白质、天然色素等有一定亲水性的化合物的分离中有广泛的应用。

① 选择滤纸　滤纸应厚薄均匀，全纸平整无折痕，滤纸纤维松紧适宜。将滤纸切成纸条，大小根据需要自行选择，一般为3cm×20cm、5cm×30cm或8cm×50cm。

② 选择展开剂

a. 对能溶于水的化合物，以吸附在滤纸上的水作固定相，以与水能混合的有机溶剂（如醇类）作展开剂。

b. 对难溶于水的极性化合物，以非水极性溶剂（如甲酰胺、*N*,*N*-二甲基甲酰胺等）作固定相，以不能与固定相混合的非极性溶剂（如环己烷、苯、四氯化碳、氯仿等）作展开剂。

c. 对不溶于水的非极性化合物，以非极性溶剂（如液体石蜡、*α*-溴萘等）作固定相，以极性溶剂（如水、含水的乙醇、含水的酸等）作展开剂。

以上几点只供参考，通常不能使用单一的溶剂作展开剂，如常用的正丁醇-水，是指用水饱和的正丁醇。要选择合适的展开剂，需要查阅有关资料，还要进行适当的试验。

③ 点样　取少量试样，用水或易挥发的有机溶剂（如乙醇、丙酮、乙醚等）将其完全溶解，配制成约1%的溶液。用铅笔在滤纸上画线，标明点样位置，以毛细管吸取少量试样溶液，在滤纸上按照已标记的编号分别点样，控制点样直径在0.2～0.5cm之间。然后将其晾干或在红外灯下烘干。

④ 展开　于展开槽中注入展开剂，将已点样的滤纸晾干后悬挂在展开槽内，将点有试样的一端放入展开剂液面下约1cm处，但试样斑点的位置必须在展开剂液面之上，如图2-25(a)所示。

⑤ 显色　展开完毕，取出滤纸，画出展开剂上行前沿。另一种方法是先画出前沿，然后展开，但应随时注意展开剂是否已到达画出的前沿。如果化合物本身有颜色，就可直接观察到斑点；若本身无色，可在紫外灯下观察有无荧光斑点，用铅笔在滤纸上画出斑点位置、形状大小。通常可用显色剂喷雾显色，不同类型化合物可用不同的显色剂。对于未知试样的显色剂选择，可先取试样溶液1滴，点在滤纸上，而后滴加显色剂，观察有无色斑产生。

⑥ 计算比移值（R_f值）　在固定的条件下，不同的化合物在滤纸上以不同的速度移动，所以各个化合物的位置也各不相同，通常用距离表示移动的位置［见图2-26(a)］。比移值的计算如下式：

$$R_f=\frac{a}{b}=\frac{\text{化合物色斑中心至样点的距离}}{\text{展开剂前沿至样点的距离}}$$

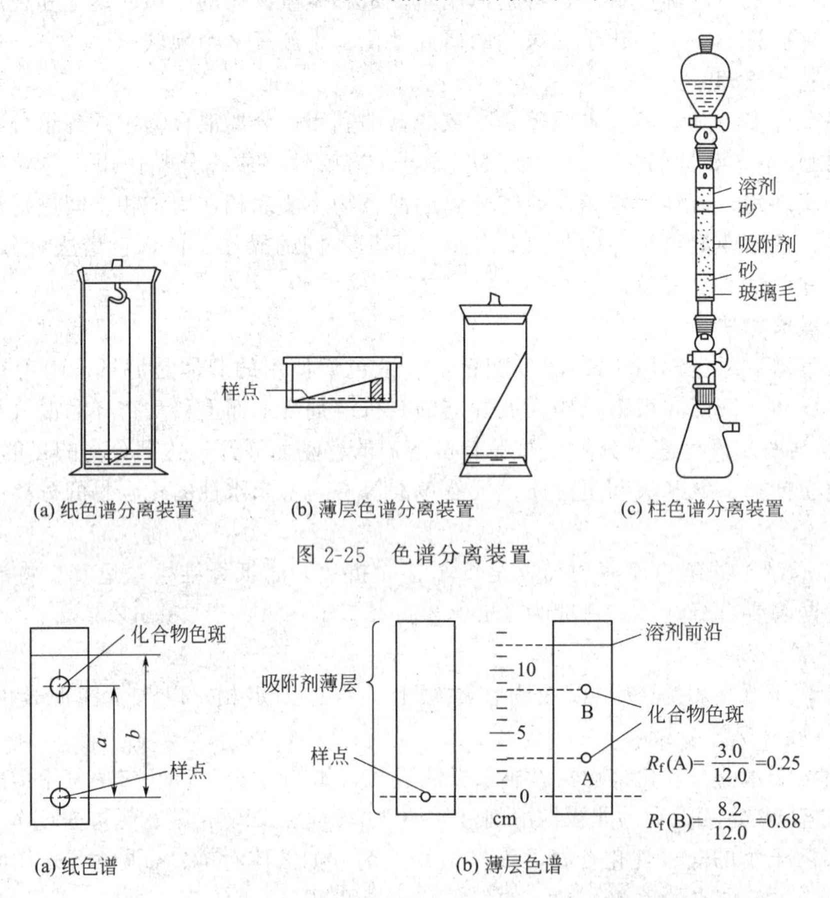

(a) 纸色谱分离装置　(b) 薄层色谱分离装置　(c) 柱色谱分离装置

图 2-25　色谱分离装置

(a) 纸色谱　(b) 薄层色谱

图 2-26　纸色谱和薄层色谱展开示意图

当温度、滤纸质量和展开剂等都相同时，比移值对于一个化合物是一个特有的常数。因而可作定性分析的依据。由于影响比移值的因素过多，实际数据与文献记载不完全相同，因此在测定 R_f 值时，常采用标准试样在同一张滤纸上点样对照。

(2) 薄层色谱　薄层色谱具有设备简单、速度快、分离效果好、灵敏度高以及能使用腐蚀性显色剂等优点，是一种微量的分离分析方法。它可以与光谱或质谱结合起来，因而是一种很有发展前途的分析技术。

薄层色谱是把吸附剂或支持物（如氧化铝、硅胶和纤维素粉等）均匀地铺在一块玻璃板上形成薄层，将分离样品滴加在薄层的一端，当流动相沿着含有固定相的支持物向上移动时，被分离组分就在固定相与流动相之间进行分配或吸附，经过反复无数次的分配平衡或吸附平衡，最后各个组分因其差异而被分离。

薄层色谱最常用的吸附剂是硅胶和氧化铝。在干净的玻璃板（8cm×3cm）上均匀地涂一层吸附剂，晾干或吹干后，置于烘箱中活化（硅胶板在 105～110℃活化 0.5h，氧化铝板在 150～160℃活化 4h），活化后的薄层板放在干燥器中备用。将样品用管口平整的毛细管在薄层板上点样，放入展开槽内，展开后，显色，计算 R_f 值。具体操作如下：

将 10g 硅胶 G(或其他吸附剂) 在搅拌下慢慢加入到 30mL 蒸馏水（或 1%羧甲基纤维素钠水溶液）中，调成适当黏稠、均匀的糊状物。然后将糊状物倒在洁净的玻璃板上，用手轻轻振动，使涂层均匀平整。配好的糊状物大约可铺 6～8 块 8cm×3cm 的玻璃板。将铺好的玻璃板在室温下晾干，然后放入干燥箱内，逐渐升温至 105～110℃并保持 0.5h 进行活化。

用低沸点溶剂（如乙醚、丙酮或氯仿等）将样品配成 1%左右的溶液，然后用内径小于 1mm 的毛细管点样。点样前，先用铅笔在薄层板上距末端 1cm 处轻轻画一横线，然后用毛细管吸取样液在横线上轻轻点样，如果要重新点样，一定要等前一次点样残余的溶剂挥发后再点样，以免点样斑点过大。一般点样斑点直径不大于 2mm。如果在同一块薄层板上点两个样，两点样斑点间距应保持 1～1.5cm 为宜。干燥后就可以在展开槽内展开。

在展开槽中加入展开剂，其量以液面高度 3mm 为宜，盖上槽盖，使展开槽内达到气液平衡。然后打开槽盖，将点过样的薄层板斜置其中，使点样一端朝下，保持点样斑点在展开剂液面之上，盖上槽盖［见图 2-25(b)］。当展开剂上升至离薄层板上端约 1cm 处时，将薄层板取出，并用铅笔立即标出展开剂的前沿位置。待薄层板干燥后，便可观察斑点的位置，一个斑点对应一个化合物。如果斑点无颜色，可将薄层板进行显色。然后量出各色斑中心至样点的距离及展开剂前沿至样点的距离，并计算各化合物的 R_f 值。见图 2-26(b)。

$$R_f=\frac{a}{b}=\frac{\text{化合物色斑中心至样点的距离}}{\text{展开剂前沿至样点的距离}}$$

（3）柱色谱　柱色谱法可看作是一种固-液吸附色谱法。它在柱状玻璃管中装入有适当吸附性能的固体物质（如氧化铝、硅胶等）作为固定相，此玻璃管称为色谱柱。将欲分离的组分配成溶液后，倒入色谱柱中吸附层的上端，再选用混合溶剂或单一溶剂作为流动相，以一定的速度从上端通过色谱柱。由于混合液中各组分与固定相的吸附亲和力强弱有差异，各组分被吸附在色谱柱的不同部分，经过流动相一定时间的冲洗，各组分经过反复多次的吸附和解吸作用而产生差速迁移，与固定相吸附力小的组分位于柱的下端，而与固定相吸附力大的组分位于柱的上端，从而达到彼此分离的目的。

选一合适的色谱柱，洗净干燥后垂直固定在铁架台上，色谱柱下端置一吸滤瓶或锥形瓶［见图 2-25(c)］。如果色谱柱下端没有砂芯横隔，就应取一小团脱脂棉或玻璃棉，用玻璃棒将其推至柱底，然后再铺上一层约 1cm 厚的砂。关闭色谱柱下端的活塞，向柱内倒入溶剂至柱高的 3/4 处。然后将一定量的吸附剂（或支持剂）用溶剂调成糊状，并将其从色谱柱上端向柱内一匙一匙地添加，同时打开色谱柱下端的活塞，使溶剂慢慢流入锥形瓶。在添加吸附剂的过程中，可用木质试管夹或套有橡皮管的玻璃棒轻轻敲振色谱柱，促使吸附剂均匀沉降。添加完毕，在吸附剂上面覆盖约 1cm 厚的砂层。整个添加过程中，应保持溶剂液面始终高出吸附剂层面。

当柱内的溶剂液面降至吸附剂表层时，关闭色谱柱下端的活塞。用滴管将事先准备好的样品溶液滴加到柱内吸附剂表层。用滴管取少量溶剂洗涤色谱柱内壁上沾有的样品溶液。然后打开活塞，使溶剂慢慢流出。当溶液液面降至吸附剂层面时，便可加入洗脱剂进行洗脱。如果被分离的各组分有颜色，可以根据色谱柱中出现的色层收集洗脱液；如果各组分无色，先依等分收集法收集，然后用薄层色谱法逐一鉴定，再将相同组分的收集液合并在一起，蒸除溶剂，即得各组分。

2.4.12.3　注意事项

（1）在薄层板上点样时，毛细管刚接触薄层板即可。点样过量会影响分离效果。点与点之间应相距 1cm 左右。

（2）展开时，样点不能浸入展开剂中。取出薄层板后应立即在展开剂前沿画出标记，否则，展开剂挥发后，无法确定其上升的高度；也可先画出前沿，待展开剂到达后立即取出。

3 有机化合物性质及物理常数的测定

3.1 有机化合物的物理性质及其常数的测定

3.1.1 熔点及其测定

晶态的有机物开始熔化为液态并达到固-液平衡时的温度称为熔点，自初熔至全熔的温度区间即为熔程，一般纯净物的熔程不超过0.5～1.0℃。纯净的物质一般都有恒定的熔点，因此熔点是鉴定有机化合物非常重要的物理常数，一般情况下可作为化合物纯度的判断标准。当化合物含有杂质时，熔点降低，而且熔程较长，但有时也会出现熔点范围很窄的混合物，因此对于熔点范围很小的试样绝不可盲目地认为就是纯化合物，必须重结晶一次或几次后，再测定熔点，必要时还应使用不同的溶剂进行重结晶。

有机化合物分子之间引力的大小与熔点的高低有密切的关系，引力大的，从固态转变为液态时需要吸收较多的能量才能克服晶格中的引力，因而熔点高。分子间的引力有多种多样，与熔点有关的有离子间引力、氢键、偶极作用力和范德华力。分子的对称性对熔点的影响也很大，对称的分子能够吸收较多的能量而不破坏它的晶格。例如四甲基丁烷的熔点是104℃，而三甲基丁烷只有－25℃。此外，当各种因素相同时，以分子量大的熔点高。同质多晶物由于晶格结构不同，可以有不同的熔点。

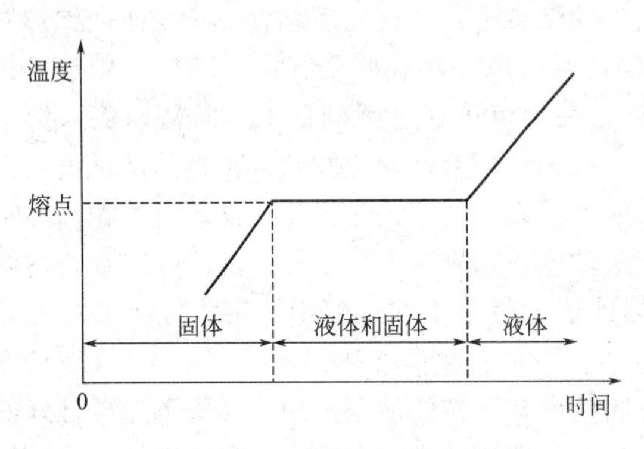

图 3-1　相随着时间和温度的变化

纯物质的熔点和凝固点是一致的。加热纯固体化合物时，若温度低于熔点，固体并不熔化，达到熔点时，固体开始熔化，温度停止上升，直至全部固体都转化为液体时，温度才上升（见图3-1）。反过来，当冷却纯液体化合物时温度下降，当达到凝固点时停止下降，开始有固体出现，直到液体全部变为固体时温度才开始下降。

在一定的温度和压力下，将某纯物质的固-液两相放置于同一容器中，可能发生固体熔化、液体凝固、固-液两相并存三种情况。图3-2(a)为固体的蒸气压随温度升高而增大的情况；图3-2(b)为液体的蒸气压随温度变化的曲线；若将两曲线加合，可得到图3-2(c)的曲线。图3-2(c)显示，固相的蒸气压随着温度变化的速率比相应的液相大，曲线交叉于M点，在此特定的温度与压力下，固液两相并存，这时的温度T_m即为该物质的熔点。当物质的温度高于T_m时固相全部转化为液相；低于T_m时液相全部转化为固相；温度等于T_m时固液两相达到平衡。

若要精确测定物质的熔点，在接近熔点时，加热速率一定要缓慢，以每分钟温升不超过1℃为宜，这样才能使熔化的条件非常接近于相平衡条件，测得的熔点也比较精确。

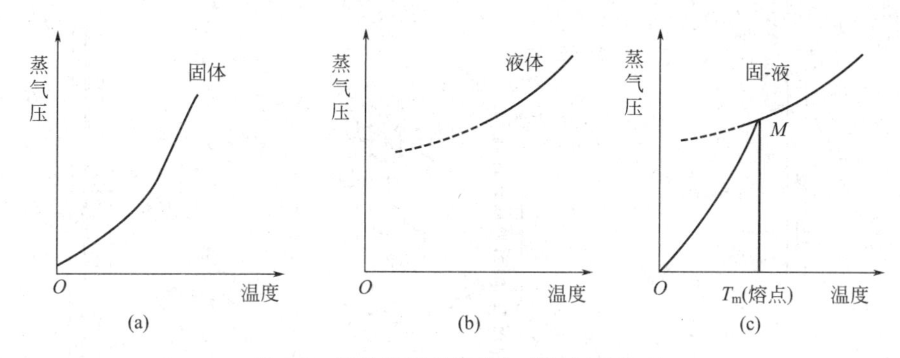

图 3-2 固体物质的温度与蒸气压的关系

测定熔点常用的方法有经典的毛细管法、显微熔点测定法。

(1) 经典的毛细管法 毛细管法是实验室中测定熔点比较常用的基本方法，其特点是装置简单、操作简便。该法目前在实验室和生产单位仍广泛应用。

(2) 显微熔点测定法 显微熔点测定仪是一种附有电热式载物台显微镜的熔点测定装置。用显微熔点测定仪测定熔点不但试样用量很少，而且可以同时观察到试样的其他性质，例如升华、分解、水合物的脱水以及某些化合物（如脎类）在加热过程中从一种形式转变为另一种形式的情况。

近年来，根据固体和液体对光线的透射或反射的不同，研制出利用光电效应测定熔点的仪器，并且能够自动记录，典型的有数字式熔点测定仪。

由于使用不同的仪器和不同的方法测定熔点，因此文献中所记载的同一种有机化合物的熔点数值往往有些差异。由于两个相同的试样混合后的熔点与原试样相同，因此在鉴定有机化合物时，测定混合熔点就很有价值。但是，具有相同熔点的有机化合物（如某些立体异构体）混合后熔点也有不降低的，因此混合熔点法并不十分可靠，并且鉴定未知物时未必能备有各种熔点相同的已知物，为此需要通过其他方法进行鉴定。

实验 3-1 毛细管法及数字式熔点测定仪测定物质的熔点

3.1.1.1 实验目的

(1) 掌握用毛细管法测定固体有机物质熔点的操作方法。

(2) 了解显微熔点测定仪或者数字式熔点测定仪测定熔点的方法、原理及操作技术。

3.1.1.2 实验原理

鉴于毛细管测定法是经典的测定方法，本实验的主要内容是毛细管测定法测定苯甲酸、未知物的熔点，并用数字式熔点测定仪验证熔点测定结果。

(1) 毛细管测定法 毛细管测熔点的主要仪器如图 3-3 所示，装置的核心是提勒(Thiele)管（又称 b 形管）。

载热体又称浴液，可根据物质的熔点选择，一般石蜡、硫酸、硅油、甘油等均可以合理选用。毛细管中的样品位于温度计水银球的中部［见图 3-3(c)］，水银球处于提勒管的两叉口之间［见图 3-3(b)］。在图 3-3(b) 中所示的位置加热，载热体被加热后在管内呈对流循环，使温度变化比较均匀。

在测定已知物的熔点时，可以先快速加热，但在距离熔点 15～20℃时缓慢加热，保持温升 1～2℃/min 的速率为宜，直到测出熔程。测定中，应注意观察和记录样品开始熔化塌落并有液相产生时（初熔）和固体完全消失时（全熔）的温度，所得数据范围即为该物质的熔程。

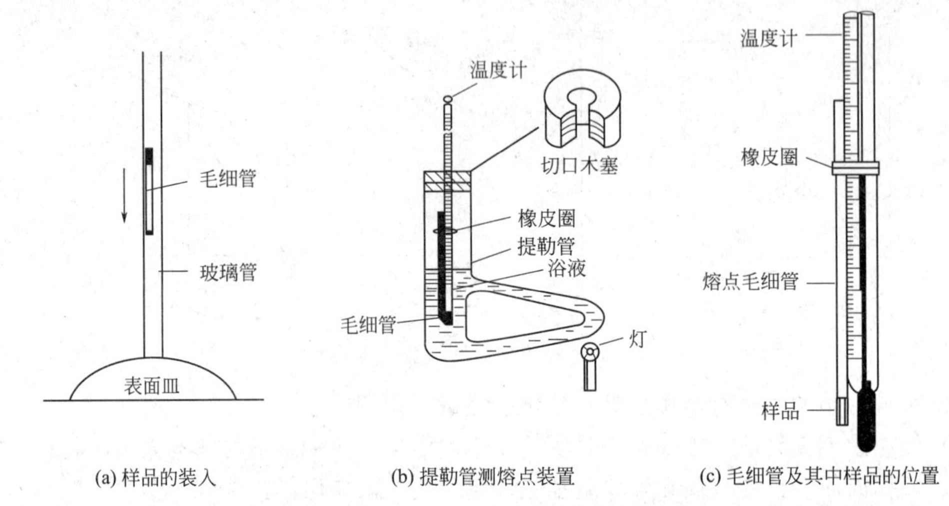

(a) 样品的装入　(b) 提勒管测熔点装置　(c) 毛细管及其中样品的位置

图 3-3　毛细管法测定熔点的装置

(2) 数字式熔点测定仪测定法　WRS-1A/B 型数字式熔点测定仪（见图 3-4）采用光电检测、数字温度显示等技术，具有初熔、终熔自动显示等功能。温度系统应用线性校正的铂电阻作检测元件，并用集成化的电子线路实现快速“起始温度”设定及八档可供选择的线性升温速率自动控制。初熔读数可自动贮存，具有无需人监视的功能。仪器采用毛细管作为样品管。该测定仪的主要技术参数和规格如下。

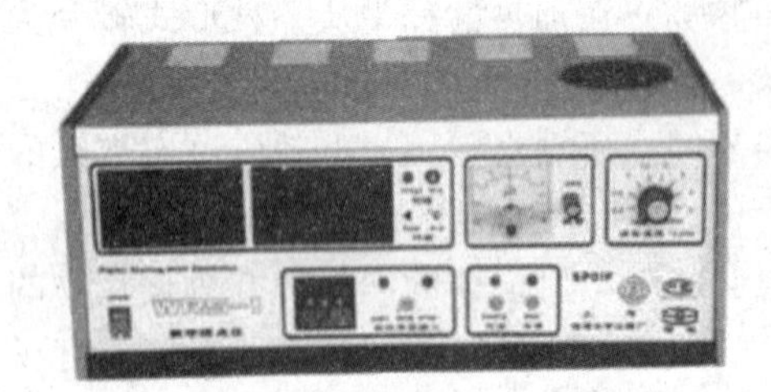

图 3-4　WRS-1A/B 型数字式熔点测定仪

① 熔点测定范围：室温～300℃。

②“起始温度”设定速率：50～300℃，不大于 3min；300～50℃，不大于 5min。

③ 数字温度显示最小读数：0.1℃。

④ 线性升温速率：0.5℃/min、1℃/min、1.5℃/min、3℃/min 四档。

⑤ 线性升温速率误差：<200℃时为 10%；≥200℃时为 15%。

⑥ 重复性：升温速率 1℃/min 时为 0.4℃。

⑦ 毛细管尺寸：内径，0.9～1.1mm；径厚，0.1～0.15mm；长度，120mm。

3.1.1.3　实验用品

仪器：b 形管（提勒管），100℃、200℃温度计，熔点管，长玻璃管（60cm），表面皿（中号），锉刀，切口软木塞，胶塞，橡皮圈，数字式熔点测定仪，镊子等。

药品：苯甲酸，甘油，浓硫酸，肉桂酸，萘，未知物。

3.1.1.4　实验装置

实验装置见图 3-3。

3.1.1.5　实验步骤

(1) 毛细管法测定熔点

① 熔点管的制备　取内径为 1mm、长 6～7cm 的毛细管，在酒精灯上将一端熔封，作为熔点管。

② 样品的装填　取 0.1～0.2g 样品，放在干净的表面皿或玻璃片上，用玻璃棒或不锈钢匙研成粉末，聚成小堆，将毛细管的开口插入样品堆中，使样品挤入管内，把开口的一端

向上竖立，通过一根长约 40cm 直立于玻璃片或蒸发皿上的玻璃管，自由落下［见图 3-3 (a)］，重复几次，直至样品的高度为 2～3mm 为止。操作要迅速，防止样品受潮，装入的样品要结实，受热时才均匀，若有空隙，不易传热，还影响测定结果。

用橡皮圈将毛细管缚在温度计旁，并使装样部分和温度计水银球处在同一水平位置，同时要使温度计水银球处于 b 形管两侧管中心部位。

③ 熔点的测定　安装 b 形管熔点测定装置，进行样品的熔点测定并正确记录熔点。

升温速率不宜太快，特别是当温度将要接近该样品的熔点时，升温速率更不能快。一般情况是：开始升温时速率可稍快些（5℃/min），但接近该样品的熔点时，升温速率要慢（1℃/min）。对未知物熔点的测定，第一次可快速升温，测定化合物的大概熔点。

样品开始萎缩（塌落）并非熔化开始的指示信号，实际的熔化开始于能看到第一滴液体时，记下此时的温度，到所有晶体完全消失呈透明液体时再记下当时的温度，这两个温度即为该样品的熔点范围。

要求每个样品进行两次以上的平行测定，每一次测定都必须用新的毛细熔点管新装样品，不能重复使用已测定过熔点的样品管。进行第二次测定时，要等浴温冷至其熔点以下 30℃左右再进行。

实验样品：苯甲酸、萘、肉桂酸等；肉桂酸和苯甲酸的等量混合物。

(2) 数字式熔点测定仪测定熔点

① 测定原理　数字式熔点测定仪的核心部件是硬质玻璃毛细管。与目视法不同，采用数字式熔点测定仪具有以下优点：第一是不用传热载体，毛细管直接插在微型电炉中，电炉的初始温度、升温速率可以精确调节与控制，并可以数字显示。第二是不用眼睛观察，用一束光通过毛细管后照射到光电转换器上，样品熔化前光路不通，没有电信号输出，样品刚开始熔化时，有光信号通过；待样品全部熔化成液体时，光线可以完全通过，光电转换器的输出增大。这几点的温度变化都被准确地记录和显示在仪器面板上。

② 数字式熔点测定仪的规格及主要技术参数

a. 熔点测定范围：室温～300℃。

b. 起始温度设定速率：50～300℃，不大于 3min；300～50℃，不大于 5min。

c. 数字温度显示最小读数：0.1℃。

d. 测定熔点温度精度：小于 200℃范围内，±0.5℃；200～300℃范围内，±0.8℃。

③ 常规熔点测定步骤

a. 升温控制　开启电源开关，稳定 20min，此时，保温灯、初熔灯亮，电表偏向右方，初始温度为 50℃左右。

b. 设定起始温度　通过拨盘设定起始温度，通过起始温度按钮输入此温度，此时预置灯亮。

c. 设定升温速率　选择升温速率，将波段开关调至需要位置。预置灯熄灭时，起始温度设定完毕，可插入样品毛细管。此时电表基本指零，初熔灯熄灭。毛细管插入仪器前要用干净软布将外面所沾的物质清除，否则日久后插座下面会积垢，导致无法检测。

d. 零点调节　旋转调零按钮，使电表完全指零。

e. 启动升温　按下升温钮，升温指示灯亮。

f. 读取数值　数分钟后，初熔灯先闪亮，然后出现终熔读数显示，欲知初熔读数，按初熔钮即得。只要电源未切断，上述读数值将一直保留至测下一个样品。

g. 联机数据处理　用 RS232 电缆连接熔点仪和计算机（仅 WRS-1B 有此功能），再将随机所附的光盘插入计算机，计算机进入 Windows 98 或者 Windows XP 后执行 WRS 程序，可实现测试过程中熔化曲线的绘制、结果的显示等功能。

3.1.1.6 注意事项

（1）浴液的选择：熔点在 80℃以下用蒸馏水；熔点在 200℃以下用液体石蜡、浓硫酸或磷酸；熔点在 200～300℃之间用浓硫酸和硫酸钾（7∶3）的混合液。

（2）特殊试样熔点的测定

① 易升华的化合物：将样品装入毛细熔点管后，将上端也封闭起来，放入热浴中。因为压力对于熔点影响不大，所以用封闭的毛细管测定对熔点的影响可忽略不计。

② 易吸潮的化合物：装样速度要快，装好后立即将毛细管上端用小火加热封闭，以免在熔点测定过程中试样吸潮而使熔点降低。

③ 易分解的化合物：有的化合物受热易分解，产生气体、碳化、变色等，由于分解产物的生成，将导致样品熔点下降。分解产物生成的多少与加热时间的长短有关，因此测定易分解样品，其熔点与加热速率有关。如将酪氨酸缓慢升温，测得熔点为 280℃，而快速加热测得熔点为 314～318℃；将硫脲缓慢加热，测得熔点为 157～162℃，快速加热测得熔点为 180℃。对于易分解的有机化合物的熔点测定，需要作较详细的说明，在括号内注明“分解”。

④ 低熔点的化合物：将装有试样的熔点管与温度计一起冷却，使试样成为固体，再将熔点管与温度计一起移至一个冷却到同样低温的双套管中，撤去冷却浴，容器内温度慢慢上升，观察熔点。

（3）使用浓硫酸作加热浴液（加热介质）要特别小心，不能让有机物如橡皮圈碰到浓硫酸，否则使溶液颜色变深，有碍熔点的观察。若出现这种情况，可加入少许硝酸钾晶体共热后使之脱色。

（4）测定工作结束，若老师要求回收浴液，则一定要等浴液冷却后方可将浓硫酸倒回瓶中。温度计也要等冷却后，用废纸擦去浓硫酸后方可用水冲洗，否则温度计极易炸裂。

3.1.1.7 思考题

（1）测熔点时，若有下列情况将产生什么结果？

① 熔点管壁太厚。

② 熔点管底部未完全封闭，尚有一针孔。

③ 熔点管不洁净。

④ 样品未完全干燥或含有杂质。

⑤ 样品研得不细或装得不紧密。

⑥ 加热升温太快。

（2）是否可以使用已测过熔点的有机化合物经冷却结晶后再进行第二次测定呢？为什么？

3.1.2 沸点及其测定

液体表面的蒸气压随温度的升高而增大，当液体的蒸气压增大到与外界施加给液面的总压力相等时，就有大量气泡不断从液体内部逸出，液体就开始沸腾。这时的温度称为液体的沸点。显然，沸点与所受外界压力的大小有关。通常沸点是指 101.325kPa 压力下液体沸腾时的温度。沸点是液态有机化合物的重要物理常数之一，在有机化合物的分离、提纯及应用过程中都有重要意义。

因为沸点与外界压力有关，同一液体有机化合物由于外界压力不同，其沸点会发生变化。所以，在测定所得有机化合物的沸点数值后面应标明当时的压力。例如，在 85.326kPa

压力下水在95℃沸腾，这时水的沸点表示为95℃/85.326kPa。

在一定压力下，纯的液体有机物具有固定的沸点，当液体不纯时，则沸点与熔点一样有一个温度范围，常称为沸程。

有机化合物的沸点与分子结构有密切的关系。在同系物中，沸点随着碳链的加长而升高，但没有线性关系。同系物中两个相邻的高级化合物的沸点差值要比两个相邻的低级化合物的差值小。烷烃中的氢原子被其他原子或基团取代后，取代物的沸点变高，例如卤代烷、醇、醛、酮和羧酸等的沸点都比相应的烃的沸点高。支链和官能团的位置也能影响沸点。以饱和醇为例，碳原子数目相同的醇以正构醇的沸点最高，即伯醇的沸点最高，仲醇其次，叔醇最低。同类型的醇（如碳原子数目相同的伯醇），支链越多的沸点越低。

测定液体在常压下沸点的方法通常有常量法（如蒸馏法）和微量法。常量法测定沸点所需要的样品用量较大，一般要10mL以上。如果样品较少，一般采用微量法。沸点很高或在较高温度下容易分解的试样往往需要测定减压下的沸点，除了用常规的减压装置测定外，也可以用微量法。

与熔点相似，稳定的纯有机化合物具有固定的沸点，但沸点固定的试样未必是纯化合物，也有可能是共沸化合物。

实验3-2　常量及微量法测定物质的沸点

3.1.2.1　实验目的

（1）理解沸点、蒸馏和分馏等基本概念。

（2）熟练掌握微量法测定沸点装置、蒸馏装置的安装及使用方法。

3.1.2.2　实验原理

当液体有机化合物的温度达到沸点时，液体表面的蒸气压即增大到与外界施加给液面的总压力相等，大量气泡不断从液体内部逸出，液体开始沸腾，测定此时液体的温度，即为沸点。

常量法使用图2-15所示的普通蒸馏装置，产生的蒸气量较大，而且测量的是稍冷却的蒸气温度，一般来说结果略微偏低。进行蒸馏操作时，有时发现馏出物的沸点往往低于（或高于）该化合物的沸点，有时馏出物的温度一直在上升，这可能是因为混合液体组成比较复杂，沸点又比较接近的缘故，简单蒸馏难以将它们分开，可考虑用分馏。

微量法测定沸点的原理与常量法相似，因使用毛细管，测试样品的使用量更小。此法测定的是蒸发界面外浴液的温度，一般结果略微偏高。微量法测定沸点的结果更为准确可靠。

3.1.2.3　实验用品

仪器：蒸馏装置，温度计，玻璃管，熔点毛细管，橡皮圈，分馏装置。

药品：无水乙醇，蒸馏水，石蜡油。

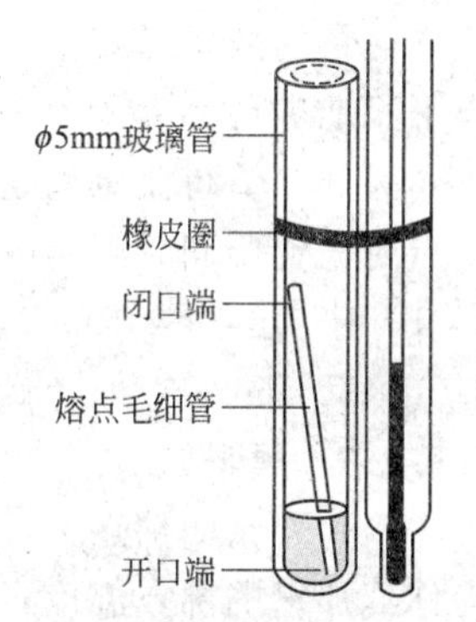

图3-5　微量法测定沸点的装置

3.1.2.4　实验装置

（1）常量法测定沸点的蒸馏装置（见图2-15普通蒸馏装置）

（2）微量法测定沸点的装置（见图3-5）

3.1.2.5　实验步骤

（1）常量法测定沸点　用图2-15所示的蒸馏装置测定无水乙醇和蒸馏水的沸点。

（2）微量法测定沸点　沸点的微量测定法很多，最常用的测定装置如图 3-5 所示。取一根长 10～15cm、直径为 4～5mm 的细玻璃管，用小火封闭其一端作为沸点管的外管，向其中加入 2～3 滴待测样品，再向该外管中放入一根长 8～9cm、直径 1mm 的上端封闭的毛细管，然后将沸点管用橡皮圈固定于温度计水银球旁，放入热浴中加热。由于气体膨胀，内管中会有断断续续的小气泡冒出，达到样品的沸点时，将出现一连串的小气泡，此时应该停止加热，使浴液温度自行下降，气泡逸出的速度即渐渐缓慢。在最后一个气泡刚欲缩回至内管中的瞬间，表示毛细管内的蒸气压与外界压力相等，此时的温度即为该液体的沸点。为校正起见，待温度下降几度后再非常缓慢地加热，记下刚出现气泡时的温度。两次温度计读数不应该超过 1℃。

以石蜡油为热载体，用上述微量法测定无水乙醇的沸点。实验用的毛细管可以用测熔点的毛细管截取适当长度后使用，注意使毛细管的开口端向下，封闭端向上。

3.1.2.6 注意事项

关于常量法测定沸点，需注意以下事项。

① 为了避免在蒸馏过程出现过热现象和保证沸腾的平稳状态，常加入沸石或一端封口的毛细管。因为它们都能防止加热时的暴沸现象，所以把它们称作止暴剂，又叫助沸剂。值得注意的是，不能在液体沸腾时，加入止暴剂，不能用已使用过的止暴剂。

② 蒸馏及分馏效果的好坏与操作条件有直接关系，其中最主要的是控制馏出液的流出速度，以 1～2 滴/s 为宜，不能太快，否则达不到分离要求。

③ 当蒸馏沸点高于 140℃的物质时，应该使用空气冷凝管。

④ 如果维持原来的加热程度，不再有馏出液蒸出，温度突然下降时，就应停止蒸馏，即使杂质量很少也不能蒸干，特别是蒸馏低沸点液体时更要注意不能蒸干，否则易发生意外事故。蒸馏完毕，先停止加热，后停止通冷却水，拆卸仪器，其程序和安装时相反。

⑤ 蒸馏低沸点易燃吸潮的液体时，在接液管的支管处连一干燥管，再从后者的出口处接胶管通入水槽或室外，并将接收瓶在冰水浴中冷却。

⑥ 简单分馏操作和蒸馏大致相同。要很好地进行分馏，必须注意下列几点：

a. 分馏一定要缓慢进行，控制好恒定的蒸馏速度（1～2 滴/s），这样才可以得到比较好的分馏效果。

b. 要有相当量的液体沿柱流回烧瓶中，即要选择合适的回流比，使上升的气流和下降液体充分进行热交换，使易挥发组分尽量上升，难挥发组分尽量下降，则分馏效果更好。

c. 必须尽量减少分馏柱的热量损失和波动。柱的外围可用石棉绳包住，这样可以减少柱内热量的散发，减少风和室温的影响，也减少了热量的损失和波动，使加热均匀，分馏操作平稳地进行。

另外，值得注意的是，物质的沸点是随外界大气压的改变而变化的，因此测定化合物的沸点时一定要同时测定同环境下的大气压，以便与文献记载值相比较。比如水在 1.01325×10^5Pa 时沸点是 100℃，但在 8.50×10^5Pa 时的沸点是 95℃，一般标记为 95℃/8.50×10^5Pa。

3.1.2.7 思考题

(1) 什么叫沸点？液体的沸点和大气压有什么关系？文献中记载的某物质的沸点是否即为你们那里的沸点温度？

(2) 蒸馏时加入沸石的作用是什么？如果蒸馏前忘记加沸石，能否立即将沸石加至将近沸腾的液体中？当重新蒸馏时，用过的沸石能否继续使用？

(3) 为什么蒸馏时最好控制馏出液的速度为1～2滴/s为宜?

(4) 如果液体具有恒定的沸点，那么能否认为它是纯物质?

(5) 分馏和蒸馏在原理及装置上有哪些异同? 两种沸点很接近的液体组成的混合物能否用分馏来提纯?

(6) 什么叫共沸物? 为什么不能用分馏法分离共沸混合物?

3.1.3　折射率及其测定

折射率是物质的特性常数之一，固体、液体和气体都有折射率。对于液体有机化合物，折射率是重要的物理常数之一，是有机化合物纯度的标志。折射率也可用来鉴定未知有机化合物。例如，测定折射率可以区别不同的油类或检查某些药品的纯净程度。

在确定的外界条件（温度、压力）下，光线从一种透明介质进入另一种透明介质，由于光在两种不同透明介质中的传播速度不同，光的传播方向（除非光线与两介质的界面垂直）也会改变，这种现象称为光的折射现象（见图3-6）。

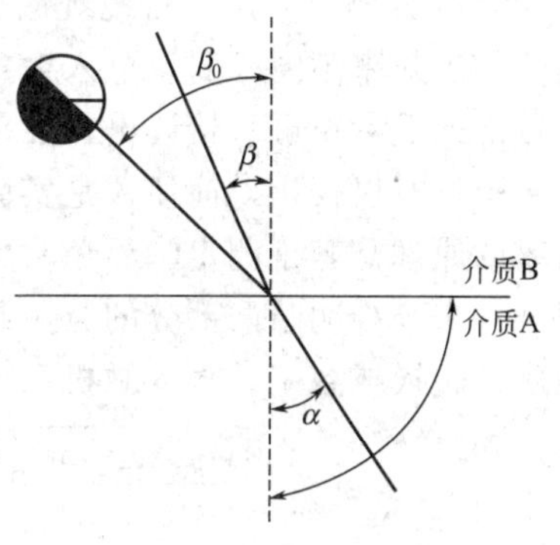

图3-6　光的折射现象

根据折射定律，光线入射角（α）的正弦与折射角（β）的正弦之比，称为折射率。即

$$n=\frac{\sin\alpha}{\sin\beta}$$

当光由介质A进入介质B时，如果介质A对于介质B是光疏物质，则折射角β必小于入射角α。当入射角为90°时，$\sin\alpha=1$，这时折射角达到最大，称为临界角，用β_0表示。很明显，在一定条件下，β_0也是一个常数，它与折射率的关系为：

$$n=\frac{1}{\sin\beta_0}$$

可见，测定临界角β_0，就可以得到折射率。

折射率（n）与物质结构、入射光线的波长、温度、压力等因素有关。透光物质的温度升高，折射率变小；光线的波长越短，折射率就越大。大气压的变化对折射率的影响不明显，只在精密测定时才考虑。使用单色光要比用白光测得的值更为精确，因此常用钠光源D线（波长为589.3nm）作光源。温度可用仪器维持恒定，比如用恒温水浴槽与折射仪间循环恒温水来维持恒定温度。所以，折射率的表示需要注明所用光线波长和测定的温度，常用n_D^{20}来表示，即以钠光为光源，20℃时所测定的折射率。

通常温度升高（或降低）1℃时，液态有机化合物的折射率就减小（或增加）3.5×10^{-4}～5.5×10^{-4}，在实际工作中常采用4×10^{-4}为温度变化常数，把某一温度下所测得的折射率换算成另一温度下的折射率。其换算公式为：

$$n_D^T=n_D^t+4\times10^{-4}(t-T)$$

式中，T为规定温度，℃；t为实验时的温度，℃。

这种粗略计算有一定的误差，仅供参考，同温度下精确的对比测定有时是必要的。

折射率也可用于确定液体混合物的组成。当各组分结构相似和极性较小时，混合物的折射率和物质的量（摩尔分数）组成之间常成简单的线性关系，因此，在蒸馏两种以上的液体混合物且当各组分沸点彼此接近时，就可以利用折射率来确定馏分的组成。

测定折射率时，折射计读数应用校正用棱镜或水进行校正，水的折射率20℃时为

1.3330，25℃时为1.3325，40℃时为1.3305。具体要求可参照仪器使用说明。

实验3-3 阿贝折射仪测定物质的折射率

3.1.3.1 实验目的

学习有机化合物折射率测定的原理与方法。

3.1.3.2 实验原理

在实验室里，一般用阿贝（Abbe）折射仪来测定折射率，其工作原理（如图3-7所示）就是基于光的折射现象。

为了测定β_0值，阿贝折射仪采用了“半暗半明”的方法，就是让单色光由0°～90°的所有角度从介质A射入介质B，这时介质B中临界角以内的整个区域均有光线通过，因此是明亮的，而临界角以外的全部区域没有光线通过，因此是暗的，明暗两区界线十分清楚。如果在介质B的上方用一目镜观察，就可以看见一个界线十分清楚的半明半暗视场。因各种液体的折射率不同，要调节入射角始终为90°，在操作时只需旋转棱镜转动手轮即可。从刻度盘上或显示窗可直接读出折射率。

阿贝折射仪操作简便，是实验室普遍使用的测定折射率的仪器。阿贝折射仪测定物质折射率的原理是基于测定临界角。如图3-7所示，由目视望远镜部件和色散校正部件组成的观察部件来瞄准明暗两部分的分界线，也就是瞄准临界角的位置，并由角度-数字转换部件将角度量转换成数字，输入微机系统进行数据处理，而后数字显示出被测样品的折射率。

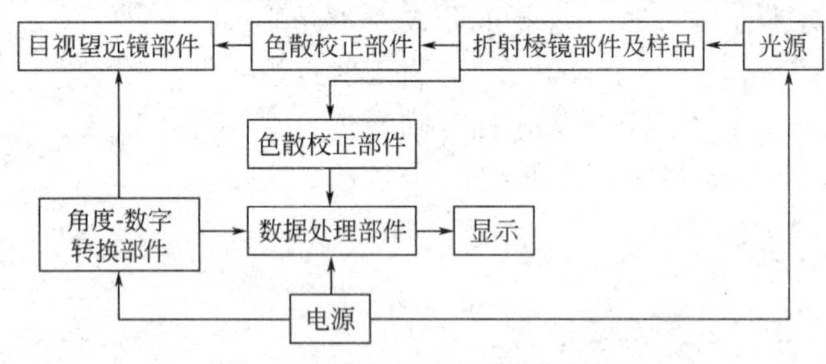

图3-7 阿贝折射仪的结构框图

3.1.3.3 实验用品

仪器：阿贝折射仪，超级恒温水浴锅。

药品：丙酮，乙醇，乙酸乙酯。

其他：擦镜纸。

3.1.3.4 实验装置

WAY-2S数字阿贝折射仪（其结构见图3-8）。

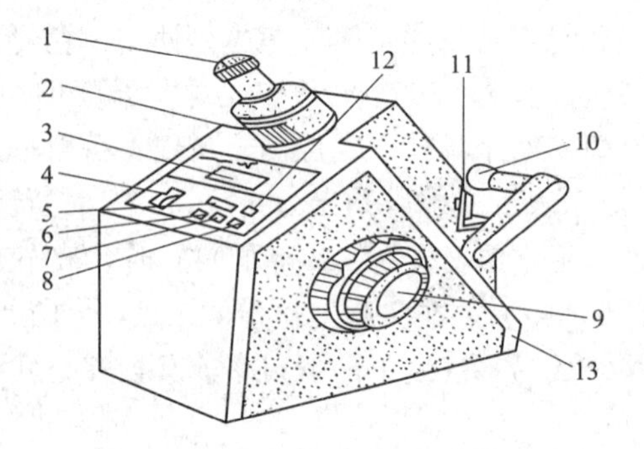

图3-8 WAY-2S数字阿贝折射仪的结构

1—目镜；2—色散校正手轮；3—显示窗；4—电源开关；5—READ读数显示键；6—BX-TC经温度修正锤度显示键；7—n_D折射率显示键；8—BX未经温度修正锤度显示键；9—调节手轮；10—聚光照明部件；11—折射棱镜部件；12—TEMP温度显示键；13—RS232接口

3.1.3.5 实验步骤

（1）实验内容　测定乙酸乙酯和丙酮的折射率。测定温度由教师根据实际情况确定，可选室温或者其他温度。

（2）测定方法

① 按下电源开关（4），聚光照明部件（10）中的照明灯亮，同时显示窗（3）显示“00000”。有时显示窗先显示“—”，数秒后显示“00000”。

② 打开折射棱镜部件（11），移去擦镜纸。

这张擦镜纸是仪器不使用时放在两棱镜之间的，防止在关上棱镜时可能留在棱镜上的细小硬粒弄坏棱镜工作表面。擦镜纸只需用单层。

③ 检查上、下棱镜表面，并用酒精小心清洁其表面。测定每一个样品后也要仔细清洁两块棱镜表面，因为留在棱镜上少量的原来样品将影响下一个样品的测量准确度。

④ 将被测样品放在下面的折射棱镜的工作表面上。如样品为液体，可用干净滴管吸2～3滴待测液均匀地滴在棱镜的工作表面上，要求液体无气泡并充满视场，然后将上面的进光棱镜盖上。如样品为固体，则固体样品必须有一个经过抛光加工的平整表面。测量前需将抛光表面擦净，并在下面的折射棱镜工作表面上滴 1～2 滴比固体样品折射率高的透明液体（如溴代萘），然后将固体样品的抛光面放在折射棱镜工作表面上，使其接触良好。

⑤ 旋转聚光照明部件的转臂和聚光镜筒，使上面的进光棱镜的进光表面（测液体样品）或固体样品前面的进光表面（测固体样品）得到均匀照明。

⑥ 通过目镜观察视场，同时旋转调节手轮（9），使明暗分界线落在交叉线视场中。若从目镜中看到的视场是暗的，可将调节手轮逆时针旋转；若看到的视场是明亮的，则将调节手轮顺时针旋转。明亮区域是在视场的顶部。在明亮视场情况下可旋转目镜，调节视度看清晰交叉线。

⑦ 旋转目镜色散校正手轮（2），同时调节聚光镜位置，使视场中明暗两部分具有良好的反差和明暗分界线具有最小的色散。

⑧ 旋转调节手轮，使明暗分界线准确对准交叉线的交点，如图 3-9 所示。

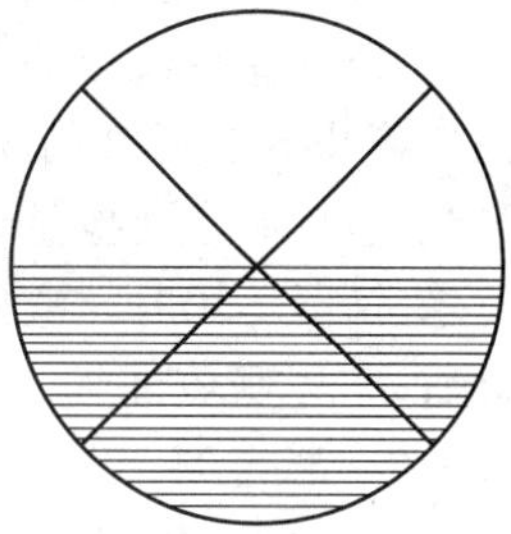

图 3-9 在临界角时的目镜视野

⑨ 按 READ 读数显示键（5），显示窗中“00000”消失，显示“—”，数秒后“—”消失，显示被测样品的折射率。

⑩ 按 TEMP 温度显示键（12），显示窗将显示样品温度。

⑪ 样品测量结束后，必须用酒精或水（样品为糖溶液）小心洗净两镜面，晾干后再关闭保存。

⑫ 仪器折射棱镜部件中有通恒温水结构，若需要测定样品在某一特定温度下的折射率，仪器可外接恒温槽，将温度调节到所需温度再进行测量。

（3）阿贝折射仪的校正方法

① 用重蒸馏水校正　先用橡皮管将折射仪与恒温槽相连接。恒温（一般为 20℃或25℃）后，打开进光棱镜，用擦镜纸蘸少许乙醇或丙酮，按同一方向把上下两棱镜镜面轻轻擦拭干净。待完全干燥后，在折射棱镜的抛光面上滴 1～2 滴高纯度蒸馏水，盖上上面的进光棱镜，通过目镜观察视场，同时旋转调节手轮和色散校正手轮，使视场中明暗两部分具有良好的反差，明暗分界线具有最小的色散，视场内明暗分界线准确对准交叉线的交点（见图3-10）。如有偏差，则可用钟表螺丝刀通过色散校正手轮中的小孔，小心旋转里面的螺钉，使分划板上交叉线上下移动，使明暗界线与“十”字交叉重合，校正工作完成。然后再进行测量，直到测量值符合要求为止。蒸馏水的折射率为：$n_D^{20}=1.3330$，$n_D^{25}=1.3325$，$n_D^{30}=1.3320$，$n_D^{40}=1.3307$。校正完毕后，在以后的测定过程中不允许随意再动此部位。

② 用标准折射玻璃块校正　在折射棱镜的工作表面上滴 1～2 滴 1-溴代萘（$n=1.66$），再将玻璃块黏附于此镜面上，然后按上述方法进行校正。测量值要符合标准玻璃块上所标定的数据。

3.1.3.6 注意事项

（1）实验中的温度问题不可忽视，一般通入恒温水约20min，温度才能恒定，若实验时间有限，或无恒温水槽，该步操作可以省略，实验结果可通过温度换算公式换算。若实验测定时未外接恒温槽，则可先准确测定室温，然后用换算公式将室温下测得的折射率换算成所需温度下近似的折射率。

（2）为确保仪器的精度，防止损坏，应注意维护和保养，并做到以下几点。

① 仪器应放在干燥、空气流通和温度适宜的地方，以免仪器的光学零件受潮发霉。

② 仪器使用前后即更换样品时，必须用丙酮或乙醇清洗干净折射棱镜系统的工作表面并干燥。以防留有其他物质，影响成像清晰度和测量精度。

③ 要保护棱镜，不能在镜面上造成刻痕。在滴加液体样品时，滴管的末端勿触及棱镜。不可测定强酸、强碱等具有腐蚀性的液体。

④ 仪器的聚光镜是塑料制成的，为防止带有腐蚀性的样品对其表面产生破坏，必要时用透明塑料罩将聚光镜罩住。

⑤ 仪器应避免强烈震动或撞击，防止光学零件震碎、松动而影响精度。

⑥ 经常保持仪器的清洁，严禁油手或汗手触及光学零件。若光学零件表面有灰尘，可用高级鹿皮或长纤维的脱脂棉轻擦后用电吹风机吹去；若光学零件表面沾上了油垢，应及时用酒精-乙醚混合液擦拭干净。

⑦ 仪器不用时，应用塑料罩将仪器盖上或将仪器放在箱内，箱内应存有干燥剂（如变色硅胶），以吸收潮气。

3.1.3.7 思考题

（1）测定有机化合物折射率的意义是什么？

（2）每次测定样品的折射率前后为什么要擦洗上下棱镜面？

（3）假定测得松节油的折射率为 $n_D^{30}=1.4710$，在25℃时其折射率的近似值应是多少？

3.1.4 旋光度及其测定

对映异构体的物理性质（如沸点、熔点、折射率等）和化学性质（非手性环境下）基本相同，只是对平面偏振光的旋光性能不同。使偏振光振动平面向右旋转的物质称为右旋体，使偏振光振动平面向左旋转的物质称为左旋体。当偏振光通过具有光学活性的物质时，由于光学活性物质的旋光作用，其振动方向会发生偏转，所旋转的角度称为旋光度，用 α 表示。

物质的旋光度除与物质的结构有关外，还与测定时所用溶液的质量浓度、溶剂、温度、盛液管（或旋光管）长度和所用光源的波长等有关系。因此常用比旋光度 $[\alpha]$ 来表示各物质在一定条件下的旋光度。比旋光度是旋光性物质的特征物理常数，只与分子结构有关，可以通过旋光仪测定物质的旋光度后经计算求得。

液体物质的比旋光度是指在液层长度为1dm，密度为1g/mL，温度为20℃时用钠光源D线（波长为589.3nm）测定的旋光度。

溶液的比旋光度是指在液层长度为1dm，浓度为1g/mL，温度为20℃时用钠光源D线测定的旋光度。

纯液体的比旋光度按下式计算：

$$[\alpha]_\lambda^t=\frac{\alpha}{ld}$$

溶液的比旋光度按下式计算：

$$[\alpha]_\lambda^t=\frac{\alpha}{lc}$$

式中，$[\alpha]_{\lambda}^{t}$ 为旋光性物质在温度为 t、光源的波长为 λ 时的比旋光度，一般用钠光 D 线作为光源，此时用 $[\alpha]_{D}^{t}$ 表示；α 为测得的旋光度，(°)；t 为测定时的温度，℃；λ 为光源的波长，nm；l 为旋光管的长度，dm；d 为纯液体在 20℃时的密度，g/mL；c 为溶液中有效组分的质量浓度，g/mL。

比旋光度是物质的特性常数之一。测定旋光度可以检验旋光性物质的纯度和含量。

实验 3-4 葡萄糖旋光度的测定

3.1.4.1 实验目的

(1) 了解旋光仪的构造及测定原理。

(2) 掌握使用旋光仪测定物质的旋光度的方法及操作。

(3) 学习比旋光度的计算。

3.1.4.2 实验原理

实验室中常用旋光仪来测定旋光性物质的旋光度。下面介绍旋光仪的结构和使用方法。

(1) 旋光仪的结构 测定旋光度的仪器叫旋光仪。市售的旋光仪有两大类：一类是直接目测的；另一类是自动显示数值的。

旋光仪主要由钠光源、起偏镜、盛液管（旋光管）、检偏镜组成。直接目测的旋光仪的基本结构如图 3-10 所示。

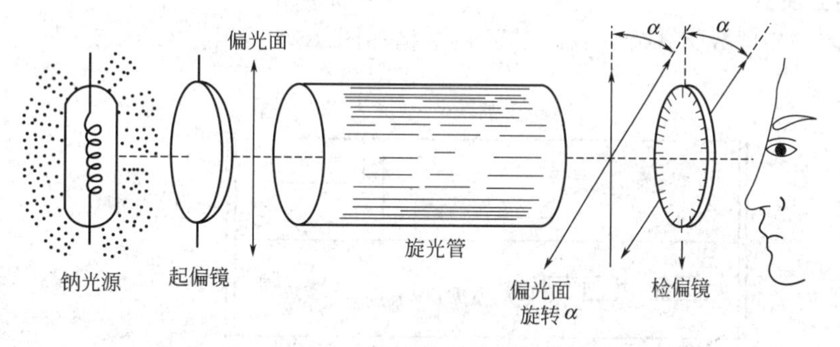

图 3-10 旋光仪的基本结构

光线从光源经过起偏镜（一个固定不动的尼科尔棱镜），变为在单一方向上振动的平面偏振光，在经过盛有旋光性物质的旋光管时，因物质的旋光性致使偏振光不能通过检偏镜（一个可转动的尼科尔棱镜），必须转动检偏镜，才能通过。因此，要调节检偏镜进行配光，使最大量的光线通过。由标尺盘上转动的角度，可以指示出检偏镜的转动角度，即为该物质在此浓度时的旋光度。

WZZ 型数字式旋光仪由于应用了光电检测器和晶体管自动示数装置，因此灵敏度较高，读数方便，且可避免人为的读数误差，目前应用广泛。图 3-11 是 WZZ-1S 型数字式旋光仪面板。

(2) 旋光仪的使用方法 下面以 WZZ 型数字式旋光仪为例，介绍旋光仪的使用方法，即旋光度测定的操作方法。

① 仪器的安放 旋光仪应在正常照明、室温和湿度条件下使用。禁止在高温、高湿条件下使用，避免经常接触腐蚀性气体，否则将影响其使用寿命。

② 开机 将仪器电源接入 220V 交流电，打开电源开关，这时钠光灯应启亮，需经 5min 钠光灯预热，使之发光稳定。打开“光源”开关，若“光源”开关关上后，钠光灯熄灭，则再将“光源”开关上下重复扳动 1～2 次，使钠光灯在直流下点亮为正常。按下“测

量”开关，这时数码管应有数字显示。

③ 零点的校正　将装有蒸馏水或其他空白溶剂的旋光管放入样品室，盖上箱盖，待显示数字稳定后，按下“清零”键，使数码管显示数字为零。按下“复测”开关，使数码管显示数字仍回到零处，重复操作三次。一般情况下，该仪器如不放旋光管时读数为零，放入无旋光性的溶剂后也应为零。但需防止测试光束通路上有小气泡，或旋光管的护片上沾有油污、不洁物。同时也不宜将旋光管护片旋得过紧，这都会影响空白读数。如果读数不是零，必须仔细检查上述因素或用装有溶剂的空白旋光管放入试样槽后再清零。旋光管安放时应注意标记的位置和方向。

④ 测定旋光度　将旋光管取出，倒掉空白溶剂，用待测溶液冲洗 2～3 次，将待测样品注入旋光管，按相同的位置和方向放入样品室内，盖好箱盖。仪器数显窗将显示出该样品的旋光度；逐次按下“复测”按钮，重复读几次数，取平均值作为样品的测定结果。

⑤ 关机　测定完毕，将旋光管中的液体倒出，洗净并晾干放好。旋光仪使用完毕后，应依次关闭“测量”、“光源”、“电源”开关。

3.1.4.3　实验用品

仪器：容量瓶，旋光仪。

药品：葡萄糖。

3.1.4.4　实验装置

采用 WZZ-1S 型数字式旋光仪，其面板结构如图 3-11 所示。

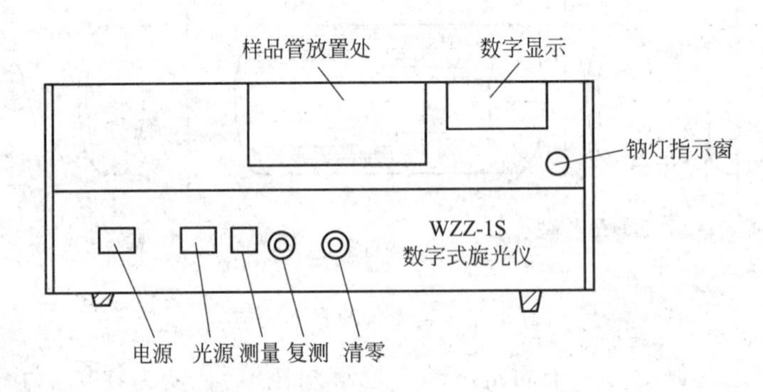

图 3-11　WZZ-1S 型数字式旋光仪面板

3.1.4.5　实验步骤

（1）溶液样品的配制　准确称取葡萄糖样品 10g，放入 100mL 容量瓶中，加入蒸馏水至刻度。配制的溶液应透明，无机械杂质，否则应过滤。

（2）旋光仪零点的校正　按旋光仪的使用方法，用蒸馏水作空白样清零。

（3）旋光度的测定　将样品装入旋光管测定旋光度，记下样品管的长度及溶液的浓度。

（4）计算　根据公式计算比旋光度。

3.1.4.6　注意事项

（1）旋光管中装入蒸馏水或样品溶液时，应使液面凸出管口，将玻璃盖沿管口轻轻推盖好，尽量不要带入气泡。然后垫好橡皮圈，旋转螺帽，使其不漏水，但也不要过紧，否则玻璃产生扭力，致使管内有空隙，而造成读数误差。盖好后如发现管内仍有气泡，可将样品管带凸颈的一端向上倾斜，将气泡逐入凸颈部位，以免影响测定。

（2）注意记录所用旋光管的长度、测定时的温度及所用溶剂（如用水作溶剂则可省略）。温度变化对旋光度具有一定的影响。若在钠光（λ=589.3nm）下测试，温度每升高 1℃，多数光活性物质的旋光度会降低3%左右。

（3）旋光度与光束通路中光学活性物质的分子数成正比。对于旋光度值较小的样品，在配制待测样品溶液时，宜将浓度配高一些，并选用长一点的旋光管，以便观察。

（4）在测定有变旋现象的物质时，要使样品放置一段时间后，才可测量，否则所测定的旋光度不准确。葡萄糖的溶液应放置一天后再测。

（5）仪器连续使用时间不宜超过4h。如使用时间过长，中间应关熄10～15min，待钠光灯冷却后再继续使用，以免降低亮度，影响钠灯寿命。

3.1.4.7 思考题

（1）旋光度和比旋光度的联系与区别是什么？

（2）旋光度的测定具有什么实际意义？

（3）有哪些因素影响物质的旋光度？测定旋光度应注意哪些事项？

（4）葡萄糖的溶液为何要放置一天后再测旋光度？

3.1.5 相对密度及其测定

密度（ρ）是物质单位体积（V）的质量（m），即 $\rho=m/V$。相对密度一般是指在20℃时物质的质量与4℃时同体积水的质量之比，常以 d_4^{20} 表示。相对密度是液体有机化合物的重要物理常数，可以用来区别密度不同而组成相似的物质。

密度不仅是总体积与质量换算的参数，也是关联和推断物质许多性质不可缺少的数据。由密度的定义可知，密度测定需要测量质量与体积。其中，质量可在电子天平上称量而得；精确地测量体积，则用密度瓶。因为体积与温度有关，所以用密度瓶测量体积要在恒温槽中进行。

常用的密度瓶是带有毛细孔塞子的容器（见图3-13）。为防止瓶中液体挥发，容器口还加以盖帽。为求液体的体积，应用已知密度的液体（如水）充满密度瓶，恒温后用减量法求得瓶内液体的质量，再利用 $V=m/\rho$ 求得体积。若要求得固体体积，则是把一定量固体浸于充满液体的密度瓶之中，精确测量被排出液体的体积。此被排出的液体体积，即为在密度瓶内固体的体积。

据此原理，测定液体密度的公式是：

$$\rho_2=\frac{m_2-m_0}{m_1-m_0}\rho_1$$

式中，m_0 为空密度瓶的质量；m_1 为充满密度为 ρ_1 参比液体的密度瓶质量；m_2 为充满密度为 ρ_2 待测液体的密度瓶质量。

测定固体密度的公式是：

$$\rho_s=\frac{m_3-m_0}{(m_1-m_0)-(m_4-m_3)}\rho_1$$

式中，m_0、m_1、ρ_1 的意义同上式；m_3 为装有一定量密度为 ρ_s 的固体后密度瓶的质量；m_4 为装有一定量固体并充满参比液体后的密度瓶质量。

实验3-5 液体与固体物质密度的测定

3.1.5.1 实验目的

掌握密度测定的原理以及用密度瓶法测定液体或固体物质的密度的方法。

3.1.5.2 实验原理

相对密度是指在一定条件下，一种物质的密度与另一种参考物质的密度的比值。通常使用的参考物质是纯水。表示相对密度时应注明测定时物质的温度和纯水的温度，即以 $d_{t_2}^{t_1}$ 表示，t_1 表示物质的温度，t_2 表示纯水的温度。

液体的相对密度一般是指液体在 20℃时的质量与同体积纯水在 4℃时的质量之比，用符号 d_4^{20} 表示。

在实际工作中，用密度瓶或密度计测定液体的相对密度时，以同温度下测定较为方便。通常情况下多在 20℃进行测定，以符号 d_{20}^{20} 表示。

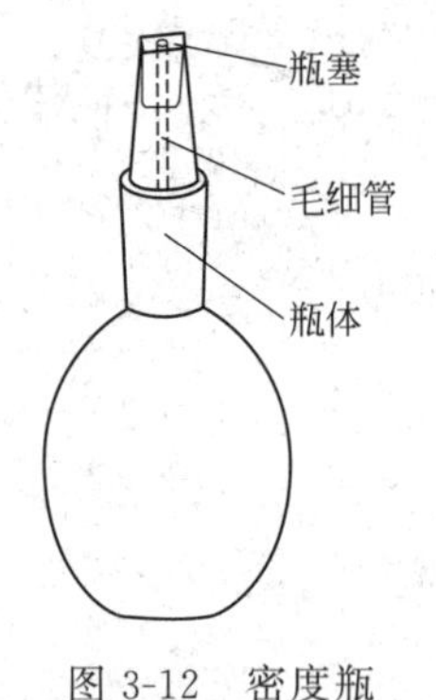

图 3-12 密度瓶

3.1.5.3 实验用品

仪器：水浴恒温槽，电子天平（1/1000），密度瓶。

药品：乙醇（A.R.），铅粒（A.R.）。

3.1.5.4 实验装置

密度瓶（见图 3-12）在一定的温度下有一定的容积，将被测液体注入瓶中，多余的液体可由瓶塞中的毛细管溢出。

3.1.5.5 实验步骤

（1）液体密度的测定

① 调节恒温槽温度为（30.0±0.1)℃。

② 在电子天平上称得洗净、干燥的空密度瓶质量 m_0。

③ 用针筒往密度瓶内输入去离子水，直至完全充满为止。置于恒温槽中恒温 15min，用滤纸吸去毛细管孔塞上溢出的水后，取出密度瓶，擦干瓶外壁，称得质量为 m_1。

④ 倒出密度瓶中的水，用热风吹干。同③操作，在密度瓶内输入待测密度的乙醇，恒温后，称得质量为 m_2。

⑤ 倒出瓶中的乙醇，洗净密度瓶，以备后用。

（2）固体密度的测定

① 同液体密度的测定步骤①、②、③。

② 在洗净干燥的密度瓶内加入一定量铅粒，称得质量为 m_3。

③ 在含铅粒质量为 m_3 的密度瓶中输入去离子水。旋转密度瓶，让铅粒与水充分接触，以免铅粒之间有气泡存在。待水充满后，置于恒温槽中恒温 15min，用滤纸吸去毛细管孔塞上溢出的水，取出密度瓶，擦干瓶外壁，称得质量为 m_4。

④ 倒出铅粒与去离子水，洗净密度瓶，以备后用。

3.1.5.6 数据记录与处理

（1）列表表达实验条件与测得的数据。

（2）计算 30℃下乙醇的密度并与标准值比较。

（3）计算 30℃下铅的密度并与标准值比较。

3.1.5.7 思考题

（1）测定密度时为什么要用恒温水浴？为什么要用参比液体？

（2）用密度瓶测定固体的密度时，为什么不允许固体粒子与液体接触面上存在气泡？

（3）测定易挥发的有机液体的密度时，应注意哪些问题？

3.2 有机化合物的化学性质实验

有机化学反应大多数为分子反应，分子中直接发生变化的部分一般都主要集中在官能团部位。因此，有机化合物官能团的基本特征反应对于鉴定有机化合物的结构是十分重要的。适合于鉴定官能团的反应，一般应该操作简便，反应迅速，反应结果有明显的现象，如颜色的变化、沉淀的生成、固体的消失、气体的产生等，并是某一官能团具有专一性的特征反应。但是，往往一个化学反应有可能对多种有机化合物都能发生，此时就难以判断此物质究竟是哪一类化合物了，因此还须选做其他反应，进一步加以确证。如果分子中同时含有两种或多种不同的官能团，可能对官能团的鉴定反应产生彼此间的干扰，因此根据一种反应的结果尚不足以确定该官能团是否存在，可再选用几种反应来确定其官能团的存在。这就是有机定性实验中常常用几种方法鉴定同一官能团的原因。此外，在鉴定时，必须注意所选择的溶剂及样品中少量杂质的影响。在进行实验前，了解样品的理化性质对做好实验是十分重要的。在必要时应该查阅样品的物理常数，以便进行实验时做到心中有数。实验完毕要及时写出实验报告。实验报告的内容应包括试剂、化学反应、反应现象及各项实验的结果和结论。

3.2.1 脂肪烃的性质实验

烷烃、烯烃、炔烃都是脂肪烃。烷烃在一般情况下比较稳定，在特殊条件下可发生取代反应等。而烯烃和炔烃由于分子中具有不饱和双键（—C═C—）和叁键（—C≡C—），所以能发生加成、氧化等特征反应。

具有 R—C≡CH 结构的炔烃，因含有活泼氢，能与重金属（如亚铜离子、银离子）形成炔基金属化合物，故能够与烯烃和具有 R—C≡C—R 结构的炔类相区别。

3.2.1.1 烷烃的性质实验

（1）对氧化剂的稳定性

① 样品：精制石油醚[1]。

② 试剂：$KMnO_4$ 溶液（0.1%），稀 H_2SO_4 溶液（1∶5，体积比）。

③ 操作：在试管中加入 2 滴 0.1% $KMnO_4$ 溶液及 4 滴稀 H_2SO_4 溶液，然后加入 10 滴精制石油醚，振摇，观察结果。

（2）卤代反应

① 样品：精制石油醚。

② 试剂：Br_2-CCl_4 溶液（5%）。

③ 操作：取 2 支干燥试管，各加入 10 滴精制石油醚，再加入 1～2 滴 Br_2-CCl_4 溶液，摇匀后，一支放在暗处，另一支光照，观察现象，数分钟后对比其结果[2]。

3.2.1.2 烯烃的性质实验

（1）加成反应

① 样品：粗汽油（含烯烃）或乙烯[3]。

② 试剂：溴水。

③ 操作：于试管中加入 5 滴溴水，然后加入 1 滴粗汽油，振荡试管，观察溴水是否褪色。

绝大多数含有碳碳双键或叁键的化合物，能使溴水或溴的四氯化碳溶液的棕红色褪去。但在不饱和键两端连有电负性基团时，反应进行得极缓慢。

（2）氧化反应

① 样品：粗汽油（含烯烃）或乙烯。

② 试剂：$KMnO_4$ 溶液（0.1%），稀 H_2SO_4 溶液（1∶5，体积比）。

③ 操作：于试管中加入 1 滴 0.1% $KMnO_4$ 溶液和 10 滴稀 H_2SO_4 溶液，然后加入 2 滴粗汽油，振荡试管，观察高锰酸钾的紫色是否褪去。

含有碳碳双键和叁键的化合物能与高锰酸钾发生氧化反应，使高锰酸钾溶液的紫色褪去，而一些易被氧化的化合物如酚、醇、醛等也能使高锰酸钾溶液褪色。

3.2.1.3 乙炔的制备和化学性质实验

(1) 制备实验 制备乙炔的反应式为：

$$CaC_2 + 2H_2O \longrightarrow HC \equiv CH\uparrow + Ca(OH)_2 + Q$$

实验操作：取 5～6g 电石（块状碳化钙）置于干燥的抽滤管中，管口用带有分液漏斗的胶塞塞紧，其侧管连接一根下端拉细的弯玻璃管。然后通过小分液漏斗将水逐滴地滴入，反应立即开始，用逸出的乙炔气[4]分别做下列实验。

(2) 化学性质实验

① 加成反应

a. 样品：乙炔气。

b. 试剂：溴水。

c. 操作：将乙炔气通入盛有 10 滴溴水的试管中，观察溴水是否褪色。

② 氧化反应

a. 样品：乙炔气。

b. 试剂：$KMnO_4$ 溶液（0.1%），稀 H_2SO_4 溶液（1∶5，体积比）。

c. 操作：将乙炔气通入盛有 1 滴 0.1% $KMnO_4$ 溶液与 10 滴稀 H_2SO_4 混合液的试管中，观察高锰酸钾溶液的紫色是否褪去。

③ 形成银的炔化物

a. 样品：乙炔气。

b. 试剂：$AgNO_3$ 溶液（5%），NaOH 溶液（5%），氨水溶液（5%）。

c. 操作：将乙炔气通入新制备的银氨溶液[5]中，即析出乙炔银沉淀，用玻璃棒取出少量（高粱米粒大）用滤纸吸干，将其放于砂盘中，用小火加热进行爆炸试验。

由于乙炔银干燥时易爆炸，因此向剩余的沉淀中加入 3mL 稀硝酸，在水浴上加热煮沸，分解破坏。反应式为：

$$Ag—C \equiv C—Ag + 2HNO_3 \longrightarrow 2AgNO_3 + HC \equiv CH\uparrow$$

④ 形成亚铜的炔化物

a. 样品：乙炔气。

b. 试剂：$CuSO_4 \cdot 5H_2O$，NaCl，$NaHSO_3$，NaOH 溶液（5%），浓氨水。

c. 操作：将乙炔气通入盛有 5 滴新配制的氯化亚铜氨溶液[6]的试管中，析出乙炔亚铜沉淀。进行与乙炔银相同的爆炸试验，并破坏剩余物。

3.2.1.4 注释

[1] 石油醚的精制：取 2.5mL 石油醚于试管中，加入 1mL 浓 H_2SO_4，剧烈振荡后静置片刻，待分层后，将下层深色的硫酸用滴管抽去，重新加入 1mL 浓 H_2SO_4 振荡洗涤，重复上述操作，直到硫酸层无色为止（一般需洗 3～4 次）。然后用水洗去残留的酸液（洗 2 次以上）即得到精制石油醚。

[2] 烷烃易溶于 Br_2-CCl_4 溶液中，溴代反应进行较快，而生成的溴化氢气体则不溶于 Br_2-CCl_4 溶液，若向试管吹一口气，便有白色烟雾，能使湿的蓝色石蕊试纸变红。而加成反应则无溴化氢气体产生，这是取代反应与加成反应的不同之处。

[3] 乙烯的制备：取 3mL 乙醇于抽滤试管中，小心加入浓 H_2SO_4 9mL，随加随振荡，再加 3g 干燥的细砂，管口塞一个带有温度计的胶塞，使水银球浸入混合液中，但勿触及管底，加热后生成的气体通过另一盛有 15mL 10% NaOH 溶液的抽滤试管，再经一末端抽细的玻璃管导出。在砂浴上用强火加热，使温度迅速到达 150℃以上。当乙烯开始产生后，用

小火缓缓加热并控制温度在 160～170℃之间。

① 细砂应预先用稀盐酸洗净，除去可能夹杂的石灰质，然后用水洗涤，干燥备用。细砂能加速硫酸氢乙酯分解成乙烯，可防止反应混合物受热时发生暴沸。

② 浓硫酸是氧化剂，在反应过程中，可将乙醇等有机物氧化，生成 C、CO、CO_2 等，硫酸本身被还原成 SO_2。SO_2 和乙烯一样也能使溴水和高锰酸钾溶液褪色，故需通过 NaOH 溶液洗涤。

③ 硫酸氢乙酯与乙醇在 140℃反应生成乙醚，故需要迅速升温到 150℃以上，硫酸氢乙酯于 160℃分解成乙烯。当乙烯开始生成后，加热不宜太强烈，否则会产生大量泡沫而暴沸，一般控制温度在 160～170℃之间，必要时可略降低温度。

[4] 工业用电石含有硫化钙、磷化钙等杂质，与水作用产生硫化氢、磷化氢、砷化氢等气体，夹杂在乙炔气中，故生成的气体常带有恶臭。

[5] 银氨溶液的配制：在试管中加入 5 滴 5% $AgNO_3$ 溶液、1 滴 5% NaOH 溶液，再逐滴加入 5%氨水溶液至沉淀恰好溶解。反应式为：

$$AgNO_3 + NaOH \longrightarrow AgOH\downarrow + NaNO_3$$

$$2AgOH \longrightarrow Ag_2O\downarrow + H_2O$$

$$Ag_2O + 4NH_3 \cdot H_2O \longrightarrow 2[Ag(NH_3)_2]OH + 3H_2O$$

银氨溶液即托伦（Tollen）试剂，必须临用现配，久置会析出爆炸性黑色沉淀物 Ag_3N，故不能贮存。

[6] 氯化亚铜氨溶液的配制：将 3.5g $CuSO_4 \cdot 5H_2O$ 及 1g NaCl 溶于 12mL 热水中，在搅拌下加入由 1g $NaHSO_3$ 和 10mL 5% NaOH 组成的溶液，放冷（置暗处，以免氧化），用倾泻法过滤洗涤，得氯化亚铜沉淀，然后将其溶于 10～15mL 氨水（用浓氨水与等量水配成）中即得氯化亚铜氨溶液。反应式为：

$$2CuSO_4 + 2NaCl + NaHSO_3 + H_2O \longrightarrow Cu_2Cl_2\downarrow + 3NaHSO_4$$

$$Cu_2Cl_2 + 4NH_3 \cdot H_2O \longrightarrow [Cu_2(NH_3)_4]Cl_2 + 4H_2O$$

3.2.1.5 思考题

比较烷烃、烯烃与炔烃化学性质的异同点，并解释原因。

3.2.2 芳香烃的性质实验

苯虽然在组成上具有高度的不饱和性，但由于具有环状共轭体系的结构，因此它的化学性质比烯烃、炔烃稳定，不易发生加成反应和氧化反应，较易发生取代反应，这是苯和其他芳香烃的特征反应。

3.2.2.1 芳香烃的性质实验

（1）氧化反应

① 样品：苯，甲苯。

② 试剂：$KMnO_4$ 溶液（0.1%），稀 H_2SO_4 溶液（1∶5，体积比）。

③ 操作：在两支试管中各加入 1 滴 0.1% $KMnO_4$ 溶液和 5 滴稀 H_2SO_4 溶液，然后分别加入 1 滴苯和甲苯，于水浴中温热，然后剧烈振荡，观察其现象。

由于工业苯中经常含少量噻吩，噻吩可使 $KMnO_4$ 溶液褪色，因此，实验时要用纯净的苯。

（2）卤代反应

① 样品：苯，甲苯。

② 试剂：Br_2-CCl_4 溶液。

③ 操作：取两支干燥小试管，分别加入 5 滴苯和甲苯，再各加入 5 滴 Br_2-CCl_4 溶液，振荡后放置数分钟，观察是否发生反应（溶液是否褪色，是否有 HBr 烟雾生成），然后光照，观察实验现象。

3.2.2.2 思考题

（1）苯和甲苯的溴代条件有何不同？各是什么类型的反应？

（2）苯的溴代、氧化等反应为什么只能在水浴中温热而不能在沸水浴中加热？

3.2.3 卤代烃的性质实验

卤代烃分子中的 C—X 键比较活泼，—X 可以被—OH、—NH_2、—CN 等基团取代，也可与硝酸银醇溶液作用，生成不溶性的卤化银沉淀。烃基的结构和卤素的种类是影响反应的主要因素，分子中卤素的活泼性越大，反应进行得越快。各种卤代烃卤素的活泼顺序如下：

$$R—I>R—Br>R—Cl$$

$$RCH=CHCH_2X, PhCH_2X>R—X>RCH=CHX, Ph—X$$

3.2.3.1 卤代烃的性质实验

（1）相同烃基上不同卤素活性的比较

① 样品：1-氯丁烷，1-溴丁烷，1-碘丁烷。

② 试剂：$AgNO_3$ 乙醇溶液。

③ 操作：取 3 支用蒸馏水洗过的干燥试管，各加入 0.5mL $AgNO_3$ 乙醇溶液，然后分别加入 2～3 滴 1-氯丁烷、1-溴丁烷、1-碘丁烷，振摇后观察结果。将不反应的试管放在水浴中缓缓加热数分钟，再观察结果。

（2）不同烃基上氯原子活性的比较

① 样品：氯化苄，1-氯丁烷，氯苯。

② 试剂：$AgNO_3$ 乙醇溶液。

③ 操作：取 3 支用蒸馏水洗过的干燥试管，各加入 1mL $AgNO_3$ 乙醇溶液，再分别加入 5 滴氯化苄、1-氯丁烷、氯苯，振摇后静置 5min，将不反应的试管放在水浴上缓缓加热，冷却后，观察有无沉淀析出，然后在沉淀物中加 1 滴稀硝酸，观察沉淀是否溶解。

3.2.3.2 注释

由于分子结构不同，各种卤代烃与硝酸银乙醇溶液反应，其反应速率有很大的差别。在室温下能立刻产生卤化银沉淀的卤代化合物有 $RCH=CHCH_2X$、$ArCH_2X$、R_3CCl、RI；在室温下无明显反应，但加热后能产生沉淀的卤代烃有 RCH_2Cl、R_2CHCl；在加热下也无卤化银沉淀生成的卤代烃有 ArX、$RCH=CHX$、$CHCl_3$。

3.2.3.3 思考题

（1）说明下列卤代烃反应活泼性次序的原因。

① RI>RBr>RCl

② $PhCH_2Cl>CH_3(CH_2)_2Cl>PhCl$

（2）如何鉴别化合物 CH_3CH_2Br 和 $CH_2=CHBr$？

3.2.4 醇、酚、醚的性质实验

3.2.4.1 醇的性质实验

醇可看作烃分子中的氢原子被羟基取代的产物。根据烃中的氢被羟基取代的多少，可分为一元醇、二元醇及多元醇。在一元醇中，按羟基所连接的碳原子的类型又可分为伯醇、仲醇、叔醇三类。各种醇的性质与羟基的数目、烃基的结构有密切关系。

醇的化学性质大体有三类：①醇羟基上的氢原子被取代；②各种醇的氧化反应；③醇分子内或分子间的脱水反应。

(1) 醇的取代反应

① 与金属钠的反应——醇钠的生成

a. 样品：无水乙醇[1]。

b. 试剂：金属钠。

c. 操作：取 10 滴无水乙醇，置于干燥试管中，用镊子取高粱米粒大小的一块金属钠放入试管中（需将钠外层的煤油用滤纸拭干，切去外皮，取用带金属光泽的钠块），观察发生的现象[2]。

② 氯代烃的生成（卢卡斯试验）[3]。

a. 样品：正丁醇，仲丁醇，叔丁醇。

b. 试剂：卢卡斯（Lucas）试剂（$ZnCl_2/HCl$）[4]。

c. 操作：取 3 支干燥试管，分别加入正丁醇、仲丁醇、叔丁醇各 3 滴及卢卡斯试剂 8 滴，小心振摇后于室温（最好保持在 26～27℃）静置并观察其变化，记下混合液变浑浊和出现分层的时间。

对于有反应的样品，再用 1mL 浓盐酸代替卢卡斯试剂做同样的试验，比较结果。

③ 甘油铜的生成[5]

a. 样品：甘油，乙醇。

b. 试剂：$CuSO_4$ 溶液（5%），NaOH 溶液（5%）。

c. 操作：在两支试管中分别加入 5 滴 5% $CuSO_4$ 溶液和 10 滴 5% NaOH 溶液，即得天蓝色 $Cu(OH)_2$ 沉淀，再分别滴加 5 滴甘油和乙醇，观察并对比其结果。

(2) 醇的氧化反应[6]

① 样品：乙醇。

② 试剂：$KMnO_4$ 溶液（0.1%），NaOH 溶液（5%），浓 H_2SO_4。

③ 操作：取两支试管，一支加入 1 滴 5% NaOH 溶液，另一支加入 3 滴浓 H_2SO_4，然后在两支试管中各加入 5 滴 0.1% $KMnO_4$ 溶液和 5 滴乙醇，振摇并比较两试管中溶液颜色的变化。将两支试管在水浴上加热，再观察有什么变化。

3.2.4.2 酚的性质实验

(1) 酚与溴水的作用

① 样品：苯酚溶液（1%）。

② 试剂：饱和溴水。

③ 操作：在试管中加入 3 滴 1%苯酚水溶液，然后逐滴加入饱和溴水，观察颜色变化，并注意有无沉淀析出[7]。

(2) 酚与 $FeCl_3$ 的显色反应[8,9]

① 样品：苯酚溶液（1%），邻苯二酚溶液（1%），水杨酸溶液（即邻羟基苯甲酸溶液，1%），对苯二酚溶液（1%）。

② 试剂：$FeCl_3$ 溶液（1%）。

③ 操作：于四支试管中分别加入 5 滴各种酚的水溶液，然后再加入 1 滴 1% $FeCl_3$ 溶液，观察各种酚溶液出现的不同颜色及其变化。

(3) 酚的氧化反应

① 样品：对苯二酚饱和水溶液。

② 试剂：$FeCl_3$ 溶液（5%）。

③ 操作：于干燥试管中加入 5 滴对苯二酚饱和水溶液，然后逐滴加入 5% $FeCl_3$ 溶液（3～4 滴），观察颜色变化及结晶的生成[10]。

3.2.4.3 醚的性质实验——乙醚中过氧化物的检查

① 样品：乙醚。

② 试剂：稀 H_2SO_4 溶液，KI 溶液（10%），淀粉指示剂。

操作：在试管中加入 1mL 水，再滴加 5 滴 10% KI 溶液，并用 1 滴稀 H_2SO_4 酸化，加入乙醚 5 滴，振摇片刻，加入 1 滴淀粉指示剂，若溶液变成蓝色，表明醚中有过氧化物存在。

3.2.4.4 注释

[1] 可用无水硫酸铜（焙烧过的硫酸铜）检查。因无水硫酸铜不溶于乙醇，但可与乙醇中的水形成蓝色水合物结晶（$CuSO_4 \cdot 5H_2O$），根据硫酸铜颜色的变化可以判定乙醇中水分的存在及去水程度。

[2] 用金属钠检查羟基时，要注意样品或溶剂中含有的少量水分的影响。

[3] 卢卡斯（Lucas）试验是根据生成相应氯代烃的速率不同来区别六个碳原子以下的伯、仲、叔醇的方法。其反应速率的顺序为：叔醇＞仲醇＞伯醇。叔醇数秒钟即出现浑浊并分层；仲醇一般需要 10～15min；伯醇在室温不反应。

六个碳原子以上的醇类不溶于卢卡斯试剂，振荡后变浑浊，因而观察不出是否反应，因此不适宜用此方法鉴别。

[4] 卢卡斯试剂的制备：将 34g 新熔融的无水氯化锌溶于 27g 浓盐酸中搅拌而成（注意冷却，以防 HCl 逸出）。

[5] 该反应为邻位二元醇或多元醇的特征反应。

[6] 伯醇易被氧化成醛，或继续被氧化成酸；仲醇氧化成酮；叔醇在相似条件下很难被氧化。

[7] 由于羟基的存在，使苯环亲电取代反应的活泼性增加，苯酚与溴水作用时，发生邻对位取代反应，生成微溶于水的 2,4,6-三溴苯酚白色沉淀。但由于某些酚的溴代产物能溶于水，因此与溴水反应后，只见溶液褪色没有沉淀生成（如间苯二酚）。

[8] 大多数酚与 $FeCl_3$ 反应产生红、蓝、紫或绿色。如果酚的水溶液浓度较大，与 $FeCl_3$ 所呈现的颜色太深，难以区别，可适当加水稀释。

[9] 酚类或含有酚羟基的化合物，大部分能与 $FeCl_3$ 溶液发生特有的颜色反应。产生颜色反应的原因主要是生成了电离度很大的酚铁盐。例如：

$$6C_6H_5OH + FeCl_3 \longrightarrow [Fe(C_6H_5O)_6]^{3-} + 6H^+ + 3Cl^-$$

烯醇类化合物遇 $FeCl_3$ 也能生成有色配合物。

加入酸、酒精或过量的 $FeCl_3$ 溶液，均能减少酚铁盐的电离度，有颜色的阴离子浓度也会随之降低，反应液的颜色就将褪去。

[10] $FeCl_3$ 除能与酚发生显色反应形成酚铁盐外，也起氧化剂作用，将酚部分氧化。例如 $FeCl_3$ 能够将一部分对苯二酚氧化成对苯醌，生成的对苯醌与对苯二酚反应生成墨绿色结晶，$FeCl_3$ 则被还原成 $FeCl_2$。所以，易被氧化的酚类不适合用 $FeCl_3$ 呈色反应来检验。

$$HO-C_6H_4-OH + 2FeCl_3 \longrightarrow O=C_6H_4=O + 2FeCl_2 + 2HCl$$

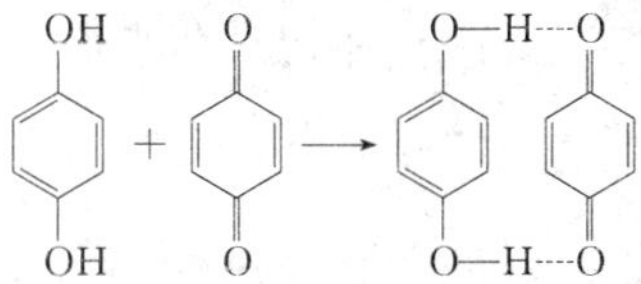

其他酚在生成酚铁盐时也有一部分被氧化。

3.2.4.5　思考题

（1）伯醇、仲醇、叔醇的性质有什么规律？可以用什么反应说明？

（2）多元醇有哪些特性？举例说明。

（3）酚的酸性为什么比醇强？

（4）酚的亲电取代反应为什么比苯容易进行？

3.2.5　醛和酮的性质实验

醛（RCHO）和酮（RCOR）都含有羰基（C═O），二者结构上的相似表现在化学性质方面具有一些共性反应；但醛的羰基是与一个烃基和一个氢原子相连，而酮的羰基则与两个烃基相连，这种结构上的差异又使醛和酮在化学反应方面各有其特殊性。

3.2.5.1　醛和酮的共性反应

（1）与亚硫酸氢钠的加成反应

① 样品：苯甲醛，丙酮。

② 试剂：饱和 $NaHSO_3$ 溶液[1]。

③ 操作：取两支干燥试管，各加入10滴饱和 $NaHSO_3$ 溶液，然后再分别加入3滴苯甲醛和丙酮，振摇后将试管放入冷水中冷却，观察有无结晶析出。

（2）与2,4-二硝基苯肼的反应——腙的生成

① 样品：甲醛溶液，乙醛溶液，丙酮。

② 试剂：2,4-二硝基苯肼试剂[2]。

③ 操作：取3支试管，各加入5滴2,4-二硝基苯肼试剂，然后分别加入1滴甲醛溶液、乙醛溶液、丙酮，观察析出的结晶并注意其颜色。

（3）碘仿反应[3]

① 样品：甲醛，乙醛，乙醇，丙酮。

② 试剂：碘溶液[4]，NaOH溶液（5%）。

③ 操作：取4支小试管，分别加入3滴甲醛、乙醛、乙醇、丙酮，再各加入10滴碘溶液，并逐滴加入5% NaOH溶液至碘溶液颜色恰好消失为止，观察有何变化并嗅其气味。若出现白色乳液，可把试管放到50～60℃的水浴中，温热几分钟再观察。

3.2.5.2　醛的特殊反应

（1）费林反应

① 样品：甲醛溶液，乙醛，丙酮，苯甲醛。

② 试剂：费林（Fehling）溶液[5]。

③ 操作：在4支试管中分别加入费林溶液Ⅰ及费林溶液Ⅱ各5滴，然后分别加入2滴甲醛溶液、乙醛、丙酮、苯甲醛，振摇均匀后，在水浴中加热，观察发生的现象[6]。

（2）银镜反应

① 样品：甲醛溶液，乙醛，丙酮，苯甲醛。

② 试剂：$AgNO_3$ 溶液（5%），NaOH溶液（5%），$NH_3 \cdot H_2O$ 溶液（5%）。

③ 操作：将配好的银氨溶液[7]分别放在4个洁净（洗至不带水珠）的试管[8]中，分别

加入甲醛溶液、乙醛、丙酮、苯甲醛 2～3 滴，摇匀，在水浴上加热，观察现象。

(3) 品红醛试验

① 样品：甲醛溶液，乙醛，丙酮。

② 试剂：品红亚硫酸试剂（希夫试剂）[9]。

③ 操作：取 3 支试管各加入品红试剂 2 滴，然后再分别加入甲醛溶液、乙醛、丙酮各 2 滴，观察其颜色变化[10]。

3.2.5.3 注释

[1] 饱和 $NaHSO_3$ 溶液的配制：在 100mL 40% $NaHSO_3$ 溶液中，加入 25mL 不含醛的乙醇，滤掉析出的结晶，临用时配制。

[2] 2,4-二硝基苯肼试剂的配制：取 1g 2,4-二硝基苯肼，溶于 7.5mL 浓 H_2SO_4 中，将此溶液加到 75mL 95%乙醇中，然后用水稀释至 250mL，必要时需过滤。

[3] 凡具有 CH_3CO—或被氧化成为此种结构的醇［如 $CH_3CH(OH)R$］均能发生碘仿反应。

[4] 碘溶液的配制：取 2g 碘和 5g 碘化钾，溶于 100mL 水中即得。

[5] 费林（Fehling）溶液的配制：因酒石酸钾钠和氢氧化铜的配合物不稳定，故需要分别配制，试验时将两溶液等量混合。费林溶液Ⅰ：将 34.6g $CuSO_4 \cdot 5H_2O$ 加水至 500mL。费林溶液Ⅱ：将 173g 酒石酸钾钠与 70g NaOH 溶于 500mL 水。

[6] 费林溶液呈深蓝色，与醛共热后溶液依次有下列颜色变化：蓝色→绿色→黄色→红色（Cu_2O 的颜色）。芳醛不能与费林溶液反应。

$$RCHO + 2Cu(OH)_2 + NaOH \longrightarrow Cu_2O\downarrow + RCO_2Na + 3H_2O$$

利用费林试剂可以鉴别脂肪醛和芳香醛。

[7] 取 2mL 5% $AgNO_3$ 溶液，加入 1 滴 5% NaOH 溶液，即析出沉淀，再逐滴加入 5% $NH_3 \cdot H_2O$ 溶液，不断振摇，使析出的沉淀恰好溶解为止，即得氢氧化银的氨溶液，简称银氨溶液，此溶液又称托伦试剂。

过量的 $NH_3 \cdot H_2O$ 会降低试剂的灵敏度，故不宜多加。

[8] 试管若不干净，金属银呈黑色细粒状沉淀，不呈现银镜。实验完毕后，应加少量硝酸，立刻煮沸洗去银镜。

[9] 品红是一种红色的三苯甲烷类染料，这类化合物颜色的产生，主要由于分子中具有醌式结构及较长的共轭结构。

品红的水溶液与亚硫酸作用，生成无色溶液，此溶液称为品红亚硫酸试剂或希夫（Schiff）试剂。

希夫试剂的配制：取 0.2g 品红，加入 120mL 蒸馏水，微热使其溶解，冷却，然后加入 20mL 亚硫酸氢钠溶液（1∶10），加入 2mL 盐酸，再加蒸馏水稀释至 200mL，加 0.1g 活性炭，搅拌并迅速过滤，放置 1h 后即可使用。本试剂应临时配制并密封保存，否则 SO_2 逐渐逸出而恢复品红的颜色。遇此情况，应再通入 SO_2，待颜色消失后使用。试剂中过量的 SO_2 愈少，反应愈灵敏。

[10] 醛可与品红亚硫酸试剂作用，生成紫红色产物，酮则不能。

3.2.5.4 思考题

(1) 鉴别醛和酮有哪些简便方法？

(2) 什么叫卤仿反应？具有哪种结构的化合物能发生卤仿反应？

3.2.6 羧酸及其衍生物的性质实验

羧酸根据烃基的类型，有脂肪羧酸和芳香羧酸、饱和羧酸和不饱和羧酸之分；根据羧基的数目，又有一元羧酸、二元羧酸、多元羧酸之分。如果烃基上的氢被一些原子或基团所取代，就形成取代羧酸。

甲酸是最简单的一元羧酸，由于与羧基相连的不是烃基而是氢，因此，具有一些特殊的化学性质，如易被氧化、酸性比其他一元酸强。

酸性和脱羧反应是羧酸和取代羧酸的重要特性。影响酸性的因素很多，但主要是与羧基相连的基团的电子效应。吸电子效应强者，酸性增强；羧基多者，酸性增强。

羧酸衍生物一般是指酯、酰卤、酸酐、酰胺等。酯、酰卤、酸酐在一定条件下都可以发生水解、醇解和氨解反应。水解反应的产物有羧酸或羧酸盐。

乙酰乙酸乙酯除具有酯的一般化学性质外，由于乙酰基的引入，使乙酰乙酸乙酯不仅具有羰基的一些性质，而且可以发生酮式与烯醇式的互变，所以具有烯醇的性质。

3.2.6.1 羧酸的性质实验

（1）酸性试验　将甲酸、乙酸各 5 滴及草酸 0.2g 分别溶于 2mL 水中，用洗净的玻璃棒分别蘸取相应的酸液在同一条刚果红试纸上画线，比较各线条的颜色和深浅程度。

（2）成盐反应　取 0.2g 苯甲酸晶体放入盛有 1mL 水的试管中，再加入 10% NaOH 溶液数滴，振荡并观察现象。直接再加数滴 10%盐酸，振荡并观察所发生的变化。

（3）加热分解作用　将甲酸和冰醋酸各 1mL 及草酸 1g 分别放入 3 支带导管的小试管中，导管的末端分别伸入 3 支各自盛有 1～2mL $Ba(OH)_2$ 的试管中，加热小试管，观察现象。

（4）氧化作用　在 3 支试管中分别放置 0.5mL 甲酸、乙酸及 0.2g 草酸和 1mL 水所配成的溶液，然后分别加入 1mL 稀硫酸（1∶5，体积比）和 2～3mL 0.5% $KMnO_4$ 溶液，加热至沸，观察现象。

（5）成酯反应　在干燥的试管中加入 1mL 无水乙醇和冰醋酸，再加入 0.2mL 浓 H_2SO_4，振荡均匀，浸在 60～70℃的热水浴中约 10min，然后将试管浸入冷水中冷却，最后向试管内加入 5mL 水，观察现象。

3.2.6.2 羧酸衍生物的性质实验

（1）酰氯和酸酐的性质

① 水解作用　在试管中加入 2mL 水，再加入数滴乙酰氯，观察现象；然后在溶液中滴加数滴 2% $AgNO_3$ 溶液，观察现象。

② 醇解作用　在干燥的试管中加入 1mL 无水乙醇，再慢慢滴加 1mL 乙酰氯，冰水冷却并振荡，反应结束后先加入 1mL 水，小心用 20% Na_2CO_3 中和至中性，观察现象，即有酯层浮于水面上。如果没有酯层浮起，可在溶液中加入粉状的氯化钠使溶液饱和为止，观察现象并闻其气味。

③ 氨解作用　在一干燥的试管中加入新蒸馏过的苯胺 5 滴，然后慢慢滴加乙酰氯 8 滴，待反应结束后再加入 5mL 水并用玻璃棒搅匀，观察现象。

用乙酸酐代替乙酰氯重复做上述三个实验，注意反应较乙酰氯难进行，需要在热水浴中加热才能完成上述反应。

（2）酰胺的水解作用

① 碱性水解　取 0.1g 乙酰胺和 1mL 20% NaOH 溶液一起放入试管中，混合均匀并用小火加热至沸腾。用湿润的红色石蕊试纸在试管口检验所产生的气体的性质。

② 酸性水解　取 0.1g 乙酰胺和 2mL 10% H_2SO_4 溶液分别加入试管中，混合均匀，沸水浴加热 2min，闻气味，注意有醋酸味产生。冷却至接近室温并加入 20% NaOH 溶液至反应液呈碱性，再次加热。用湿润的红色石蕊试纸检验所产生气体的性质。

(3) 油脂的性质

① 油脂的不饱和性　取 0.2g 熟猪油和数滴近无色的植物油分别放入两支试管中，并分别加入 1～2mL 四氯化碳，振荡使其溶解。然后分别滴加 3%溴的四氯化碳溶液，随加随振荡，观察所发生的变化。

② 油脂的皂化　取 3g 油脂、3mL 95%乙醇和 3mL 30%～40% NaOH 溶液放入试管内，摇匀后在沸水中加热煮沸。待试管中的反应物呈均相后，继续加热 10min，并时时加以振荡。皂化完全后，将制得的黏稠液体倒入盛有 15～20mL 温热饱和食盐水的小烧杯中，不断搅拌，肥皂逐渐凝固析出，用玻璃棒将制得的肥皂取出，进行下面的实验。

a. 脂肪酸的析出：取 0.5g 新制的肥皂加入试管中，加入 4mL 蒸馏水，加热使肥皂溶解。再加入 2mL 稀硫酸（1∶5，体积比），然后在沸水浴中加热，观察所发生的现象（液面上浮起的一层油状液体为何物?）。

b. 钙离子与肥皂的作用：在试管中加入 2mL 自制的肥皂溶液（0.2g 肥皂加 20mL 蒸馏水而成），然后加入 2～3 滴 10%氯化钙溶液，振荡并观察所发生的变化。

c. 肥皂的乳化作用：取 2 支试管各加入 1～2 滴液体油脂。在一支试管中加入 2mL 水，在另一支试管中加入 2mL 制得的肥皂溶液。同时用力振荡两支试管，比较现象。

3.2.6.3　乙酰乙酸乙酯的化学性质——互变异构现象

乙酰乙酸乙酯是具有互变异构的化合物，为酮式和烯醇式的平衡混合物，具有酮式与烯醇式的化学性质。

(1) 酮式的化学性质　于试管中加入 0.5mL 2,4-二硝基苯肼溶液，再加入 1 滴乙酰乙酸乙酯，充分振摇，析出橙色沉淀。

(2) 烯醇式的化学性质

① 与溴水作用　于试管中加入 0.5mL 水、1 滴乙酰乙酸乙酯、1 滴溴水，振摇后溴的颜色很快消失。

② 与氯化铁试液作用　于试管中加入 0.5mL 水、1 滴乙酰乙酸乙酯，振摇使之溶解，再加入 1 滴 1% $FeCl_3$ 试液，溶液呈紫红色[1]。

③ 酮式与烯醇式的互变异构　取 1 滴乙酰乙酸乙酯与 1mL 乙醇[2]混合后，加入 1% $FeCl_3$ 试液 1 滴，反应液显紫红色，振摇下加溴水数滴，反应液变成无色，但放置片刻，又显紫红色[3]。

3.2.6.4　注释

[1] 烯醇与酚有类似的结构，与 $FeCl_3$ 能生成有色配合物。

[2] 乙酰乙酸乙酯的烯醇式在不同的溶液中，有不同的含量。例如，用乙醇作溶剂时，约含烯醇式 7.5%。

[3] 因有烯醇式存在，加 $FeCl_3$ 后显紫红色。再加溴水后，溴与烯醇式双键加成，最终使烯醇式转变为酮式的溴代衍生物，烯醇式即不存在，原与 $FeCl_3$ 所显的颜色也就消失。但因酮式与烯醇式间有一定的动态平衡关系，又有一部分酮式转变为烯醇式，它与反应液中的 $FeCl_3$ 作用又重显紫红色。

3.2.6.5　思考题

(1) 试从结构上分析甲酸为什么具有还原性?

（2）酯、酰卤、酸酐、酰胺的水解产物分别是什么？举例说明。

（3）浓硫酸在酯化反应中起什么作用？

（4）试从水杨酸的结构说明其为什么能与 $FeCl_3$ 发生显色反应。

3.2.7 胺的性质实验

胺可看作氨（NH_3）分子中的氢原子被烃基取代的产物。$-NH_2$ 称为氨基，它与脂肪烃基相连称为脂肪胺，与芳基相连则称为芳胺。按氢原子被烃基取代的数目，胺又分为伯胺、仲胺、叔胺。

胺具有弱碱性，可与酸成盐。胺类化合物性质较活泼，在制药及药物分析上具有重要意义。

3.2.7.1 胺的性质

（1）弱碱性

① 样品：苯胺。

② 试剂：浓盐酸，NaOH 溶液（20%）。

③ 操作：取 1mL 水置于试管中，滴加 5 滴苯胺，振摇，观察苯胺是否溶于水。然后加入 3 滴浓盐酸，振摇，观察其变化。全部溶解后，再加入 3～4 滴 20% NaOH 溶液，观察又有何变化。试解释这些现象[1]。

（2）苯胺与溴水的作用

① 样品：苯胺。

② 试剂：饱和溴水。

③ 操作：在试管中加入 2～3mL 水，再加入 1 滴苯胺，振摇使其全部溶解后，取此苯胺水溶液 1mL，逐滴加入饱和溴水，立刻出现白色浑浊并有沉淀析出[2]。

（3）与苯磺酰氯的反应（Hinsberg 试验）

① 样品：苯胺，*N*-甲基苯胺，*N*,*N*-二甲基苯胺。

② 试剂：NaOH 溶液（10%），苯磺酰氯。

③ 操作：取 3 支试管，分别加入苯胺、*N*-甲基苯胺、*N*,*N*-二甲基苯胺各 1 滴，再加入 10% NaOH 溶液 10 滴、苯磺酰氯 2 滴，塞住管口，剧烈振摇，并在水浴中温热（不可煮沸），直到苯磺酰氯的气味消失[3,4]。

（4）与亚硝酸的反应

① 样品：苯胺，*N*-甲基苯胺，*N*,*N*-二甲基苯胺。

② 试剂：浓 HCl，NaOH 溶液（5%），$NaNO_2$ 溶液（5%），β-萘酚碱性溶液[5]。

③ 操作

a. 芳伯胺的重氮化与偶合反应[6]　于试管中加入 2 滴苯胺、0.5mL 水及 6 滴浓 HCl[7]，振摇均匀后浸在冰水中冷却至 0℃[8]，在振摇下慢慢加入 5% $NaNO_2$ 溶液 3 滴，得到澄明溶液，往此溶液中加入 2 滴 β-萘酚碱性溶液，即析出橙红色沉淀。

b. 芳仲胺生成 *N*-亚硝基取代物　于试管中加入 2 滴 *N*-甲基苯胺、0.5mL 水及 3 滴浓 HCl，于冰水中冷却后，在不断振荡下慢慢滴加 5% $NaNO_2$ 溶液 5 滴，溶液中立即产生黄色油珠或固体沉淀。

c. 芳叔胺生成环上对位亚硝基取代物　于试管中加入 2 滴 *N*,*N*-二甲基苯胺、3 滴浓 HCl，振摇，于冰水浴中冷却后，滴加 5% $NaNO_2$ 溶液 3 滴，即有黄色固体（对亚硝基-*N*,*N*-二甲基苯胺盐酸盐）析出，加 5% NaOH 溶液中和至碱性后，沉淀变为绿色（对亚硝基-*N*,*N*-二甲基苯胺）。

3.2.7.2 注释

[1] 苯胺是弱碱，难溶于水，它与盐酸形成的苯胺盐酸盐（弱碱强酸盐）易溶于水。

[2] 在氨基的邻、对位引入三个电负性较大的溴后，通过诱导效应使氮上的未共用电子对更加移向苯环，所以2,4,6-三溴苯胺的碱性变得更弱，它几乎不溶于稀的氢溴酸，故有沉淀析出。有时反应液也常呈粉红色，此系溴水将部分苯胺氧化产生了复杂的有色产物。

[3] 按下列现象可区别伯、仲、叔三种胺。

苯胺应无沉淀产生，为透明溶液，加稀盐酸呈酸性后才析出沉淀。

N-甲基苯胺析出白色沉淀，此沉淀不溶于水，也不溶于盐酸。

N,*N*-二甲基苯胺不发生反应，故仍为油状，加数滴浓盐酸后溶解成澄清溶液。

[4] *N*,*N*-二甲基苯胺加热时，可能生成紫色或蓝色染料，并不表示其与苯磺酰氯发生反应。

[5] *β*-萘酚碱性溶液的配制：将4g *β*-萘酚溶于40mL 5% NaOH溶液中即成。最好用新配制的。

[6] 酚类与重氮化合物发生偶合反应，有时在弱酸性条件下进行，一般多在中性或弱碱性溶液中进行；而胺类与重氮化合物的反应则宜在中性或弱酸性溶液中进行。

[7] 重氮化反应时，浓盐酸的用量相当于胺的3倍，一份与亚硝酸钠作用生成亚硝酸，一份使产生重氮盐，另一份保持溶液的酸性。过量的盐酸不仅可提高重氮盐的稳定性，防止重氮盐变成重氮碱，再重排为重氮酸，而且可以防止苯胺盐酸盐水解成游离胺，因为在弱酸性溶液中，重氮酸能与苯胺发生反应。反应式为：

$$\underset{\text{重氮盐}}{[\mathrm{Ar{-}N^+{\equiv}N}]\mathrm{Cl^-}} \underset{\mathrm{HCl}}{\overset{\mathrm{NaOH}}{\rightleftharpoons}} \underset{\text{重氮碱}}{[\mathrm{Ar{-}N^+{\equiv}N}]\mathrm{OH^-}} \underset{\mathrm{HCl}}{\overset{\mathrm{NaOH}}{\rightleftharpoons}} \underset{\text{重氮酸}}{\mathrm{Ar{-}N{=}N{-}OH}} \underset{\mathrm{HCl}}{\overset{\mathrm{NaOH}}{\rightleftharpoons}} \underset{\text{重氮酸盐}}{\mathrm{Ar{-}N{=}N{-}ONa}}$$

$$\mathrm{C_6H_5{-}N{=}N{-}OH} + \mathrm{C_6H_5{-}NH_2} \xrightarrow[\text{或弱酸性}]{\text{中性}} \mathrm{C_6H_5{-}N{=}N{-}C_6H_4{-}NH_2} + \mathrm{H_2O}$$

[8] 由于亚硝酸受热分解为NO、NO_2，重氮盐受热易水解成苯酚，所以重氮化反应一般控制在低温下进行。如果温度过高，就会有黄色沉淀物生成，易和仲胺混淆，故必须充分冷却。

3.2.7.3 思考题

(1) 讨论重氮化反应和偶合反应的条件、用途。

(2) 怎样鉴别伯胺、仲胺、叔胺？

3.2.8 杂环化合物的性质实验

以吡啶、喹啉为代表。

取2支试管，分别加入1mL吡啶、喹啉，各加入5mL水，摇匀，闻其气味，并做下列实验。

(1) 各取1滴试液在红色石蕊试纸上，观察颜色变化。

(2) 各取0.5mL试液，分别置于2支试管中，各加入1mL 1% $FeCl_3$溶液，观察现象。

(3) 各取0.5mL试液，分别加入盛有0.5% $KMnO_4$溶液、5% Na_2CO_3溶液各0.5mL的试管中，摇匀，观察颜色有何变化。加热煮沸，观察混合物又有什么变化。

(4) 各取0.5mL试液，分别加入盛有2mL饱和苦味酸溶液的试管中，静置5～10min，观察现象。加入过量试液，观察沉淀是否溶解。

(5) 取2支试管，各加入2mL 10%单宁酸，再分别加入0.5mL试液，摇匀，观察有无白色沉淀生成，分析这些沉淀是什么。

(6) 取0.5mL吡啶、喹啉试液，分别置于2支试管中，各加入同体积的5% $HgCl_2$ 溶液，观察有无沉淀生成。加1～2mL水后，观察结果怎样。再加入0.5mL浓盐酸，观察沉淀是否溶解。试解释原因。

3.2.9　糖类化合物的性质实验

糖类化合物包括单糖、双糖、多糖等，其中最简单的是单糖。单糖按其官能团可分为醛糖、酮糖；根据碳原子数目又可分为戊糖、己糖等。单糖的结构可看作是一个多羟基醛（醛糖）或多羟基酮（酮糖），所以单糖具有一般醛、酮的性质，但因羰基与分子内的羟基形成环状半缩醛、半缩酮的结构，故其性质与一般醛、酮又有些不同，如不与品红醛试剂反应，难以与亚硫酸氢钠发生加成反应等。

3.2.9.1　还原性实验

(1) 费林反应　在有标记的2支试管中，分别加入2%葡萄糖溶液、2%果糖溶液各5滴，取等体积的费林溶液Ⅰ及Ⅱ[1]混合成深蓝色的溶液后，在每一试管内加入5滴，在水浴中加热并观察现象。

(2) 银镜反应　在试管中加入1mL 5% $AgNO_3$ 溶液、1滴5% NaOH溶液，再逐滴加入5%氨水，不断振摇，至生成的沉淀恰好溶解为止。将制得的溶液均分到2支干净的试管中，然后分别加入葡萄糖溶液、果糖溶液各5滴，混合均匀后，将试管浸在60～80℃水浴中（勿振荡），观察有何变化。

3.2.9.2　糖脎的生成

在3支试管中分别加入2%葡萄糖溶液、2%果糖溶液、2%乳糖溶液各0.5mL，再各加入0.1g苯肼盐酸盐与醋酸钠的混合物[2]，加热使固体完全溶解后，将试管放在沸水浴中加热，随时加以振摇，待黄色的结晶开始出现时从沸水中取出试管（双糖必须煮沸30min以上再取出），放在试管架上，使其冷却，则美丽的黄色的糖脎结晶逐渐形成。取一点糖脎（用水稀释）于载玻片上，在显微镜下观察其形状。

3.2.9.3　注释

[1] 费林溶液的配制见3.2.5.3。

[2] 苯肼盐酸盐与醋酸钠的质量比为2∶3，混合后放在研钵中研细。苯肼有毒，使用时勿与皮肤接触。

3.2.10　蛋白质的性质实验

蛋白质是存在于细胞中的一种含氮的生物高分子化合物，在酸、碱存在下，或受酶的作用，水解成相对分子质量较小的蛋白朊、蛋白胨、多肽等，水解的最终产物为各种氨基酸，其中以 α-氨基酸为主。

蛋白质可以进行沉淀反应、颜色反应和分解反应。

3.2.10.1　蛋白质的沉淀反应

(1) 用重金属盐沉淀蛋白质　取3支试管，标明管号，各盛1mL清蛋白溶液，分别加入饱和的硫酸铜溶液、碱性醋酸铅溶液、氯化汞溶液（小心，有毒！）2～3滴，观察有无蛋白质沉淀析出。

(2) 蛋白质的可逆沉淀　取2mL清蛋白溶液放在试管中，加入同体积的饱和硫酸铵溶液，将混合物稍加振荡，析出的蛋白质沉淀使溶液变浑浊或呈絮状沉淀。将1mL浑浊的液体倾入另一支试管中，加入1～3mL水，振荡，观察蛋白质沉淀是否溶解。

(3) 蛋白质与生物碱试剂的反应　取2支试管，各加入0.5mL蛋白质溶液，并滴加5%醋酸溶液使之呈酸性[1]，然后分别滴加饱和的苦味酸溶液和饱和的鞣酸溶液，直到沉淀产生为止。

3.2.10.2 蛋白质的颜色反应

(1) 与茚三酮的反应 在4支试管中分别加入1%甘氨酸溶液、1%酪氨酸溶液、1%色氨酸溶液、1%清蛋白溶液各1mL,再加入茚三酮试剂2~3滴,在沸水浴中加热10~15min,观察现象。

(2) 黄蛋白反应 于试管中加入1~2mL清蛋白溶液和1mL浓硝酸,此时呈现白色沉淀或浑浊。在灯焰上加热煮沸,观察此时溶液和沉淀是否都呈黄色。有时由于煮沸使析出的沉淀水解,而使沉淀全部或部分溶解,观察溶液的黄色是否变化。

(3) 蛋白质的缩二脲反应 在盛有1mL清蛋白溶液和1mL 20% NaOH溶液的试管中,滴加几滴 $CuSO_4$ 溶液[2],共热,观察现象。取1%甘氨酸溶液做对比试验,观察现象。

(4) 蛋白质与硝酸汞试剂的作用 在盛有2mL清蛋白溶液的试管中,加入硝酸汞试剂2~3滴,观察现象。小心加热,观察原先析出的白色絮状沉淀此时是否聚集成块状并显砖红色(有时溶液也呈红色)。用酪氨酸重复上述过程,观察现象。

3.2.10.3 用碱分解蛋白质

取1~2mL清蛋白溶液放在试管中,加两倍体积的30%碱液,把混合物煮沸2~3min,此时析出沉淀,继续沸腾时,此沉淀又溶解,放出氨气(可用湿润石蕊试纸在试管口检验之)。

在上面的热溶液中加入1mL 10%硝酸铅溶液,再将混合物煮沸,起初生成的白色氢氧化铅沉淀溶解在过量的碱液中[3]。

3.2.10.4 注释

[1] 这个沉淀反应最好在弱酸溶液中进行。

[2] 饱和硫酸铜溶液与水按1∶30予以稀释。

[3] 如果蛋白质与碱作用有硫脱下,则生成硫化铅,结果清亮的液体逐渐变成棕色。若脱下的硫较多,则析出暗棕色的硫化铅沉淀。

3.2.10.5 思考题

(1) 怎样区分蛋白质的可逆沉淀和不可逆沉淀?

(2) 在蛋白质的缩二脲反应中,为什么要控制硫酸铜溶液的加入量?过量的硫酸铜会导致什么结果?

4 有机化合物的合成实验

4.1 烃的制备

4.1.1 甲烷的制备及烷烃的性质

4.1.1.1 实验目的

（1）学习甲烷的实验室制法。

（2）验证烷烃的主要化学性质。

4.1.1.2 实验原理

用醋酸钠和碱石灰制备甲烷，反应式为：

$$CH_3COONa + NaOH \xrightarrow[\triangle]{CaO} CH_4\uparrow + Na_2CO_3$$

将制备的甲烷分别和卤素、高锰酸钾反应，再分别做爆炸试验和可燃性试验，依次推测甲烷的性质。

4.1.1.3 实验用品

仪器：硬质试管，铁架台，具支试管，电热套。

药品：无水醋酸钠[1]，碱石灰[2]，浓 H_2SO_4，NaOH，Br_2-CCl_4 溶液（1%），$KMnO_4$ 溶液（0.1%）。

4.1.1.4 实验步骤

（1）甲烷的制备　连接好装置，检查气密性。把 5g 无水 CH_3COONa 和 3g 碱石灰及 2g NaOH 放在研钵中研细，充分混合均匀，立即倒入试管中，从底部往外铺。先用小火徐徐均匀加热整个试管，再强热靠近管口的反应物，逐渐向管底部移动，使甲烷气流均匀产生，做下列性质实验。

（2）甲烷和烷烃的性质实验

① 溴-四氯化碳实验　在 0.5mL 1% Br_2-CCl_4 溶液中通入 CH_4 气体，分别在光照和避光条件下，观察现象。

② 高锰酸钾实验　在 1mL 0.1% $KMnO_4$ 溶液中加入 2mL 10% H_2SO_4 溶液，振荡，在溶液中通入 CH_4 气体，观察现象。

③ 爆炸试验　用排水集气法收集 1/3 试管的甲烷气，迅速把试管口靠近火焰，观察现象。

④ 可燃性试验　用安全点火法进行甲烷燃烧试验，观察甲烷的燃烧情况。

⑤ 取石油醚照①和②进行实验，并观察现象。

4.1.1.5 注释

[1] 反应物要求无水，无水醋酸钠可将醋酸钠晶体加热至熔融（低于 324℃，以防其分解），使其结晶水蒸发，趁热研碎，密封冷却待用。

[2] 碱石灰以生石灰与氢氧化钠共热而得，使用前应烘干待用。

4.1.1.6 思考题

(1) 烷烃与溴在避光条件下能否发生反应？在光照下能否发生反应？用自由基反应历程进行解释。

(2) 进行酸性高锰酸钾溶液实验的目的是什么？实验中往往会出现紫色消褪，这是什么原因？

(3) 安全点火法有什么好处？

(4) 煤矿井下的瓦斯爆炸是什么原因引起的？

4.1.2 乙烯的制备及烯烃的性质

4.1.2.1 实验目的

(1) 学习乙烯的制备方法。

(2) 验证烯烃的主要化学性质。

4.1.2.2 实验原理

用乙醇分子内脱水制备乙烯，并将其与卤素、高锰酸钾反应，进行可燃性试验，验证其主要化学性质。

制备反应：

$$CH_3CH_2OH \xrightarrow[170℃]{浓\ H_2SO_4} CH_2{=}CH_2\uparrow + H_2O$$

副反应：

$$2CH_3CH_2OH \xrightarrow[135\sim140℃]{浓\ H_2SO_4} CH_3CH_2OCH_2CH_3 + H_2O$$

4.1.2.3 实验用品

仪器：电热套，气流烘干器，蒸馏烧瓶，酒精灯，具支试管。

药品：乙醇，浓 H_2SO_4，P_2O_5，NaOH，Br_2-CCl_4 溶液（1%），$KMnO_4$ 溶液（0.1%），H_2SO_4 溶液（10%）。

4.1.2.4 实验步骤

(1) 乙烯的制备　在 125mL 蒸馏烧瓶中，加入 4mL 乙醇、12mL 浓 H_2SO_4，边加边摇[1]。加入约 1g P_2O_5[2] 及沸石，装上温度计，连接好装置。加热反应物，使温度迅速上升至 160～170℃[3]，调节火焰，保持此范围温度和乙烯气流均匀产生，进行性质实验。

(2) 乙烯的性质实验

① 与卤素反应　在 0.5mL 1% Br_2-CCl_4溶液中通入乙烯气体，振荡，观察现象。

② 氧化反应　在 0.5mL 0.1% $KMnO_4$ 溶液中加入 0.5mL 10% H_2SO_4溶液，通入乙烯气体，振荡，观察现象。

(3) 可燃性试验　用安全点火法进行乙烯燃烧试验，观察乙烯的燃烧情况，并注意与甲烷燃烧现象的差别。

4.1.2.5 注释

[1] 乙醇与浓硫酸作用生成硫酸氢乙酯，放热，为防乙醇碳化，需边加边振荡。

[2] P_2O_5 可吸收反应中产生的水，使反应快速平稳进行，减少碳化和二氧化硫的生成。

[3] 硫酸氢乙酯受热至 140℃时会反应生成乙醚，故应迅速将反应液加强热至 160℃以上；当乙烯产生后，加热不宜过剧，否则，会产生大量泡沫，使反应难于进行。

4.1.2.6 思考题

(1) 制备乙烯的实验要注意哪些问题？如果不迅速升高温度，结果如何？

(2) 本实验制备乙烯时有哪些杂质生成？它们分别在装置中的哪一部分被除去？

4.1.3 乙炔的制备及炔烃的性质

4.1.3.1 实验目的

(1) 学习乙炔的制备方法。

(2) 验证炔烃的主要化学性质。

4.1.3.2 实验原理

通过电石和水反应制备乙炔，将产生的乙炔分别和卤素、高锰酸钾、硝酸银、氯化亚铜反应，验证其化学性质。

4.1.3.3 实验用品

仪器：蒸馏烧瓶，恒压漏斗，具支试管。

药品：块状碳化钙，氯化亚铜（CuCl）溶液，饱和 NaCl 溶液，饱和 $CuSO_4$ 溶液，Br_2-CCl_4 溶液（1%），$KMnO_4$ 溶液（0.1%），H_2SO_4 溶液（10%），托伦试剂，硫酸汞溶液（$HgO+H_2SO_4$），希夫试剂。

4.1.3.4 实验步骤

(1) 乙炔的制备[1] 在 250mL 干燥的蒸馏烧瓶中，放入干净河砂，平铺于瓶底，沿瓶壁小心地放入块状碳化钙 6g，瓶口装上一个恒压漏斗，蒸馏烧瓶的支管连接盛有饱和 $CuSO_4$ 溶液的洗气瓶[2]。把 15mL 饱和 NaCl 溶液倾入恒压漏斗中[3]，小心地旋开活塞使食盐水慢慢地滴入蒸馏烧瓶中，即有乙炔生成，注意控制乙炔生成的速率。

(2) 乙炔性质实验

① 与卤素的反应 在 0.5mL 1% Br_2-CCl_4 溶液中，通入乙炔气体，观察现象。

② 氧化反应 在 1mL 0.1% $KMnO_4$ 溶液中加入 0.5mL 10% H_2SO_4 溶液，通入乙炔气体，观察现象。

③ 乙炔银的生成 在 0.5mL 托伦试剂中，通入乙炔气体，观察溶液有何变化。

④ 乙炔亚铜的生成 在 1mL 氯化亚铜溶液中，通入乙炔气体，观察溶液有何变化。

⑤ 水合反应 将乙炔通入硫酸汞溶液中，反应生成的蒸气通入希夫试剂，溶液若呈桃红色，则表明有乙醛生成。

⑥ 燃烧试验 采用安全点火法进行乙炔燃烧试验，观察现象，注意与甲烷、乙烯燃烧现象的比较。

4.1.3.5 注释

[1] 在乙炔制备实验开始前，要准备好性质实验的各种试剂。

[2] 碳化钙中常含硫化钙、磷化钙等杂质，其与水作用产生硫化氢、磷化氢等腐臭气味气体。硫化氢能与硝酸银及氯化亚铜等反应，影响乙炔银、乙炔亚铜及乙炔水合实验的结果，故需用饱和硫酸铜溶液将上述杂质除去。

[3] 在乙炔的制备过程中，采用饱和食盐水能使反应平稳进行。

4.1.3.6 思考题

(1) 由电石制备乙炔时，所得到的乙炔可能含有哪些杂质？在实验中应该如何除去这些杂质？如果使用粉状的电石能否得到乙炔？

(2) 甲烷、乙烯和乙炔的焰色有什么不同？为什么？

(3) 通过 4.1.1、4.1.2 和 4.1.3 的实验，试列表比较甲烷、乙烯和乙炔的性质。

4.1.4 环己烯的制备

4.1.4.1 实验目的

（1）学习以浓硫酸或浓磷酸催化环己醇脱水制取环己烯的原理和方法。

（2）初步掌握分馏和蒸馏的基本操作技能。

4.1.4.2 实验原理

$$\text{环己醇(OH)} \xrightarrow[\triangle]{\text{浓 } H_2SO_4} \text{环己烯}$$

4.1.4.3 实验用品

仪器：圆底烧瓶（100mL、50mL、25mL、5mL、3mL），分馏柱，分液漏斗，（微型）分馏头，毛细滴管，直形冷凝管，温度计，电热套，具塞离心试管（3mL）干燥滴管。

药品：环己醇，浓硫酸，氯化钠，碳酸钠溶液（5%），无水氯化钙。

4.1.4.4 实验步骤

（1）常量合成　在100mL圆底烧瓶中，放入20mL环己醇，边冷却烧瓶边摇动边滴加6滴浓硫酸，使两种液体混合均匀，放入2粒沸石，装好简单分馏装置。用电热套慢慢升温至反应液沸腾，控制分馏柱顶温度不超过90℃，正常时稳定在69～83℃，直到无馏出液滴出为止。向馏出液中逐渐加NaCl至饱和，再加3～4mL 5%碳酸钠溶液，用50mL分液漏斗洗涤分液。有机层用无水氯化钙干燥30min后，把粗产品倾入50mL圆底烧瓶中，常压蒸馏，收集82～84℃的馏分。产品产量为10～12g。

（2）半微量合成　在50mL圆底烧瓶中，放入10mL环己醇，边冷却烧瓶边摇动边滴加3滴浓硫酸，使两种液体混合均匀，放入2粒沸石，搭好简单分馏装置。用电热套慢慢升温至反应液沸腾，控制分馏柱顶温度不超过90℃，正常时稳定在69～83℃，直到无馏出液滴出为止，向馏出液中逐渐加NaCl至饱和，再加1.5～2mL 5%碳酸钠溶液，洗涤，分液。有机层用无水氯化钙干燥15min后，把粗产品倾入25mL圆底烧瓶中，常压蒸馏纯化产品，收集82～84℃的馏分。产品产量为5～6g。

（3）微量合成　在5mL圆底烧瓶中，放入0.5g环己醇（5.0mmol），边冷却烧瓶边摇动边用毛细滴管滴入浓硫酸1～2滴，使两种液体混合均匀，放入1粒沸石，装上微型分馏头，分馏头上装配温度计。用电热套慢慢升温至反应液沸腾，控制分馏头上的温度计读数不超过90℃，正常时稳定在69～83℃，直到无馏出液滴出为止。流出液用毛细滴管从微型分馏头的支管口吸出，并将其滴入3mL具塞离心试管中。向馏出液中逐渐加NaCl至饱和，再加2滴5%碳酸钠溶液中和微量的酸。振荡后静置分层，下层水相用毛细滴管吸出，上层有机相用无水氯化钙干燥10min。把粗产品用干燥滴管吸出（注意不要将无水氯化钙吸出来），放入3mL蒸馏烧瓶中，装上微型蒸馏头，加热，常压蒸馏纯化产品，收集82～84℃的馏分。

4.1.4.5 注意事项

（1）加入浓硫酸时，要注意防止局部过热，发生聚合或碳化作用。

（2）收集和转移环己烯时，应保持充分冷却（如将接收瓶放在冷水浴中），以免因挥发而损失。

（3）产品是否清亮透明，是本实验的一个质量标准，因此除干燥好粗产品以外，所有蒸馏仪器必须全部干燥。

（4）当粗产品干燥好后，向烧瓶中倾倒时要防止干燥剂混出，可在普通玻璃漏斗颈处稍塞一团疏松的脱脂棉或玻璃棉过滤。

(5) 环己醇与水可以形成共沸物（沸点为97.8℃，含80%体积的水）。环己烯与水也能形成共沸物（沸点为70.8℃，含10%体积的水）。

(6) 纯环己烯为无色透明液体，沸点为83℃，相对密度为0.8102，折射率为1.4465。

4.1.4.6 思考题

(1) 本实验采用什么措施提高收率？

(2) 哪一步骤操作不当会降低收率？本实验的操作关键是什么？

(3) 把食盐加入馏出液的目的是什么？

(4) 用无水氯化钙作干燥剂有何优点？

(5) 反应时柱顶温度控制在何值最佳？

(6) 怎样取用环己醇才能保证加料量准确？

4.2 卤代烃的制备

4.2.1 1-溴丁烷的制备

4.2.1.1 实验目的

(1) 掌握1-溴丁烷的制备原理及亲核取代反应的机理。

(2) 掌握回流、萃取、分液、蒸馏和液体干燥等操作技术。

4.2.1.2 实验原理

卤代烃是一类重要的有机合成中间体。卤代烷可通过多种方法和试剂进行制备，实验室制备卤代烷最常用的方法是将醇通过亲核取代反应转变为卤代物，常用的试剂有氢卤酸、三卤化磷和氯化亚砜。

主反应：

$$NaBr + H_2SO_4 \longrightarrow HBr + NaHSO_4$$

$$C_4H_9OH + HBr \rightleftharpoons C_4H_9Br + H_2O$$

副反应：

$$C_4H_9OH \xrightarrow{\text{浓 } H_2SO_4} C_4H_8 + H_2O$$

$$2C_4H_9OH \xrightarrow{\text{浓 } H_2SO_4} C_4H_9OC_4H_9 + H_2O$$

4.2.1.3 实验用品

仪器：圆底烧瓶（50mL），回流冷凝管，小烧杯，分液漏斗，锥形瓶，蒸馏装置，气体吸收装置等。

药品：正丁醇，无水溴化钠，浓硫酸，碳酸钠溶液（10%），无水氯化钙。

4.2.1.4 实验步骤

在50mL圆底烧瓶中放入8.3g(0.08mol) 研细的溴化钠、6.2mL(0.068mol) 正丁醇和1~2粒沸石。烧瓶上装一回流冷凝管。在一个小烧杯中加入10mL水，将烧杯在冷水浴中冷却，一边振荡一边加入10mL浓硫酸（0.18mol）。将稀释的硫酸分4次从冷凝管上端加入烧瓶，每加一次振荡烧瓶，使反应物混合均匀。在冷凝管上口用玻璃弯管按图2-14接一气体吸收装置，用小火加热到沸腾，保持回流30min[1]。

反应完成后冷却5min，卸下回流冷凝管改蒸馏装置进行蒸馏。仔细观察馏出液，直到无油滴蒸出为止。

将馏出液倒入分液漏斗中，将油层[2]从下面放入一干燥的小锥形瓶中，用3mL浓硫酸分两次加入瓶内，每次都要摇匀混合物。如果锥形瓶发热，可用冷水浴冷却。将混合物慢慢倒入分液漏斗中，静置分层，放出下层的浓硫酸。油层依次用10mL水、5mL 10%碳酸钠溶液和10mL水洗涤。将下层的粗1-溴丁烷放入干燥的锥形瓶中，用1～2g无水氯化钙干燥，间歇振荡锥形瓶，直到液体澄清为止。

将上层清液倒入50mL圆底烧瓶中，加入1～2粒沸石，安装好蒸馏装置，用小火加热蒸馏，收集99～102℃的馏分[3]。

4.2.1.5 注释

[1] 如果从冷凝管上端加硫酸振荡不够，可适当多回流一点时间。

[2] 馏出液上层为水，如未反应的正丁醇较多或蒸出一些氢溴酸共沸液，则油层的相对密度会发生变化而转到上层，这时可加清水稀释使油层下沉。

[3] 纯1-溴丁烷为无色透明液体，沸点为101.6℃，d_4^{20} 为1.275，n_D^{20} 为1.4401。

4.2.1.6 思考题

(1) 投料时，先使溴化钠和浓硫酸混合，然后再加正丁醇和水，行不行？为什么？

(2) 本实验有哪些副反应？如何减少副反应？

(3) 反应后的产物中可能含有哪些杂质？各步洗涤的目的是什么？用浓硫酸洗涤时为何要用干燥的分液漏斗？

(4) 用分液漏斗洗涤产物时，产物时而在上层，时而在下层，可用什么简便方法加以判断？

4.2.2 2-甲基-2-氯丙烷的制备

4.2.2.1 实验目的

(1) 学习用结构上相对应的醇为原料制备一卤代烷的实验原理和方法。

(2) 学习低沸点物质分馏的基本操作和分液漏斗的使用方法。

4.2.2.2 实验原理

2-甲基-2-氯丙烷也称叔丁基氯或叔氯丁烷。它的制备可用叔丁醇为原料与氯化氢作用，也可用异丁烯为原料与HCl加成，本实验采用前一种方法。不像一级醇或二级醇那样与氯化氢反应时需要催化剂，三级醇在室温条件下，就很容易和浓盐酸反应。反应式如下：

$$CH_3\overset{\overset{\large CH_3}{|}}{\underset{\underset{\large OH}{|}}{C}}CH_3 \xrightarrow{HCl/ZnCl_2} CH_3\overset{\overset{\large CH_3}{|}}{\underset{\underset{\large Cl}{|}}{C}}CH_3$$

4.2.2.3 实验用品

仪器：圆底烧瓶（100mL、50mL、25mL），回流冷凝器，分液漏斗，气体吸收装置，蒸馏装置，简单分馏装置。

药品：叔丁醇，浓盐酸，无水氯化锌，NaOH溶液（5%），无水氯化钙。

4.2.2.4 实验步骤

(1) 常量合成　在100mL圆底烧瓶上装好回流冷凝器及气体吸收装置，向反应瓶中加入32g(0.2mol) 无水氯化锌和15mL（约18g）浓盐酸，使其溶为均相，冷却至室温。再加入10mL（8.5g，0.11mol）叔丁醇，缓和回流1h。改用蒸馏装置，收集115℃以下的馏分。用分液漏斗分出有机相，依次用12mL水、4mL 5% NaOH溶液、12mL水洗。用无水氯化钙干燥15min。用简单分馏装置收集50～52℃的馏分。产率约为75%。

(2) 半微量合成　在50mL圆底烧瓶上装好回流冷凝器及气体吸收装置，向反应瓶中加入16g（0.1mol）无水氯化锌和7.5mL（约9g）浓盐酸，使其溶为均相，冷却至室温。再加入 5mL（4.25g，0.055mol）叔丁醇，缓和回流 40min。改用蒸馏装置，收集 115℃以下的馏分。用分液漏斗分出有机相，依次用 6mL 水、2mL 5% NaOH 溶液、6mL 水洗。用无水氯化钙干燥 10min。用简单分馏装置收集 50～52℃的馏分。产率为 70%～75%。

（3）微量合成　在 25mL 圆底烧瓶上装好回流冷凝器及气体吸收装置，向反应瓶中加入 3.2g（0.02mol）无水氯化锌和 1.5mL（约 1.8g）浓盐酸，使其溶为均相，冷却至室温。再加入 1mL（0.85g，0.011mol）叔丁醇，缓和回流 20min。改用蒸馏装置，收集 115℃以下的馏分。用分液漏斗分出有机相，依次用 6mL 水、2mL 5% NaOH 溶液、6mL 水洗。用无水氯化钙干燥 10min。用简单分馏装置收集 50～52℃的馏分。产率为 70%～75%。

4.2.2.5 注意事项

（1）叔丁醇与氯负离子极易发生反应生成叔氯丁烷。产物 2-甲基-2-氯丙烷不溶于酸，当反应瓶上层出现油珠状物质即为反应发生的标志。本反应中生成的烯烃，在蒸馏时已从产物中去除。如果用色质联用仪可检测到烯烃的存在。

（2）由于 2-甲基-2-氯丙烷的沸点较低，操作时动作要快些，以免挥发而造成损失。

4.2.2.6 思考题

（1）为什么用分馏装置收集产品而不用蒸馏装置收集产品？

（2）实验中哪些因素会使产率降低？

4.3 醇的制备

4.3.1 环己醇的制备

4.3.1.1 实验目的

（1）了解实验室制备醇的原理和方法。

（2）掌握回流、减压蒸馏、萃取、蒸馏等操作技术。

4.3.1.2 实验原理

$$\xrightarrow[H_2O]{H^+}\quad \text{OH}$$

4.3.1.3 实验用品

仪器：圆底烧瓶（50mL、100mL），球形冷凝管，干燥管，减压蒸馏装置等。

药品：环己烯，浓硫酸，饱和食盐水，碳酸钠，乙醚，无水硫酸镁。

4.3.1.4 实验步骤

取一 50mL 的圆底烧瓶（盖上瓶口，先检验是否漏水），在冰水浴下加入 1.7mL 蒸馏水，并缓缓滴入 3.5mL 浓硫酸（使其均匀混合），缓慢滴入 4.1g（5mL）环己烯，盖上圆底烧瓶盖子，开始剧烈摇晃（直到原本两层变成一层），将溶液倒入 100mL 圆底烧瓶，并用 25mL 水清洗原来的圆底烧瓶，将清洗液倒入 100mL 圆底烧瓶。进行简易蒸馏，收集约 20mL 的蒸馏液，并将蒸馏液置入分液漏斗内，加入 10mL 饱和食盐水、1g 碳酸钠（先溶在食盐水中）及 5mL 乙醚进行萃取。收集有机层，并用无水硫酸镁干燥，过滤，除去溶剂，减压蒸馏，收集 155～160℃的馏分。称重并计算收率。

4.3.1.5 注意事项

（1）实验前须先检查圆底烧瓶与瓶盖是否密合，若不密合在剧烈摇晃时瓶内硫酸会溢出。

（2）若圆底烧瓶与瓶盖无法密合，则改用分液漏斗。

(3) 摇晃过程中务必带上保护手套。

(4) 环己烯属于极易燃物，必须小心处理，远离火源。

4.3.1.6 思考题

(1) 试说明为何环己醇较易溶于硫酸而不溶于其他稀酸。

(2) 本实验中为何不使用无水氯化钙来作干燥剂？

4.3.2 2-甲基-2-丁醇的制备

格氏（Grignard）反应是实验室制备醇的重要方法之一。镁与许多脂肪族、芳香族卤代烃反应生成烃基卤代镁，即格氏试剂。格氏试剂是一种化学性质非常活泼的金属有机化合物，它能与醛、酮、酯和二氧化碳反应生成相应的醇或羧酸，与含有活泼氢的化合物（如水、醇、羧酸等）反应生成相应的烷烃等。

由于格氏试剂化学性质活泼，在实验中应避免水、氧和二氧化碳的存在。因此，实验所用的仪器应全部干燥，试剂应经过严格的无水处理。因为格氏反应通常是在无水乙醚溶液中进行的，反应时乙醚的蒸气可以把格氏试剂与空气隔绝开，所以反应时不用惰性气体保护，但是如果过夜保存，则需要用惰性气体保存。

4.3.2.1 实验目的

(1) 了解格氏反应的机理及应用。

(2) 掌握无水实验操作技术。

4.3.2.2 实验原理

$$C_2H_5Br + Mg \xrightarrow{\text{无水乙醚}} C_2H_5MgBr$$

$$C_2H_5MgBr + H_3C-\overset{\overset{\displaystyle O}{\|}}{C}-CH_3 \xrightarrow{\text{无水乙醚}} C_2H_5-\overset{\overset{\displaystyle OMgBr}{|}}{C}(CH_3)_2$$

$$C_2H_5-\overset{\overset{\displaystyle OMgBr}{|}}{C}(CH_3)_2 \xrightarrow{H_2O/H^+} C_2H_5-\overset{\overset{\displaystyle OH}{|}}{C}(CH_3)_2$$

4.3.2.3 实验用品

仪器：三口烧瓶，搅拌器，回流冷凝管，干燥管，蒸馏烧瓶，分液漏斗，恒压滴液漏斗，抽滤装置。

药品：溴乙烷，镁，碘，乙醚，丙酮，无水氯化钙，碳酸钠溶液（5%），无水碳酸钾，硫酸溶液（20%）。

4.3.2.4 实验步骤

(1) 乙基溴化镁的制备　在250mL三口烧瓶上分别装置搅拌器、回流冷凝管和滴液漏斗，在冷凝管及滴液漏斗上口装置氯化钙干燥管。在烧瓶内放入3.4g(0.14mol)镁屑或去除氧化镁的镁条及一小粒碘，滴液漏斗中加入13mL溴乙烷（约19g，0.17mol）和30mL无水乙醚混合，先滴加5mL混合液，数分钟后，反应液呈微沸，碘颜色消失。启动搅拌器，并滴入其余的混合液，保持滴加速度使回流平稳。滴加完毕，再回流30min（Mg反应完）。

(2) 与丙酮的加成反应　冰水浴冷却反应液后，自滴液漏斗中慢慢加入10mL无水丙酮（7.9g，0.14mol）及10mL无水乙醚混合液，滴加完毕，室温搅拌15min，反应完成。

(3) 后处理　反应瓶置于冰水浴冷却并搅拌，自滴液漏斗中慢慢加入60mL 20%冷硫酸溶液分解产物。分解完成后，将溶液倒入分液漏斗中，分出醚层，水层分别用20mL乙醚萃取两次。合并醚层，用30mL 5%碳酸钠溶液洗涤后，用无水碳酸钾干燥（0.5h）。滤出干燥剂，旋转蒸出乙醚。

（4）产品纯化　旋转蒸发后的残液倒入 50mL 蒸馏瓶中，在石棉网上加热蒸馏，收集 95～105℃的馏分。产量约为 5g。

4.3.2.5　注意事项

（1）所有的反应仪器及试剂必须充分干燥。溴乙烷事先用无水氯化钙干燥并蒸馏进行纯化；丙酮用无水碳酸钾干燥亦经蒸馏纯化；所用仪器在烘箱中烘干，让其稍冷后，取出放在干燥器中冷却待用（也可以放在烘箱中冷却）。

（2）镁带应用砂纸擦去氧化层，再用剪刀剪成约 0.5cm 的小段，放入干燥器中待用；或用 5%盐酸溶液与之作用数分钟，抽滤除去酸液，依次用水、乙醚洗涤，干燥待用。

（3）乙醚应干燥无水。

（4）为了造成溴乙烷局部浓度较大，使反应易于发生和便于观察反应开始发生，搅拌应在反应开始后进行。若 5min 后仍不反应，可用温水浴加热，或在加热前加入一小粒碘以催化反应。反应开始后，碘的颜色立即褪去。碘催化的过程可用下列方程式表示：

$$Mg + I_2 \longrightarrow MgI_2 \xrightarrow{Mg} 2 \cdot MgI$$

$$\cdot MgI + RX \longrightarrow R\cdot + MgXI$$

$$MgXI + Mg \longrightarrow \cdot MgX + \cdot MgI$$

$$R\cdot + \cdot MgX \longrightarrow RMgX$$

（5）如仍有少量残留的镁，并不影响下面的反应。

（6）硫酸溶液应事先配好，放在冰水中冷却待用。产物也可用氯化铵的水溶液来水解。

（7）为了提高干燥剂的效率，可事先将干燥剂放在瓷坩埚中焙烧一段时间，冷却后待用。

（8）纯 2-甲基-2-丁醇为无色液体，沸点为 102.5℃，折射率（n_D^{20}）为 1.4025。

4.3.2.6　思考题

（1）本实验在水解前的各步中，为什么使用的仪器和药品都必须干燥？为此应采取哪些措施？

（2）反应若不能立即开始，应采取什么措施？本实验有哪些副反应？应如何避免？

（3）请自己设计出用格氏反应来制备 2-甲基-2-己醇的实验方案。

4.3.3　肉桂醇的制备

肉桂醇主要用于配制杏、桃、草莓、李等香型香精，化妆品香精和皂用香精，有温和、持久而舒适的香气，其香味优雅，也用作定香剂。肉桂醇常与苯乙醛共用，是调制洋水仙香精、玫瑰香精等的不可缺少的香料。肉桂醇是我国《食品添加剂使用卫生标准》规定允许使用的食品香料，在口香糖中使用限量为 720mg/kg，烘烤食品中为 33mg/kg，糖果中为 17mg/kg，软饮料中为 8.8mg/kg，冷饮中为 8.7mg/kg，酒类中为 5.0mg/kg。

肉桂基氯作为有机合成中间体，可由肉桂醇来制备。肉桂基氯是用来制备长效多功能的血管收缩拮抗剂脑益嗪的优良原料。肉桂基氯也可以用来合成抗病源性微生物药萘替芬和抗肿瘤药物托瑞米芬。二盐酸氟桂利嗪是一种钙拮抗剂，也可用肉桂基氯来合成。肉桂醇也是制备香料桂酸桂酯的原料。

4.3.3.1　实验目的

（1）学习将羰基化合物以醇铝选择性还原为对应醇的原理和方法。

（2）掌握低压反应的基本操作方法及减压精馏操作。

4.3.3.2　实验原理

$$C_6H_5CH{=}CHCHO \xrightarrow[\triangle]{(C_6H_5CH_2O)_3Al} C_6H_5CH{=}CHCH_2OH$$

4.3.3.3 实验用品

仪器：过滤装置，蒸馏装置，减压精馏装置。

药品：苄醇，铝粉，肉桂醛。

4.3.3.4 实验步骤

取 10.8g 苄醇（10.2mL，约 0.1mol）和 0.11g 铝粉（0.04mol）于反应瓶中，加热至 60℃反应放出氢气，温度升高至 180℃，直至停止放出氢气为止。苄醇铝溶液经冷却、过滤后加入到苄醇和肉桂醛的混合物（质量比为 1∶1）中。在 0.0027MPa 的条件下加热至沸腾，在 80℃和回流比为 3～4 的条件下，蒸出按反应量生成的苯甲醛，同时补加苄醇，直到蒸出理论量 95%的苯甲醛后停止加料，并蒸出剩余的苄醇，然后蒸出肉桂醇粗品。再经减压精馏，收集 117℃（7kPa）的馏分，得淡黄色液体，即为肉桂醇。

4.3.3.5 思考题

（1）实验中为什么金属铝与苄醇作用能放出氢气？试比较甲醇、乙醇、异丙醇、叔丁醇与活泼金属的反应活性。

（2）苄醇在该实验中起哪些作用？

4.3.4 1-苯乙醇的制备

4.3.4.1 实验目的

（1）学习硼氢化还原法制备醇的原理和方法。

（2）进一步掌握萃取、低沸物蒸馏及减压蒸馏等基本操作。

4.3.4.2 实验原理

$$C_6H_5-\overset{O}{\overset{\|}{C}}-CH_3 \xrightarrow[CH_3CH_2OH]{NaBH_4} \left[C_6H_5-\underset{H}{\overset{O}{\overset{|}{\underset{|}{C}}}}-CH_3 \right]_4^- BNa^+ \xrightarrow{H_2O/HCl} C_6H_5-\underset{H}{\overset{OH}{\overset{|}{\underset{|}{C}}}}-CH_3$$

4.3.4.3 实验用品

仪器：烧杯，分液漏斗，减压蒸馏装置。

药品：95%乙醇，硼氢化钠，苯乙酮，盐酸溶液（3mol/L），乙醚，无水硫酸镁，无水碳酸钾。

4.3.4.4 实验步骤

在烧杯中加入 15mL 95%乙醇及 0.1g（0.026mol）硼氢化钠[1]，搅拌下滴入 8mL（约 0.067mol，8.2g）苯乙酮，温度控制在 50℃以下。滴加完毕，反应物（有白色沉淀）在室温下放置 15min。然后边搅拌边滴加 6mL 3mol/L 盐酸溶液，大部分白色固体溶解。将此烧杯置于水浴上蒸出乙醇，浓缩溶液至分为两层。冷却后加入 10mL 乙醚，将混合液转入分液漏斗中，分出醚层。水层用 10mL 乙醚萃取，合并醚层，用无水硫酸镁干燥。

在去除干燥剂的粗产品中，加入 0.6g 无水碳酸钾[2]，于水浴上蒸去乙醚，然后进行减压蒸馏，收集 102～103.5℃/2533Pa 的馏分[3]，产量为 4～5g。

4.3.4.5 注释

[1] 硼氢化钠系强碱性试剂，很易吸潮，当心接触到皮肤。

[2] 碳酸钾可防止蒸馏过程中发生催化脱水反应。

[3] 纯 1-苯乙醇的沸点为 203.4℃，n_D^{20} 为 1.5275。

4.3.4.6 思考题

（1）滴加苯乙酮时，为什么要控制体系温度在 50℃以下？

（2）盐酸溶液分解反应物时，为什么要慢慢地加入？作用是什么？

（3）实验中加入碳酸钾的作用是什么？

4.4 醚的制备

4.4.1 正丁醚的制备

4.4.1.1 实验目的

（1）掌握醇分子间脱水制醚的反应原理和实验方法。

（2）学习使用分水器，进一步训练和熟练掌握回流加热等基本操作。

4.4.1.2 实验原理

醇分子间脱水是制备单纯醚的常用方法，实验室常用的脱水剂是浓硫酸。此反应为可逆反应，为了提高产率，使用分水器进行回流。

主反应：

$$2CH_3CH_2CH_2CH_2OH \xrightarrow{\text{浓硫酸}} (CH_3CH_2CH_2CH_2)_2O + H_2O$$

副反应：

$$CH_3CH_2CH_2CH_2OH \xrightarrow{\text{浓硫酸}} CH_3CH_2CH{=}CH_2 + H_2O$$

4.4.1.3 实验用品

仪器：分水器，三口烧瓶（100mL、50mL、25mL），回流冷凝管，蒸馏装置，蒸馏烧瓶（50mL、25mL、15mL），分液漏斗，温度计，电热套，石棉网。

药品：正丁醇，浓硫酸，硫酸溶液（50%），无水氯化钙。

4.4.1.4 实验步骤

（1）常量合成　在100mL三口烧瓶中加入31mL正丁醇，将5mL浓硫酸慢慢加入并摇荡烧瓶使浓硫酸与正丁醇混合均匀，加几粒沸石。在烧瓶口上装分水器和温度计，温度计要插在液面以下，分水器上端再连一回流冷凝管。

分水器中可事先加入一定量的水（水的量可等于分水器的总容量 V 减去反应完全时可能生成的水量，约 $V-4$mL）。将烧瓶放在石棉网上用小火加热，保持回流约1h[1]。随着反应的进行，分水器中的水层不断增加，反应液的温度也逐渐上升。当分水器中的水层超过支管而要流回烧瓶时，可打开分水器的旋塞放掉一部分水。当生成的水量到达4.5～5mL[2]，瓶中反应液温度达150℃左右时，停止加热。如果加热时间过长，溶液会变黑并有大量副产物丁烯生成。若反应物颜色太深，则待反应物稍冷，拆除分水器，将反应装置改装成蒸馏装置，加2粒沸石，进行蒸馏，至无馏出液为止（若颜色浅可省去此步）。

将馏出液倒入分液漏斗中，分去水层。粗产物用两份15mL冷的50%硫酸溶液[3]洗涤两次[4]，再用水洗涤两次，最后用1～2g无水氯化钙干燥。干燥后的粗产物倒入50mL蒸馏烧瓶中（注意不要把氯化钙倒进去！）进行蒸馏，收集140～144℃的馏分[5]。产量为7～8g。

（2）半微量合成　在50mL三口烧瓶中加入15.5mL正丁醇，再将2.5mL浓硫酸慢慢加入瓶中，将烧瓶不停地摇荡，使瓶中的浓硫酸与正丁醇混合均匀，并加入几粒沸石。在烧瓶口上装温度计和分水器，温度计要插在液面以下，分水器的上端接一回流冷凝管。

分水器中需要先加入一定量的水，把水的位置做好记号。将三口烧瓶放到电热套中加热，开始调压不要太高，先加热20min但不到回流温度（100～115℃），后加热保持回流约40min。随着反应的进行，分水器中的水层不断增加，反应液的温度不断上升。当分水器中的水层超过了支管而要流回烧瓶时，可打开分水器的旋塞放掉一部分水。当分水器中的水层不再变化，瓶中的反应液温度达150℃左右时，停止加热。如果加热时间过长，溶液会变黑，并有大量副产物丁烯生成。若反应物颜色太深，则待反应物稍冷，拆下分水器，将仪器改成蒸馏装置，再加1粒沸石，进行蒸馏至无馏出液为止。

将馏出液倒入分液漏斗中，分去水层。粗产物每次用7.5mL冷的50%硫酸溶液洗涤，共洗两次，再用水洗涤两次，最后用1g无水氯化钙干燥。将干燥后的粗产物倒入25mL圆底烧瓶中（注意不要把氯化钙倒进瓶中!）进行蒸馏，收集140～144℃的馏分。

（3）微量合成　在25mL三口烧瓶中加入7.8mL正丁醇，再将1.3mL浓硫酸慢慢加入瓶中，将烧瓶不停地摇荡，使瓶中的浓硫酸与正丁醇混合均匀，并加入1粒沸石。在烧瓶口上装温度计和分水器，温度计要插在液面以下，分水器的上端接一回流冷凝管。

分水器中需要先加入一定量的水，把水的位置做好记号。将三口烧瓶放到电热套中加热，开始调压不要太高，先加热10min但不到回流温度（100～115℃），后加热保持回流约20min。随着反应的进行，分水器中的水层不断增加，反应液的温度不断上升。当分水器中的水层超过了支管而要流回烧瓶时，可以打开分水器的旋塞放掉一部分水。当分水器中的水层不再变化，瓶中的反应液温度达150℃左右时，停止加热。如果加热时间过长，溶液会变黑，并有大量副产物丁烯生成。若反应物颜色太深，则待反应物稍冷，拆下分水器，将仪器改成蒸馏装置，再加1粒沸石，进行蒸馏至无馏出液为止。

将馏出液倒入分液漏斗中，分去水层。粗产物每次用3.8mL冷的50%硫酸溶液洗涤，共洗两次，再用水洗涤两次，最后用0.5g无水氯化钙干燥。将干燥后的粗产物倒入15mL圆底烧瓶中（注意不要把氯化钙倒进瓶中!）进行蒸馏，收集140～144℃的馏分。

4.4.1.5　注释

[1] 本实验采用共沸混合物蒸馏方法，利用分水器将反应生成的水不断从反应物中除去。正丁醇、正丁醚和水可能生成以下几种共沸混合物。

共沸混合物		共沸点/℃	组成的质量分数/%		
			正丁醚	正丁醇	水
二元	正丁醇-水	93.0		55.5	44.5
	正丁醚-水	94.1	66.6		33.4
	正丁醇-正丁醚	117.6	17.5	82.5	
三元	正丁醇-正丁醚-水	90.6	35.5	34.6	29.9

共沸混合物冷凝后分层，上层主要是正丁醇和正丁醚，下层主要是水。在反应过程中利用分水器使上层液体不断流回到反应器中。

[2] 按反应式计算，在常量合成中生成水的量为3mL，实际上分出水层的体积要略大于计算量，否则产率很低。

[3] 50%硫酸溶液的配制方法：可由20mL浓硫酸与34mL水配成。

[4] 正丁醇能溶于50%硫酸溶液，而正丁醚溶解很少。

[5] 纯的正丁醚为无色液体，沸点为142.4℃，d_4^{15} 为0.773，n_D^{20} 为1.3992。

4.4.1.6　思考题

（1）计算理论上应分出的水量。若实验中分出的水量超过理论数值，试分析其原因。

（2）如何得知反应已经比较完全?

（3）如果最后蒸馏前的粗产品中含有丁醇，能否用分馏的方法将它除去?这样做好不好？

4.4.2 苯乙醚的制备

威廉姆森（Williamson）合成法利用醇（酚）钠与卤代烃作用合成醚。该法既可以合成单醚，也可以合成混合醚，主要用于合成不对称醚，特别是制备芳基烷基醚时产率较高。这种合成方法的反应机理是烷氧（或酚氧）负离子对卤代烷或硫酸酯的亲核取代反应（即 S_N2 反应）。

4.4.2.1 实验目的

（1）学习采用威廉姆森法制备醚的原理和方法。

（2）掌握该类反应的特点、相关卤代烃及强碱结构对反应的影响。

4.4.2.2 实验原理

$$C_6H_5OH + NaOH \longrightarrow C_6H_5ONa + H_2O$$

$$C_6H_5ONa + CH_3CH_2Br \longrightarrow C_6H_5OCH_2CH_3 + NaBr$$

4.4.2.3 实验用品

仪器：三口烧瓶（100mL、50mL），电动搅拌器，回流冷凝管，恒压滴液漏斗，分液漏斗，蒸馏装置。

药品：苯酚，氢氧化钠，溴乙烷，乙醚，无水氯化钙，饱和食盐水。

4.4.2.4 实验步骤

（1）常量合成　在 100mL 三口烧瓶中，装上电动搅拌器、回流冷凝管和恒压滴液漏斗。将 7.5g 苯酚、4g 氢氧化钠和 4mL 水加入瓶中，开动搅拌器，用水浴加热使固体全部溶解，控制水浴温度在 80～90℃之间，并开始慢慢滴加 8.5mL 溴乙烷[1]，约 1h 可滴加完毕[2]，然后继续保温搅拌 2h，并降至室温。加适量水（10～20mL）使固体全部溶解。将液体转入到分液漏斗中，分出水相；有机相用等体积饱和食盐水洗两次（若有乳化现象，可减压过滤），分出有机相，将两次洗涤液合并，用无水氯化钙干燥。先用水浴蒸出乙醚[3]，然后再常压蒸馏收集产品[4]，即 171～183℃的馏分。产量为 5～6g。

（2）半微量合成　在 50mL 三口烧瓶中，装上电动搅拌器、回流冷凝管和恒压滴液漏斗。将 3.75g 苯酚、2g 氢氧化钠和 2mL 水加入瓶中，开动搅拌器，用水浴加热使固体全部溶解，控制水浴温度在 80～90℃之间，并开始慢慢滴加 4.25mL 溴乙烷，约 40min 可滴加完毕，然后继续保温搅拌 1h，并降至室温。加适量水（5～10mL）使固体全部溶解。将液体转到分液漏斗中，分出水相；有机相用等体积饱和食盐水洗两次（若有乳化现象，可减压过滤），分出有机相，将两次洗涤液合并，用无水氯化钙干燥。先用水浴蒸出乙醚，然后再常压蒸馏收集产品，即 171～183℃的馏分。

4.4.2.5 注释

[1] 溴乙烷沸点低，实验时回流冷却水流量要大，或加入冰块，才能保证有足够量的溴乙烷参与反应。

[2] 若有结块出现，则停止滴加溴乙烷，待充分搅拌后再继续滴加。

[3] 蒸去乙醚时不能用明火加热，将尾气通入下水道，以防乙醚蒸气外漏引起着火。

[4] 苯乙醚为无色透明液体。

4.4.2.6 思考题

（1）制备苯乙醚时，用饱和食盐水洗涤的目的是什么？

（2）反应中，回流的液体是什么，出现的固体又是什么？为什么恒温到后期回流不明显了？

4.5 酮的制备

4.5.1 环己酮的制备

一级醇及二级醇在氧化剂的作用下，被氧化生成醛、酮或羧酸。一级醇与一般氧化剂作用，反应均不能停留在醛的阶段，而是继续反应最终产生羧酸。但是在费兹纳-莫发特（Pfitzner-Moffatt）试剂（二甲基亚砜和二环己基碳二亚胺）的作用下，可以得到产率非常高的醛。二级醇被氧化可以停留在酮的阶段，如继续反应（或反应条件剧烈时）可以断键生成羧酸，如环己醇可以被氧化成环己酮，也可以被氧化成己二酸。

醇氧化常使用铬酸为氧化剂，在氧化过程中首先形成中间体酯，随后其断裂成产物和一个被还原了的无机物。

在此反应中，铬从＋6价被还原到不稳定的＋4价状态，＋4价铬和＋6价铬之间迅速进行歧化形成＋5价铬，同时继续氧化醇，最终生成稳定的深绿色的＋3价铬。利用这个反应可以检验一级醇和二级醇的存在。

4.5.1.1 实验目的

（1）学习二级醇在常见无机氧化剂作用下氧化成对应酮类化合物的原理和方法。

（2）进一步巩固洗涤、萃取和蒸馏等基本操作技能。

4.5.1.2 实验原理

$$\text{环己醇(OH)} \xrightarrow[\triangle]{Na_2Cr_2O_7,\ H^+} \text{环己酮(=O)}$$

4.5.1.3 实验用品

仪器：三口烧瓶，电动搅拌器，Y形管，回流冷凝器，恒压滴液漏斗，蒸馏装置，空气冷凝管，圆底烧瓶，离心分液管，研钵，烧杯，移液管，锥形瓶，微型干燥柱。

药品：浓硫酸，环己醇，重铬酸钠，草酸，氯化钠，无水碳酸钾，浓硫酸，次氯酸钠，冰醋酸，饱和亚硫酸溶液，无水氯化铝，乙醚，碳酸钠溶液（5%）。

4.5.1.4 实验步骤

（1）半微量合成　在100mL三口烧瓶上分别装上电动搅拌器、温度计及Y形管，在Y形管上分别装上回流冷凝器和恒压滴液漏斗。向反应瓶中加入30mL冰水，边摇边慢慢滴加5mL浓硫酸，充分摇匀，小心加入5g（约5.25mL，50mmol）环己醇。在滴液漏斗中加入刚刚配好的5.3g重铬酸钠（$Na_2Cr_2O_7 \cdot 2H_2O$，17.8mmol）和3mL水的溶液（重铬酸钠应溶解）。待反应瓶内的溶液温度降至30℃以下后，开动搅拌器，将重铬酸钠水溶液慢慢滴入。氧化反应开始，混合物变热，橙红色的重铬酸钠溶液变成绿色。当温度达到55℃时，控制滴加速度，维持温度在55～60℃之间，加完后继续搅拌，直至温度自行下降。然后加入少量草酸（约0.25g），使溶液变成墨绿色，以破坏过量的重铬酸钠。

在反应瓶内加入25mL水，再加2粒沸石，改为蒸馏装置，将环己酮和水一起蒸出，共沸蒸馏温度为95℃。直至馏出液不再浑浊，再多蒸出5～7mL。向馏出液中加入氯化钠使溶液饱和，用分液漏斗分出有机层，用无水碳酸钾干燥有机相，用空气冷凝管进行常压蒸馏，收集150～156℃的馏分，产率约为60%。

纯环己酮的沸点为155.65℃，折射率（n_D^{20}）为1.4507。

（2）微量合成

① 反应

a. 铬酸氧化法。将 0.8g（2.68mmol）重铬酸钠晶体溶于 1.2mL 水中，慢慢加入 0.6mL 浓硫酸，最后稀释至 4mL，使用前冷却至 0℃。用 1mL 移液管吸取 0.42mL（4.04mmol）环己醇，加入到 10mL 圆底烧瓶中，冷却至 0℃。在搅拌下，将已冷却至 0℃的重铬酸钠溶液在 5min 内（为什么要控制时间?）从冷凝器上口加入至反应瓶中，加完后，继续搅拌 20min。反应完毕，将反应液转移至 10mL 离心分液管中。

b. 次氯酸氧化法。在研钵中加入 2g 次氯酸钠，逐滴加入水，边加边研，使之成为均匀糊状物，最后总水量约为 3.3mL，磨匀，转移至烧杯中，放入冰水浴中冷却备用。用 1mL 移液管吸取 0.5mL 环己醇，加入到 10mL 圆底烧瓶中，再加入冰醋酸 3.3mL，搅拌，将制得的糊状次氯酸钠慢慢加入反应瓶中，加入过程中保持反应液温度在 25～30℃之间（可用冰水冷却）。搅拌 5min 后，用淀粉-碘化钾试纸检验呈蓝色，否则应再加入糊状次氯酸钠 0.1～0.2mL。然后在 25～30℃下反应 50～60min 加饱和亚硫酸钠溶液约 0.6mL 至反应液对淀粉-碘化钾试纸不显蓝色为止。将反应液转移至 10mL 蒸馏烧瓶中（用 2mL 水洗涤原反应瓶，一并倒入蒸馏烧瓶中），加入无水氯化铝 0.3g、沸石 1 粒，摇匀。进行简易水蒸气蒸馏，蒸至无油珠出现为止，用 10mL 离心分液管收集蒸馏液。

② 后处理纯化产品　静置分液，用滴管将有机层取出。水层用 3mL 乙醚分 3 次萃取，合并有机相。有机相用 5%碳酸钠溶液（约 1mL）洗涤 1 次，用水洗涤 3 次。用滴管将醚层取出，用微型干燥柱进行干燥。最后用少量乙醚洗干燥柱，用已称重的干燥锥形瓶收集乙醚溶液。在锥形瓶上装好微型蒸馏头和冷凝管，用水浴蒸出乙醚。产率约为 75%。

4.5.1.5　注意事项

（1）加水蒸馏产品实际上是简化了的水蒸气蒸馏。

（2）水的馏出量不宜过多，否则即使使用盐析仍不可避免少量环己酮溶于水中。

（3）次氯酸法与重铬酸钠法相比，其优点是避免使用有致癌危险的铬盐。但此法有氯气逸出，操作时应在通风橱中进行。

（4）加入无水氯化铝的目的是防止蒸馏时发泡。

（5）水蒸气蒸馏时，馏出液的沸程为 94～100℃，除含水和乙酸外，还含有易燃的环己酮，应注意防火。

（6）分液时若看不清界面，可加入少量的乙醚或水。

（7）微量洗涤过程：将 10mL 离心分液管加上塞子，振荡，放出气体，静置分层，用滴管吸出有机层。水洗涤的方法一样。

（8）干燥柱用一支干燥的玻璃管按顺序加入少量棉花、0.05g 石英砂、1g 无水氧化铝、1g 无水硫酸镁、0.05g 石英砂填塞而成，并用无水乙醚湿润柱体。

4.5.1.6　思考题

（1）氧化反应结束后为什么要加入草酸?

（2）盐析的作用是什么?

（3）有机反应中常用的氧化剂有哪些?

4.5.2　苯乙酮的制备

傅-克（Friedel-Crafts）酰基化反应是制备芳香族酮的主要方法。在无水氯化铝存在下，酰氯或酸酐与比较活泼的芳香族化合物发生亲电取代反应，产物是芳基烷酮或二芳基酮。所有傅-克反应均需在无水条件下进行。

4.5.2.1 实验目的

(1) 了解 Friedel-Crafts 酰基化反应的机理及应用。

(2) 掌握无水实验操作技术。

4.5.2.2 实验原理

$$\text{C}_6\text{H}_6 + (\text{CH}_3\text{CO})_2\text{O} \xrightarrow{\text{无水 AlCl}_3} \text{C}_6\text{H}_5\text{COCH}_3 + \text{CH}_3\text{COOH}$$

4.5.2.3 实验用品

仪器：三口烧瓶，电动搅拌器，滴液漏斗，分液漏斗，旋转蒸发器，蒸馏瓶，石棉网，空气冷凝管。

药品：无水 $AlCl_3$，无水苯，醋酸酐，稀盐酸，氢氧化钠溶液（5%），无水硫酸钠（镁）。

4.5.2.4 实验步骤

迅速称取 32g 经研碎的无水 $AlCl_3$ 放入三口烧瓶中，加入 40mL 经金属钠干燥过的苯，启动搅拌，由滴液漏斗滴加重新蒸馏过的醋酸酐 9.5mL（约 10.2g，0.1mol）和无水苯 10mL 的混合溶液（约 20min 滴完）。反应立即开始，伴随有反应混合液放热及氯化氢急剧产生。控制滴加速度，勿使反应过于激烈。滴加完毕后，在水浴上加热 0.5h，至无氯化氢气体逸出为止（此时氯化铝溶完）。

将三口烧瓶浸于冰水浴中，在搅拌下慢慢滴加 100mL 冷却的稀盐酸。当瓶内固体物质完全溶解后，分出苯层。水层每次用 20mL 苯萃取两次。合并苯层，依次用 5%氢氧化钠溶液、水各 20mL 洗涤，然后用无水硫酸钠（镁）干燥。

将干燥后的粗产物过滤，旋转蒸去苯以后，将粗产物转移到 50mL 蒸馏瓶中，继续在石棉网上蒸馏，用空气冷凝管冷却。收集 198～202℃ 的馏分，产量为 8～10g（产率为 66%～83%）。

4.5.2.5 注意事项

(1) 仪器必须充分干燥，否则影响反应的顺利进行。

(2) 无水氯化铝的质量优劣是实验成败的关键之一，它极易吸潮，需迅速称取、研磨。应称取白色颗粒或粉末状的氯化铝，如已变成黄色，表示已经吸潮，不能取用。

(3) 纯苯乙酮为无色液体，其沸点文献值为 202.0℃，熔点为 20.5℃，折射率（n_D^{20}）为 1.5372。

(4) 温度高对反应不利，一般控制在 60℃以下为宜。

(5) 由于最终产物不多，且苯乙酮的沸点较高，因此宜选用较小的蒸馏瓶。

(6) 为了减少产品的损失，可选用一根长 15cm、外径与蒸馏瓶支管相仿的玻璃管代替空气冷凝管，玻璃管与支管用橡皮管相连接。

(7) 粗产物也可以用减压蒸馏进行纯化。

4.5.2.6 思考题

(1) 水和潮气对本实验有何影响？在仪器的安装和实验的操作过程中应注意哪些事项？为什么要迅速称取、研磨氯化铝？

(2) 反应完成后为什么要加入冷却的稀盐酸？

(3) 如何由傅-克反应制备下列化合物：①二苯甲烷；②苄基苯基酮；③对硝基二苯酮。

4.6 羧酸的制备

4.6.1 苯甲酸的制备

4.6.1.1 实验目的

(1) 了解羧酸的制备方法和原理。

(2) 学习回流、减压过滤、重结晶等操作技术。

4.6.1.2 实验原理

羧酸是重要的有机合成原料，制备羧酸的方法很多，最常用的是氧化法，所用的氧化剂有高锰酸钾、硝酸、重铬酸钾等。本实验用高锰酸钾作氧化剂。

$$C_6H_5CH_3 + 2KMnO_4 \longrightarrow C_6H_5COOK + KOH + 2MnO_2\downarrow + H_2O$$

$$C_6H_5COOK + HCl \longrightarrow C_6H_5COOH + KCl$$

4.6.1.3 实验用品

仪器：圆底烧瓶（250mL），回流冷凝管，减压过滤装置。

药品：甲苯，高锰酸钾，浓盐酸。

4.6.1.4 实验步骤

在 250mL 圆底烧瓶中放入 2.7mL 甲苯和 100mL 水，瓶口装回流冷凝管，在石棉网上加热至沸腾。从冷凝管上口分批加入 8.5g 高锰酸钾，黏附在冷凝管内壁的高锰酸钾最后用 25mL 水冲洗入瓶内。继续煮沸并间歇摇动烧瓶，直到甲苯层几乎近于消失、回流液不再出现油珠（需 4～5h）为止。

将反应液混合物趁热减压过滤[1]，用少量热水洗涤滤渣二氧化锰。合并滤液和洗涤液，放在冰水浴中冷却，然后用浓盐酸酸化（用刚果红试纸试验），至苯甲酸全部析出为止。

将析出的苯甲酸减压过滤，用少量冷水洗涤，挤压除去水分。把制得的苯甲酸放在沸水浴上干燥[2]。产量约为 1.7g。若要得到纯净产物，可在水中进行重结晶[3]。

4.6.1.5 注释

[1] 滤液如果呈紫色，可加入少量亚硫酸氢钠使紫色褪去，重新减压过滤。

[2] 纯苯甲酸为无色针状晶体，熔点为 122.4℃。

[3] 苯甲酸在 100g 水中的溶解度为：4℃，0.18g；18℃，0.27g；75℃，2.2g。

4.6.1.6 思考题

(1) 在氧化反应中，影响苯甲酸产量的主要因素有哪些?

(2) 反应完毕后，如果滤液呈紫色，为什么要加亚硫酸氢钠?

(3) 精制苯甲酸还有什么方法?

4.6.2 肉桂酸的制备

4.6.2.1 实验目的

了解珀金（Perkin）反应的原理，能用 Perkin 反应制备肉桂酸。

4.6.2.2 实验原理

芳香醛或芳杂环醛在碱性催化剂作用下，可以发生缩合反应，生成 α,β-不饱和羧酸，这个反应叫珀金（Perkin）反应。例如苯甲醛的 Perkin 反应式如下：

$$C_6H_5CHO + (CH_3CO)_2O \xrightarrow[150\sim170℃]{CH_3COOK} C_6H_5CH{=}CHCOOH + CH_3COOH$$

4.6.2.3 实验用品

仪器：三口烧瓶（50mL），空气冷凝管，温度计，圆底烧瓶（250mL），减压过滤装置，水蒸气蒸馏装置。

药品：苯甲醛，无水醋酸钾，乙酐，饱和碳酸钠溶液，浓盐酸，活性炭。

4.6.2.4 实验步骤

在干燥的 50mL 三口烧瓶中放入 3g 新熔融的无水醋酸钾粉末[1]、3mL 新蒸馏的苯甲醛[2]和 5.5mL 乙酐，振荡使三者混合。烧瓶侧口装一支 240℃温度计，其水银球插入反应混合物液面下但不要碰到瓶底，一口装配空气冷凝管。在石棉网上加热回流 1h，反应液的温度保持在 150～170℃。

将反应混合物趁热（100℃左右）倒入盛有 25mL 水的 250mL 圆底烧瓶中。用 20mL 热水分两次洗涤原烧瓶，洗涤液也并入圆底烧瓶中。一边充分摇动烧瓶，一边慢慢地加入饱和碳酸钠溶液[3]，直到反应混合物呈弱碱性。然后进行水蒸气蒸馏，直到馏出液中无油珠为止（倒入指定的回收瓶内）。

剩余液体中加入少许活性炭，加热煮沸 10min，趁热过滤。将滤液小心地用浓盐酸酸化，使其呈明显酸性，再用冷水浴冷却。待肉桂酸完全析出后，减压过滤。晶体用少量水洗涤，挤压除去水分，在 100℃以下干燥。产物可在水中或 30%乙醇中进行重结晶[4]，产量为 2～2.5g[5]。

4.6.2.5 注释

[1] 也可用等物质的量的无水醋酸钠或无水碳酸钾代替，其他步骤完全相同。

[2] 久置的苯甲醛含苯甲酸，故需蒸馏除去。久置的乙酐含乙酸，也需要除去。

[3] 此处不能用氢氧化钠代替。

[4] 也可用其他溶剂进行重结晶，参见下表。

温度/℃	肉桂酸的溶解度 /[g/(100g 水)]	肉桂酸的溶解度 /[g/(100g 无水乙醇)]	肉桂酸的溶解度 /[g/(100g 糠醛)]
0 25 40	0.06	22.03	0.6 4.1 10.9

[5] 肉桂酸有顺反异构体，通常以反式形式存在，为无色晶体，熔点为 135～136℃。

4.6.2.6 思考题

(1) 具有何种结构的醛能进行珀金反应?

(2) 为什么不能用氢氧化钠代替碳酸钠溶液来中和水溶液?

(3) 用水蒸气蒸馏的目的是除去什么？能不能不用水蒸气蒸馏?

4.7 酯的制备

4.7.1 乙酸乙酯的制备

4.7.1.1 实验目的

(1) 学习乙酸乙酯的合成原理和方法。

(2) 熟练掌握三口烧瓶、滴液漏斗、分液漏斗的使用及蒸馏等操作技术。

4.7.1.2 实验原理

本实验采用冰醋酸与乙醇在浓硫酸催化下合成乙酸乙酯。酯化反应是可逆反应，为了提高产率，采用过量乙醇或乙酸以及不断蒸出反应中产生的乙酸乙酯或水的方法，使平衡向右移动。

主反应：

$$CH_3COOH + C_2H_5OH \underset{浓\ H_2SO_4}{\overset{120\sim125℃}{\rightleftharpoons}} CH_3COOC_2H_5 + H_2O$$

副反应：

$$2C_2H_5OH \xrightarrow{浓\ H_2SO_4} C_2H_5—O—C_2H_5 + H_2O$$

4.7.1.3　实验用品

仪器：三口烧瓶（100mL），滴液漏斗，直形冷凝管，温度计，锥形瓶，分液漏斗，圆底烧瓶（50mL）。

药品：冰醋酸，乙醇（95%），浓硫酸，饱和碳酸钠溶液，饱和食盐水，饱和氯化钙溶液，无水硫酸钠。

4.7.1.4　实验步骤

在100mL三口烧瓶的一侧口装配滴液漏斗，滴液漏斗的下端伸到烧瓶底约3mm处，另一侧口固定温度计，中口装配蒸馏头、温度计及直形冷凝管，冷凝管末端连接引管及锥形瓶，锥形瓶用冰水浴冷却。

在一小锥形瓶内放入3mL冰醋酸，一边摇动，一边慢慢加入3mL浓硫酸，将此溶液倒入三口烧瓶中。配制15.5mL乙醇和14.3mL冰醋酸的混合液，倒入滴液漏斗中。加热烧瓶，当反应混合物的温度为120℃左右[1]时把滴液漏斗中的乙醇和冰醋酸的混合液慢慢滴入三口烧瓶中。调节加料的速度，使之和酯蒸出的速度大致相等，加料时间约需90min。这时，保持反应混合物的温度为120～125℃。滴加完毕后，继续加热约10min，直到不再有液体馏出为止。

反应完毕后，将饱和碳酸钠溶液很缓慢地加入馏出液中，直到无二氧化碳气体逸出为止。饱和碳酸钠溶液要小量分批地加入，并要不断地摇动接收器。把混合液倒入分液漏斗中，静置，放出下面的水层。用石蕊试纸检验酯层。如果酯层仍显酸性，再用饱和碳酸钠溶液洗涤，直到酯层不显酸性为止。用等体积的饱和食盐水洗涤，放出下层废液。再用20mL饱和 $CaCl_2$ 溶液洗涤两次。从分液漏斗上口将乙酸乙酯倒入干燥的小锥形瓶内，加入无水硫酸钠约3g干燥[2]。放置约30min，在此期间要间歇振荡锥形瓶。

把干燥的粗乙酸乙酯滤入50mL圆底烧瓶中。装配蒸馏装置，在水浴中加热蒸馏，收集74～80℃的馏分[3,4]。产量为14.5～16.5g。

4.7.1.5　注释

[1] 也可在石棉网上加热，保持反应混合物的温度为120～125℃。

[2] 也可用无水硫酸镁作干燥剂。

[3] 乙酸乙酯与水形成沸点为70.4℃的二元共沸混合物（含水8.1%）；乙酸乙酯、乙醇与水形成沸点为70.2℃的三元共沸混合物（含乙醇8.4%，含水9%）。如果在蒸馏前不把乙酸乙酯中的乙醇和水除尽，就会有较多的前馏分。

[4] 纯乙酸乙酯是具有果香味的无色液体，沸点为77.2℃，d_4^{20} 为0.901，n_D^{20} 为1.3723。

4.7.1.6　思考题

(1) 浓硫酸在本实验中起什么作用？

(2) 蒸出的粗乙酸乙酯中主要有哪些杂质？

（3）能否用浓氢氧化钠溶液代替饱和碳酸钠来洗涤蒸馏液？

（4）为什么要用饱和食盐水洗涤？是否可用水代替？

4.7.2 苯甲酸乙酯的制备

4.7.2.1 实验目的

（1）学习酯化反应的原理和方法。

（2）熟练掌握分水器、分液漏斗等的使用；练习回流、分液、蒸馏等操作技术。

4.7.2.2 实验原理

直接酸催化酯化反应是制备酯的经典方法，但反应是可逆反应，为提高酯的转化率，使用过量乙醇或将反应生成的水从反应混合物中除去，都可使平衡向生成酯的方向移动。

$$C_6H_5COOH + C_2H_5OH \xrightleftharpoons{\text{浓 } H_2SO_4} C_6H_5COOC_2H_5 + H_2O$$

4.7.2.3 实验用品

仪器：圆底烧瓶（50mL），回流冷凝管，分水器，烧杯，蒸馏瓶。

药品：苯甲酸，乙醇，环己烷，浓硫酸，碳酸钠粉末，乙醚，饱和氯化钠溶液，无水氯化钙。

4.7.2.4 实验步骤

在50mL圆底烧瓶中，放置3.05g（0.05mol）苯甲酸和7.5mL乙醇，沿瓶壁小心加入1mL浓硫酸，摇动烧瓶，充分混合。加几粒沸石，装上回流冷凝管，油浴加热回流0.5h，反应物稍冷[1]，加17.5mL环己烷，在回流冷凝管和圆底烧瓶之间装一分水器。

小火加热回流，三元共沸物[2]环己烷-乙醇-水被蒸出，冷凝后，滴入分水器，分为两层。回流时，防止下层液体[3]回到反应瓶。当下层液体接近分水器支管时，放出部分下层液体[4]。继续回流，直至上层澄清看不到水珠[5]为止。除去分水器中的馏出液，提高加热温度，直至大部分乙醇、环己烷都已蒸出。剩余物冷却，倒入盛有25mL水的烧杯中，反应瓶用少量乙醇荡洗，荡洗液倒入烧瓶中。搅拌下，分批加入少量碳酸钠粉末，直至没有二氧化碳逸出，溶液呈碱性（用pH试纸检验）。混合物转入分液漏斗中分层，分出有机层，水层用乙醚提取（8mL×2），合并有机层和提取液，用10mL饱和氯化钠溶液洗涤，仔细分层，有机层放入一干燥锥形瓶中，加少量无水氯化钙干燥，振荡，塞紧塞子，放置至少15min。

液体倒入干燥蒸馏瓶中，装上冷凝管，加沸石，在水浴上蒸去乙醚，冰水浴冷却接收瓶。当不再有溶剂蒸出后，将剩余的酯倾入一个小的干燥蒸馏瓶中，干燥接收瓶已预先称重。减压蒸馏，收集101～103℃/2.6664kPa的馏分[6,7]。

4.7.2.5 注释

［1］瓶内温度必须降到80℃以下，防止混合物起泡冲料。

［2］水和许多物质形成共沸物。

［3］水含量上层比下层少。

［4］上层和下层都易燃，避免火灾。

［5］回流约2h。

［6］也可用水浴蒸去乙醚后，再在石棉网上加热蒸馏，收集210～213℃的馏分。

［7］纯苯甲酸乙酯的沸点文献值为：212℃/101.325kPa，108℃/3.9997kPa，86.5℃/1.3332kPa，70～71℃/0.5333kPa。

4.7.2.6 思考题

（1）在合成酯的实验中，为了提高酯的产率有哪些方法可以采用？

（2）试述在纯化过程中所加每种试剂的作用。

4.7.3 乙酸正丁酯的制备

4.7.3.1 实验目的

（1）学习乙酸正丁酯的制备原理和方法。

（2）掌握分水器的使用方法和原理。

4.7.3.2 实验原理

$$CH_3COOH + n\text{-}C_4H_9OH \xrightleftharpoons{\text{浓 } H_2SO_4} CH_3COOC_4H_9\text{-}n + H_2O$$

4.7.3.3 实验用品

仪器：圆底烧瓶（50mL），分水器，回流冷凝管，分液漏斗，小锥形瓶，石棉网，蒸馏装置。

药品：正丁醇，冰醋酸，浓硫酸，碳酸钠溶液（10%），无水硫酸镁。

4.7.3.4 实验步骤

在干燥的50mL圆底烧瓶中，加入11.5mL正丁醇和7.2mL冰醋酸，再加入3～4滴浓硫酸[1]。混合均匀，投入沸石，然后安装分水器及回流冷凝管，并在分水器中预先加水至略低于支管口。在石棉网上加热回流，反应一段时间后把水逐渐分去[2]，保持分水器中水层液面在原来的高度。约40min后不再有水生成，表示反应完毕。停止加热，记录分出的水量[3]。冷却后卸下回流冷凝管，把分水器中分出的酯层和圆底烧瓶中的反应液一起倒入分液漏斗中。用10mL水洗涤，分去水层。酯层用10mL 10%碳酸钠溶液洗涤，试验是否仍有酸性（如仍有酸性怎么办?），分去水层。将酯层再用10mL水洗涤一次，分去水层。将酯层倒入小锥形瓶中，加少量无水硫酸镁干燥。

将干燥后的乙酸正丁酯倒入干燥的30mL蒸馏烧瓶中（注意不要把硫酸镁倒进去!），加入沸石，安装好蒸馏装置，在石棉网上加热蒸馏，收集124～126℃的馏分。前后馏分倒入指定的回收瓶中。产量为10～11g[4,5]。

4.7.3.5 注释

[1] 浓硫酸在反应中只起催化作用，故只需少量。

[2] 本实验利用共沸混合物除去酯化反应中生成的水。正丁醇、乙酸正丁酯和水形成以下几种共沸混合物。

共沸混合物		共沸点/℃	组成的质量分数/%		
			乙酸正丁酯	正丁醇	水
二元	乙酸正丁酯-水	90.7	72.9		27.1
	正丁醇-水	93.0		55.5	44.5
	正丁醇-乙酸正丁酯	117.6	32.8	67.2	
三元	正丁醇-乙酸正丁酯-水	90.7	63.0	8.0	29.0

共沸混合物冷凝为液体时，分为两层，上层为含少量水的酯和醇，下层主要是水。

[3] 根据分出的总水量（注意扣去预先加到分水器中的水量），可以粗略地估计酯化反应完成的程度。

[4] 纯乙酸正丁酯是无色液体，沸点为126.5℃，d_4^{20} 为0.882，n_D^{20} 为1.3941。

[5] 产物的纯度可用气相色谱法检查。用邻苯甲酸二壬酯为固定液，柱温和检测器温度为100℃，汽化温度为150℃；使用热导检测器检测；以氢为载气，流速为45mL/min。经分析产物中无其他杂质。

4.7.3.6 思考题

（1）本实验是根据什么原理来提高乙酸正丁酯的产率的？

（2）计算反应完全时应分出多少水？

（3）从气相色谱分析的结果估计产物中杂质的百分含量。

4.7.4 乙酰水杨酸的制备

4.7.4.1 实验目的

（1）学习乙酰水杨酸的制备原理和方法。

（2）了解微波反应在有机合成中的应用。

4.7.4.2 实验原理

乙酰水杨酸通常称为阿司匹林，有止痛、退热和抗炎的作用。水杨酸是一个具有酚羟基和羧基的双官能团化合物，能进行两种不同的酯化反应，当它与乙酸酐作用时生成乙酰水杨酸，与过量的甲醇作用时则生成水杨酸甲酯即冬青油。

$$\text{o-HOC}_6\text{H}_4\text{COOH} + (CH_3CO)_2O \xrightarrow{H_3PO_4} \text{o-CH}_3\text{COOC}_6\text{H}_4\text{COOH} + CH_3COOH$$

在上述反应中，可以通过测定反应物是否完全消失来确定反应时间，如用 $FeCl_3$ 检验水杨酸是否消失。

4.7.4.3 实验用品

仪器：烧杯，表面皿，微波炉，减压抽滤装置，熔点测定装置。

药品：水杨酸，乙酐，磷酸（85%），氯化铁溶液（1%）。

4.7.4.4 实验步骤

在 50mL 烧杯中依次加入 1.4g 水杨酸、2.8mL 乙酐、1 滴 85%磷酸，混合均匀。用表面皿盖好烧杯，将烧杯移入微波炉的托盘上，加热功率设置为 30%，加热 2min[1] 后，取少许反应物，用氯化铁溶液检查水杨酸[2]。如果反应液中仍有水杨酸，继续微波辐射 2min，再取样检查一次，如此反复辐射和检查，直到水杨酸消失为止，即反应终点。取出烧杯，冷却至室温，析出无色晶体。抽滤出晶体，用甲苯重结晶，测产物的熔点[3]。

4.7.4.5 注释

[1] 加热时有刺激性醋酸逸出，故实验最好在通风橱中进行。

[2] 在小试管中取少量 $FeCl_3$ 溶液，用细滴管蘸一点反应混合物插入小试管中，若出现紫色，表明还有水杨酸存在。

[3] 纯乙酰水杨酸为无色晶体，熔点为 138℃。

4.7.4.6 思考题

（1）氯化铁溶液能检查水杨酸存在与否的原理是什么？

（2）本实验反应的机理是什么？

（3）为什么水杨酸的羟基与乙酐反应，而不是羧基与乙酐反应？

4.8 酰胺的制备

4.8.1 乙酰苯胺的制备

4.8.1.1 实验目的

（1）掌握苯胺乙酰化反应的原理和实验操作。

（2）进一步熟悉重结晶提纯固体有机物的方法。

4.8.1.2 实验原理

乙酸与苯胺的反应速率较慢，且反应是可逆的，为了提高乙酰苯胺的产率，本实验采用冰醋酸过量的方法，同时利用分馏柱将反应中生成的水从产物中移走。另用乙酸酐作平行试验，比较不同酰化剂的反应速率和产率。反应式如下：

$$C_6H_5—NH_2 + CH_3COOH \rightleftharpoons C_6H_5—NHCOCH_3 + H_2O$$

4.8.1.3 实验用品

仪器：刺形分馏柱，圆底烧瓶（50mL），接收瓶，温度计，量筒，烧杯，电热套，减压过滤装置，保温漏斗，熔点测定装置。

药品：苯胺，冰醋酸，锌粉，活性炭，乙酸酐。

4.8.1.4 实验步骤

在50mL圆底烧瓶中，加入5mL新蒸馏的苯胺[1]（0.055mol）、7.5mL冰醋酸及少许锌粉[2]，上装刺形分馏柱，柱顶插一支150℃温度计，用一个小量筒收集稀醋酸溶液，用小火加热至沸腾。保持温度计读数在105℃左右。经过40～60min，反应所生成的水可完全蒸出（含少量醋酸）。当温度计的读数发生上下波动时（有时反应容器中出现白雾），反应即达终点，停止加热。

在不断搅拌下把反应混合物趁热以细流慢慢倒入盛有100mL水的烧杯中。继续剧烈搅拌，并冷却烧杯，使粗乙酰苯胺呈细粒状完全析出。用布氏漏斗抽滤析出的固体。再用5～10mL冷水洗涤以除去残留的酸液。把粗乙酰苯胺放入150mL热水中，加热至沸腾。如果仍有未溶解的油珠[3]，需补加热水，直到油珠完全溶解为止[4]。稍冷后加入约0.5g粉末状活性炭[5]，用玻璃棒搅动并煮沸1～2min。趁热用保温漏斗过滤或用预先加热好的布氏漏斗减压过滤[6]。冷却滤液，乙酰苯胺呈无色片状晶体析出。减压过滤，尽量挤压以除去晶体中的水分。产物放在表面皿上晾干后测定其熔点[7]。产量约为5g。

对照试验：在烧杯中加入2mL苯胺、30mL水，边搅拌边加3mL乙酸酐，5min加完。产品和上面作同样处理。计算产率。

4.8.1.5 注释

[1] 久置的苯胺颜色深，会影响生成的乙酰苯胺的质量。

[2] 锌粉的作用是防止苯胺在反应过程中氧化。但必须注意，锌粉不能加得过多，否则在后处理中会出现不溶于水的氢氧化锌。新蒸馏过的苯胺也可不加锌粉。

[3] 此油珠是熔融状态的含水的乙酰苯胺（83℃时含水13%）。如果溶液温度在83℃以下，溶液中未溶解的乙酰苯胺以固态存在。

[4] 乙酰苯胺于不同温度下在100mL水中的溶解度为：25℃，0.563g；80℃，3.5g；100℃，5.2g。在以后各步加热煮沸时，会蒸发一部分水，需随时补加热水。本实验重结晶时水的用量，最好使溶液在80℃左右为饱和状态。

[5] 在沸腾的溶液中加入活性炭，会引起突然暴沸，致使溶液冲出容器。

[6] 事先将布氏漏斗用铁夹夹住，倒悬在沸水浴中，利用水蒸气进行充分预热。这一步如果没有做好，乙酰苯胺晶体将在布氏漏斗内析出，引起操作上的麻烦和造成损失。吸滤瓶应放在水浴中加热，切不可直接放在石棉网上加热。

[7] 纯乙酰苯胺是无色片状晶体，熔点为114℃。

4.8.1.6 思考题

（1）还可以用什么方法从苯胺制备乙酰苯胺？

（2）在重结晶操作中，必须注意哪几点才能使产物产率高、质量好？

（3）试计算重结晶时留在母液中的乙酰苯胺的量。

（4）反应瓶中的白雾是什么？

4.8.2 对氨基苯磺酰胺的制备

4.8.2.1 实验目的

（1）了解磺胺类药物的合成方法及其作用。

（2）进一步熟悉物质分离、重结晶等基本操作技术。

4.8.2.2 实验原理

磺胺类药物是含磺胺基团抗菌药物的总称，能抑制多种病菌和少数病毒的生长和繁殖，用于防治多种病菌感染。磺胺的制备从苯和简单的脂肪族化合物开始，包括许多中间体。本实验合成的对氨基苯磺酰胺是最简单的磺胺药，以乙酰苯胺为原料制备。反应式如下：

$$C_6H_5\text{—}NHCOCH_3 + 2HOSO_2Cl \longrightarrow CH_3CONH\text{—}C_6H_4\text{—}SO_2Cl + H_2SO_4 + HCl\uparrow$$

乙酰苯胺　　氯磺酸　　对乙酰氨基苯磺酰氯

$$CH_3CONH\text{—}C_6H_4\text{—}SO_2Cl + 2NH_4OH \longrightarrow CH_3CONH\text{—}C_6H_4\text{—}SO_2NH_2 + NH_4Cl + H_2O$$

对乙酰氨基苯磺酰胺

$$CH_3CONH\text{—}C_6H_4\text{—}SO_2NH_2 + HCl + H_2O \longrightarrow HCl \cdot H_2N\text{—}C_6H_4\text{—}SO_2NH_2 + CH_3COOH$$

$$2HCl \cdot H_2N\text{—}C_6H_4\text{—}SO_2NH_2 + Na_2CO_3 \longrightarrow 2H_2N\text{—}C_6H_4\text{—}SO_2NH_2 + 2NaCl + H_2O + CO_2\uparrow$$

对氨基苯磺酰胺

4.8.2.3 实验用品

仪器：锥形瓶，酒精灯，漏斗，烧杯，量筒，抽滤装置，回流装置。

药品：乙酰苯胺，氯磺酸、浓氨水，稀盐酸，固体碳酸钠。

4.8.2.4 实验步骤

（1）对乙酰氨基苯磺酰氯的制备　放置5g乙酰苯胺于125mL干燥的锥形瓶中，在酒精灯上微微加热使其熔融，并转动锥形瓶使乙酰苯胺在瓶底部形成薄膜，用软木塞将锥形瓶口塞好，放在冰水浴中备用。用一胶管一端与倒置的小漏斗相连，漏斗悬挂于盛水的烧杯的水面上，胶管的另一端与锥形瓶相接（捕吸反应中产生的氯化氢气体）。

用干燥的量筒准确量取13mL氯磺酸[1]，在10～15min内分批加入乙酰苯胺中，不断摇动锥形瓶使反应物充分接触，保持反应温度在15℃以下[2]。当大部分乙酰苯胺固体已溶解时，将锥形瓶在热水浴上温热至60～70℃，待固体全部消失后，再温热10min，转出水浴冷却，把反应混合物倒入含75～100g碎冰块的烧杯中，同时用力搅拌，此时，对乙酰氨基苯磺酰氯呈白色或粉红色块状沉淀析出，抽滤，用少量水洗涤2～3次，抽干。

（2）对乙酰氨基苯磺酰胺的制备　将制得的对乙酰氨基苯磺酰氯粗产品移入50mL烧杯中，在搅拌下慢慢加入35mL浓氨水（28%，$d=0.9$）[3]，立即发生放热反应生成糊状反应物，加完氨水后继续搅拌10min，又在水浴中于70℃加热10min并不断搅拌，以除去多余的氨[4]；冷却、抽滤，用冷水洗涤。抽干，得到粗对乙酰氨基苯磺酰胺，不必精制[5]，即可进行下面的水解实验。

（3）对氨基苯磺酰胺的制备　将上述的粗对乙酰氨基苯磺酰胺放入50mL锥形瓶中，加入20mL稀盐酸，装上回流冷凝管，在石棉网上用小火加热回流，待全部粗产品溶解后（约

0.5h)[6]，冷却（若溶液呈黄色，则加入少量骨灰，煮沸、过滤、冷却），在搅拌下加入固体碳酸钠中和至 pH 为 7～8[7]，用冰水冷却片刻，待对氨基苯磺酰胺全部结晶析出后，抽滤，用少量冰水洗涤，压干。粗产品可用沸水重结晶[8]，产量为 4～5g[9]。

4.8.2.5 注释

[1] 氯磺酸对皮肤和衣服的腐蚀性很强，若与水接触则发生激烈的分解，使用时要小心。

[2] 温度高反应太激烈，会产生局部过热而发生副反应，如邻对位同时取代等，因此若反应太激烈，先将锥形瓶置于冰水浴中冷却，然后再滴加氯磺酸溶液。

[3] 对乙酰氨基苯磺酰胺粗产品中含有游离酸根，所以氨水的用量要超过理论量，使反应呈碱性。

[4] 对乙酰氨基苯磺酰胺可溶于过量的浓氨水中，若冷却后结晶析出不多，可加入稀硫酸至刚果红试纸变色，则对乙酰氨基苯磺酰胺就几乎全部沉淀析出了。

[5] 为了鉴定对乙酰氨基苯磺酰胺产品，可取少许粗产品用乙醇重结晶，然后测定其熔点，纯的对乙酰氨基苯磺酰胺的熔点为 219℃。

[6] 对乙酰氨基苯磺酰胺在稀盐酸中水解成对氨基苯磺酰胺，后者能与过量的盐酸作用形成水溶性的盐酸盐，所以反应完全后应当没有沉淀固体物质，否则继续加热回流。

[7] 用碱中和滤液中的盐酸，使对氨基苯磺酰胺析出。但对氨基苯磺酰胺能溶于强酸或强碱中，故中和时必须注意控制 pH。

$$\overset{+}{N}H_3-C_6H_4-SO_2NH_2 \underset{H^+}{\overset{OH^-}{\rightleftharpoons}} NH_2-C_6H_4-SO_2NH_2 \underset{H^+}{\overset{NaOH}{\rightleftharpoons}} NH_2-C_6H_4-SO_2NHNa$$

[8] 对氨基苯磺酰胺在丙酮、热乙醇或沸水中易溶，在冷水或冷乙醇中的溶解度很小，所以可用水或乙醇作溶剂进行重结晶。

[9] 纯对氨基苯磺酰胺的熔点为 164～166℃。

4.8.2.6 思考题

(1) 对乙酰氨基苯磺酰胺分子中既有羧酰胺又含有磺酰胺，但是水解时，前者远比后者容易，如何解释？

(2) 如果用苯胺为原料，是直接氯磺化还是先乙酰化后再磺化？

4.9 芳香族硝基化合物的制备

4.9.1 硝基苯的制备

4.9.1.1 实验目的

(1) 了解从苯制备硝基苯的方法。

(2) 掌握萃取、空气冷凝等基本操作。

4.9.1.2 实验原理

由浓硝酸和苯在浓硫酸催化下硝化制取硝基苯。

主反应：$C_6H_5-H + HONO_2 \xrightarrow{H_2SO_4} C_6H_5-NO_2 + H_2O$

副反应：$C_6H_5-NO_2 + HONO_2 \xrightarrow{H_2SO_4} C_6H_4-(NO_2)_2 + H_2O$

4.9.1.3 实验用品

仪器：干燥锥形瓶（100mL），圆底三口烧瓶（250mL），玻璃管，橡皮管，温度计（100℃），磁力搅拌器，磁力搅拌子，干燥量筒（20mL），干燥滴液漏斗（50mL），干燥圆底烧瓶（50mL），温度计（300℃），分液漏斗（100mL），锥形瓶（50mL），空气冷凝管，蒸馏装置，石棉网。

药品：苯，浓硝酸，浓硫酸，氢氧化钠溶液（5%），无水氯化钙。

4.9.1.4 实验步骤

（1）硝基苯的制备　在100mL锥形瓶中，加入18mL浓硝酸[1]，在冷却和摇荡下慢慢加入20mL浓硫酸制成混合酸备用。在250mL圆底三口烧瓶内放置18mL苯及一个磁力搅拌子，三个口分别装置温度计（水银球伸入液面下）、滴液漏斗及冷凝管，冷凝管上端连一橡皮管并通入水槽。开动磁力搅拌器搅拌，自滴液漏斗滴入上述制好的冷的混合酸。控制滴加速度，使反应温度维持在50～55℃之间，勿超过60℃[2]，必要时可用冷水冷却。此滴加过程约需1h。滴加完毕后，继续搅拌15min。

（2）硝基苯的分离与提纯　在冷水浴中冷却反应混合物，然后将其移入100mL分液漏斗。放出下层（混合酸），并在通风橱中小心地将它倒入排水管并立即用大量水冲。有机层依次用等体积（约20mL）的水、5%氢氧化钠溶液、水洗涤后[3,4]，将硝基苯移入内含2g无水氯化钙的50mL锥形瓶中，旋摇至浑浊消失。

将干燥好的硝基苯滤入50mL干燥的圆底烧瓶中，接空气冷凝管，在石棉网上加热蒸馏[5]，收集205～210℃的馏分[6]。产量约为18g。

4.9.1.5 注释

[1] 一般工业浓硝酸的相对密度为1.52，用此酸反应时，极易得到较多的二硝基苯。为此可用3.3mL水、20mL浓硫酸和18mL工业浓硝酸组成的混合酸进行硝化。

[2] 硝化反应系放热反应，温度超过60℃时，有较多的二硝基苯生成，且也有部分硝酸和苯挥发逸去。

[3] 硝基化合物对人体有较大的毒性，吸入多量其蒸气或与皮肤接触被吸收，均会引起中毒！所以处理硝基苯或其他硝基化合物时，必须谨慎小心，如不慎触及皮肤，应立即用少量乙醇擦洗，再用肥皂及温水洗涤。

[4] 洗涤硝基苯时，特别是用氢氧化钠溶液洗涤时，不可过分用力摇荡，否则会使产品乳化而难以分层。若遇此情况，可加入固体氯化钙或氯化钠饱和，或加数滴乙醇，静置片刻，即可分层。

[5] 高沸点的蒸气易在蒸馏头部位冷凝而无法蒸馏出来，因此应在蒸馏头周围加石棉保温，以使蒸馏顺利进行。另外，因残留在烧瓶中的二硝基苯在高温时易发生剧烈分解，故蒸馏时不可蒸干或使蒸馏温度超过214℃。

[6] 纯硝基苯为淡黄色的透明液体，沸点为210.9℃，相对密度（d_4^{20}）为1.203。

4.9.1.6 思考题

（1）本实验为什么要控制反应温度在50～55℃之间？温度过高有什么不好？

（2）粗产物硝基苯依次用水、5%氢氧化钠溶液、水洗涤的目的何在？

（3）甲苯和苯甲酸硝化的产物是什么？其反应条件有何差异？为什么？

4.9.2 间二硝基苯的制备

4.9.2.1 实验目的

（1）熟悉芳环上亲电取代反应的原理和定位规则的应用。

（2）掌握用混酸硝化的原理及方法。

4.9.2.2 实验原理

硝化反应是制备芳香族硝基化合物的主要方法，尽管芳香族硝基化合物本身用途有限，主要用作炸药和助爆剂，但它很容易被还原为苯胺，然后间接转化为多种芳香族化合物。本实验采用硝基苯硝化的方法制备间二硝基苯。由于硝基苯难硝化，固需采用发烟硝酸和浓硫酸。反应式如下：

$$C_6H_5NO_2 + HNO_3(\text{发烟}) \xrightarrow[95℃]{\text{浓 } H_2SO_4} m\text{-}C_6H_4(NO_2)_2 + H_2O$$

4.9.2.3 实验用品

仪器：圆底烧瓶（50mL），温度计，回流冷凝管，气体吸收装置，抽滤装置，熔点测定装置。

药品：硝基苯，发烟硝酸（d=1.52），浓硫酸，碳酸钠溶液（10%），乙醇。

4.9.2.4 实验步骤

在 50mL 圆底烧瓶中加入 5mL 发烟硝酸，在摇荡下慢慢加入 7mL 浓硫酸。然后在瓶内放一温度计，分批加入 4.2mL 硝基苯，每次加完都要用力振荡，使反应物充分混合。若温度超过 95℃，可在水浴中适当冷却。加完后在烧瓶上连接回流冷凝管，冷凝管上端连接一气体吸收装置（用碱液吸收），在沸水浴上加热 0.5h，并加以摇荡，促使反应完全[1]。稍冷后，在剧烈搅拌下，将反应物慢慢倒入盛有 150g 碎冰的烧瓶中[2]，产物冷却并凝固后倾去酸液（倒入废物缸），抽滤收集产物，用水充分洗涤[3]，压干。

粗产物用约 30mL 乙醇重结晶[4]，干燥后得淡黄色的间二硝基苯，测得熔点为 89～90℃[5]，产量为 4～5g。

4.9.2.5 注释

[1] 硝化反应是否完全可用以下方法检验：取摇匀后的反应液少许，滴入盛有冷水的试管中，若有淡黄色的固体物析出，表示反应已经完成；若仍呈半固体状，则还需继续加热。

[2] 氮的氧化物有严重的腐蚀性。当反应物倒入水中时，放出大量有毒的氧化氮气体，故这一步操作应在通风橱中进行，并一直放置到没有气体放出后再取出过滤。

[3] 在烧杯中加水煮沸，使二硝基苯熔化，搅拌，冷却后倾去水层，重复 2～3 次。再加 10%碳酸钠溶液洗涤，最后再每次用 500mL 水洗两次。

[4] 用乙醇重结晶，可除去夹杂的邻二硝基苯及对二硝基苯以及尚未反应的硝基苯。二硝基苯的三种异构体在乙醇中的溶解度分别为：间位，2.6g/100mL（20℃）；邻位，3.8g/100mL(25℃)；对位，0.4g/100mL(20℃)。

[5] 纯间二硝基苯为淡黄色的针状晶体，熔点为 90.2℃。

4.9.2.6 思考题

(1) 进行硝化反应时，最后通常是把反应混合物倒入大量水中，这步操作的目的何在?

(2) 邻二硝基苯及对二硝基苯是如何制备的？在间二硝基苯的制备中，这两个化合物作为杂质是如何除去的?

(3) 写出下列化合物的硝化产物：苯酚、乙酰苯胺、甲苯、苯甲醛、苯腈、苯甲酸。

4.10 芳磺酸的制备

4.10.1 对甲苯磺酸的制备

4.10.1.1 实验目的

(1) 掌握磺化反应的原理及对甲苯磺酸的制备方法。

（2）进一步掌握回流、抽滤、重结晶等操作技术。

4.10.1.2 实验原理

芳香族磺酸（简称芳磺酸）一般用芳烃直接磺化而制得，磺化反应是一个可逆反应。甲苯较苯易于磺化，低温时邻位产物比例增加，而高温时则主要得对位产物。

主反应：

$$CH_3-C_6H_5 + HOSO_3H \xrightleftharpoons{\text{高温}} CH_3-C_6H_4-SO_3H + H_2O$$

副反应：

$$CH_3-C_6H_5 + HOSO_3H \xrightleftharpoons{\text{低温}} o\text{-}CH_3C_6H_4SO_3H + H_2O$$

4.10.1.3 实验用品

仪器：圆底烧瓶（50mL），毛细管，石棉网，锥形瓶（60mL），分水器，回流装置，抽滤装置，烧杯（50mL）或大试管。

药品：甲苯，浓硫酸，固体氯化钠，浓盐酸。

4.10.1.4 实验步骤

在 50mL 圆底烧瓶内加入 25mL 甲苯，一边摇动烧瓶，一边缓慢地加入 5.5mL 浓硫酸，投入几根上端封闭的毛细管，毛细管的长度应能使其斜靠在烧瓶颈内壁。照图 2-11(a) 安装仪器。在石棉网上用小火加热回流 2h 或至分水器中积存 2mL 水为止。静置，冷却反应物，将反应物倒入 60mL 锥形瓶内，加入 1.5mL 水，此时有晶体析出。用玻璃棒慢慢搅动，反应物逐渐变成固体。用布氏漏斗抽滤，用玻璃瓶塞挤压以除去甲苯和邻甲苯磺酸，得粗产物约 15g。

欲获得较纯的对甲苯磺酸，可进行重结晶。在 50mL 烧杯或大试管里，将 12g 粗产物溶于约 6mL 水中。往此溶液中通入氯化氢气体[1]，直到有晶体析出。在通氯化氢气体时，要采取措施，防止倒吸[2]。析出的晶体用布氏漏斗快速抽滤，晶体用少量浓盐酸洗涤。用玻璃瓶塞压去水分，取出后保存在干燥器里。

纯对甲苯磺酸水合物为无色单斜晶体，熔点为 96℃；对甲苯磺酸的熔点为 104～105℃。

4.10.1.5 注释

[1] 此操作必须在通风橱中进行。产生氯化氢气体最常用的方法是在广口圆底烧瓶中放入固体氯化钠，加入浓盐酸至浓盐酸的液面盖住氯化钠表面。配一橡皮塞，钻三孔，一孔插滴液漏斗，一孔插压力平衡管，一孔插氯化氢气体导出管。滴液漏斗上口与玻璃平衡管通过橡皮塞紧密相接（不能漏气）。在滴液漏斗中放入浓盐酸。滴加浓盐酸，就产生氯化氢气体。

[2] 为了防止倒吸，可不用插入溶液中的玻璃管来引入氯化氢气体，而是使气体通过一略微倾斜的倒悬漏斗让溶液吸收，漏斗的边缘有一半浸入溶液中，另一半在液面之上。

4.10.1.6 思考题

（1）按本实验的方法，计算对甲苯磺酸的产率应以哪种原料为基准？为什么？

（2）利用什么性质除去邻甲苯磺酸？

（3）在本实验条件下，会不会生成相当量的甲苯二磺酸？为什么？

4.10.2 对氨基苯磺酸的制备

4.10.2.1 实验目的

（1）掌握磺化反应的基本操作及原理。

（2）了解氨基的简单检验方法。

4.10.2.2　实验原理

苯胺与浓硫酸反应，先生成苯胺硫酸氢盐，若将此盐在180～190℃烘焙，得到对氨基苯磺酸。反应式为：

$$C_6H_5NH_2 \xrightarrow{H_2SO_4} C_6H_5\overset{+}{N}H_3HSO_4^- \xrightarrow[-H_2O]{\triangle} C_6H_5NHSO_3H \xrightarrow{180℃} p\text{-}H_2NC_6H_4SO_3H \rightleftharpoons p\text{-}H_3\overset{+}{N}C_6H_4SO_2O^-$$

4.10.2.3　实验用品

仪器：圆底烧瓶（15mL），空气冷凝管，砂浴或油浴装置。

药品：苯胺，浓硫酸，NaOH溶液（10%）。

4.10.2.4　实验步骤

在15mL圆底烧瓶内放入1g新蒸馏的苯胺，装上空气冷凝管[1]，自冷凝管上端滴加3g（1.7mL）浓硫酸。加完硫酸后，将烧瓶浸在砂浴或油浴中加热，继持温度在180～190℃ 4～5h[2]。然后取出1～2滴这种混合物，倒入5～6mL 10% NaOH溶液中，若得澄清的溶液，则认为反应已完全，如有游离胺析出，则需继续加热。

反应完全后，将此混合物冷却至室温，在不断搅拌下小心地倒至盛有10mL冷水或碎冰的烧杯中，此时有灰白色对氨基苯磺酸析出，冷却后抽滤，用水洗涤，然后用热水重结晶，可得到含有两分子结晶水的对氨基苯磺酸[3]。产量约0.8g(产率38%～44%)。

4.10.2.5　注释

[1] 苯胺与浓硫酸剧烈作用后生成固体苯胺硫酸氢盐，同时苯胺受热挥发，装上空气冷凝管可以避免苯胺损失。

[2] 苯胺硫酸氢盐在180～190℃烘焙时失水，同时分子内部发生重排作用，形成对氨基苯磺酸。

[3] 对氨基苯磺酸具有强酸性的磺酸基，另一方面存在弱碱性的氨基，因此分子本身形成内盐，无敏锐的熔点。

4.10.2.6　思考题

（1）对氨基苯磺酸较易溶于水，而难溶于苯及乙醚，试解释其原因。

（2）反应产物中是否会有邻位取代物？若有，邻位和对位取代产物哪一种较多？说明理由。

4.11　胺的制备

4.11.1　苯胺的制备

4.11.1.1　实验目的

了解苯胺的制备原理和方法。

4.11.1.2　实验原理

芳胺的制取不可能用任何直接方法将氨基（—NH_2）导入芳环上，而是经过间接的方法来制取。将硝基苯还原就是制取苯胺的一种重要方法。实验室中常用的还原剂有铁-盐酸、铁-醋酸、锡-盐酸、锌-盐酸等。用锡-盐酸作还原剂时，作用较快，产率较高，不需用电动搅拌，但锡价格较贵，同时盐酸、碱用量较多；用铁-盐酸的缺点是反应时间长，但成本低廉。本实验对这两种方法均作介绍。

锡-盐酸法：

$$2C_6H_5NO_2 + 3Sn + 14HCl \longrightarrow (C_6H_5\overset{+}{N}H_3)_2SnCl_6^{2-} + 2SnCl_4 + 4H_2O$$

$$(C_6H_5\overset{+}{N}H_3)_2SnCl_6^{2-} + 8NaOH \longrightarrow 2C_6H_5NH_2 + Na_2SnO_3 + 5H_2O + 6NaCl$$

铁-盐酸法：

$$4C_6H_5NO_2 + 9Fe + 4H_2O \longrightarrow 4C_6H_5NH_2 + 3Fe_3O_4$$

苯胺有毒，操作时应避免与皮肤接触或吸入其蒸气！若不慎触及皮肤，应先用水冲洗，再用肥皂及温水洗涤。

4.11.1.3 实验用品

仪器：圆底烧瓶（100mL、500mL），蒸馏烧瓶，回流装置，分液漏斗，空气冷凝管，水蒸气蒸馏装置，石棉网。

药品：锡粒，硝基苯，浓盐酸，NaOH 溶液（50%），固体氯化钠，乙醚，铁粉，碳酸钠。

4.11.1.4 实验步骤

（1）锡-盐酸法 在 100mL 圆底烧瓶中，投入 9g 锡粒、4mL 硝基苯，装上回流装置，量取 20mL 浓盐酸，分数次从冷凝管口加入烧瓶内，并不断摇动反应混合物。若反应太激烈，瓶内混合物沸腾时，将圆底烧瓶浸于冷水中片刻，使反应缓慢。当所有的盐酸加完后，将烧瓶置于沸腾的热水浴中加热 30min，使还原趋于完全[1]，然后使反应物冷却至室温，在摇动下慢慢加入 50% NaOH 溶液使反应物呈碱性。进行水蒸气蒸馏直到馏出液澄清为止，将馏出液放入分液漏斗中，分出粗苯胺。水层加入氯化钠 3～5g 使其饱和后[2]，用 20mL 乙醚分两次萃取，合并粗苯胺和乙醚萃取液，用粒状氢氧化钠干燥[3]。

将干燥后的混合液小心地倒入干燥的 50mL 蒸馏烧瓶中，在热水浴上蒸去乙醚，然后改用空气冷凝管，在石棉网上加热，收集 180～185℃ 的馏分[4]。产量为 2.3～2.5g（产率为 63%～69%）。

（2）铁-盐酸法 在 500mL 圆底烧瓶中，放置 40g 铁粉（40～100 目）、40mL 水、2mL 浓盐酸，用力振摇使其充分混合后[5]，微微加热煮沸约几分钟，稍冷后加入 25g(21mL，0.2mol) 硝基苯，装上回流冷凝管，置于石棉网上用小火加热回流 1h。在回流过程中经常用力振摇反应混合物，待反应完全后[6]，用 20mL 水冲洗回流冷凝管，洗液并入反应瓶中，在振荡下加入碳酸钠使反应物呈碱性。以后的步骤按锡-盐酸法进行。

4.11.1.5 注释

[1] 硝基苯为黄色油状物，若回流液中黄色油状物消失而转变为乳白色油珠时，表示反应已完成，乳白色油珠即是生成的苯胺。

[2] 在 20℃时，每 100mL 水可溶解苯胺 3.4g，为了减少苯胺的损失，根据盐析原理，加入氯化钠使溶液饱和，则溶于水中的苯胺就可呈油状析出，浮于饱和盐水之上。

[3] 由于氯化钙能与苯胺形成分子化合物，所以用无水硫酸钠作干燥剂；也可以用固体氢氧化钠、氢氧化钾或无水碳酸钠作干燥剂。

[4] 纯苯胺的沸点为 184.1℃，折射率（n_D^{20}）为 1.5863。

[5] 反应物内的硝基苯、盐酸互不相溶，而这两种液体与固体的铁粉接触机会又少，因此，充分振摇反应物是使还原作用顺利进行的操作关键。

[6] 反应物变为黑色时即表明反应基本完成。欲检验反应是否完成，可吸出反应物数滴，加入盐酸中，振摇后若完全溶解则表示反应已完成。

4.11.1.6 思考题

(1) 根据什么原理选择水蒸气蒸馏法把苯胺从反应混合物中分离出来？

(2) 如果最后制得的苯胺中含有硝基苯，应该怎样提纯？

4.11.2 间硝基苯胺的制备

4.11.2.1 实验目的

掌握多硝基苯的部分还原反应。

4.11.2.2 实验原理

多硝基化合物在多硫化钠、硫氢化钠、硫氢化铵等硫化物还原剂的作用下，可以进行部分还原。本实验就是利用硫氢化钠作为部分还原剂将间二硝基苯还原得到间硝基苯胺。反应式如下：

$$Na_2S + NaHCO_3 \longrightarrow NaHS + Na_2CO_3$$

$$4\,C_6H_4(NO_2)_2 + 6NaHS + H_2O \longrightarrow 4\,C_6H_4(NO_2)(NH_2) + 3Na_2S_2O_3$$

4.11.2.3 实验用品

仪器：烧杯（125mL），蒸馏装置，抽滤装置。

药品：结晶硫化钠，碳酸氢钠，甲醇，间二硝基苯。

4.11.2.4 实验步骤

在 125mL 烧杯中，将 6g（0.025mol）结晶硫化钠溶于 12.5mL 水中。在充分搅拌下，分批加入 2.1g（0.025mol）碳酸氢钠，搅拌至全溶。然后在搅拌下慢慢加入 15mL 甲醇，并将烧杯置于冰水浴中冷却至 20℃以下，立即有水合碳酸钠沉淀析出。静置 15min 后，抽滤，滤饼用 10mL 甲醇分三次洗涤，合并滤液和洗涤液备用[1]。

在装有回流冷凝管的 100mL 烧瓶中，溶解 2.5g（0.015mol）间二硝基苯于 20mL 热甲醇溶液中。在振摇下，从冷凝管顶端加入上述制好的硫氢化钠溶液，水浴加热回流 20min。冷却至室温后，将反应液用沸水浴进行常压蒸馏，大部分甲醇被蒸出。残留液在搅拌下倾入 80mL 冷水中，立即析出黄色晶体间硝基苯胺。抽滤，用少量冷水洗涤结晶，干燥后得粗品约 1.5g。粗品用 75%乙醇水溶液重结晶，用少量活性炭脱色，得黄色针状结晶约 1g[2]。

4.11.2.5 注释

[1] 硫氢化钠因溶于甲醇水溶液而留在滤液中。

[2] 纯间硝基苯胺的熔点为 114℃。

4.11.2.6 思考题

(1) 反应完毕后，为什么要蒸出大部分甲醇？

(2) 如果硫氢化钠由硫化钠和碳酸氢钠制备，在甲醇热溶液中会出现少量碳酸钠沉淀，是否需要立即除去？为什么？

4.11.3 氯化三乙基苄基铵的制备

4.11.3.1 实验目的

掌握季铵盐制备的原理和方法。

4.11.3.2 实验原理

氯化三乙基苄基铵（TEBA）是常用的相转移催化剂，本实验由氯化苄与三乙胺反应制备。反应式如下：

$$PhCH_2Cl + (CH_3CH_2)_3N \xrightarrow[\triangle]{ClCH_2CH_2Cl} [(CH_3CH_2)_3\overset{+}{N}CH_2Ph]Cl^-$$

4.11.3.3 实验用品

仪器：圆底烧瓶（100mL），球形冷凝管，抽滤装置。

药品：氯化苄，三乙胺，1,2-二氯乙烷，无水乙醚。

4.11.3.4 实验步骤

在100mL圆底烧瓶中，加入5.5mL(0.05mol) 氯化苄、7mL (0.05mol) 三乙胺和20mL 1,2-二氯乙烷、几粒沸石，加热回流1.5h。冷却，析出结晶[1]。抽滤，滤饼用少量1,2-二氯乙烷洗涤一次，再用无水乙醚洗涤一次，抽滤，干燥后称重[2]，得白色晶体约10g。

4.11.3.5 注释

[1] 要充分冷却，以保证结晶析出完全。

[2] 季铵盐易吸潮，应在红外灯下烘干，然后置于干燥器中保存。

4.11.3.6 思考题

季铵盐为什么可以催化水溶性无机盐和有机化合物之间的非均相反应？

4.12 重氮盐的制备及应用

4.12.1 对氯甲苯的制备

4.12.1.1 实验目的

(1) 掌握重氮化反应的实验操作。

(2) 巩固水蒸气蒸馏的原理和方法。

4.12.1.2 实验原理

重氮盐溶液在氯化亚铜存在的条件下，重氮基可以被氯原子取代，生成芳香族氯化物。由于氯化亚铜易被氧化，应现制备现用。反应式如下：

$$2CuSO_4 + 2NaCl + NaHSO_3 + 2NaOH \longrightarrow 2CuCl + 2Na_2SO_4 + NaHSO_4 + H_2O$$

$$CH_3C_6H_4NH_2 \xrightarrow[0\sim5℃]{HCl,\ NaNO_2} CH_3C_6H_4N_2^+Cl^- \xrightarrow[HCl]{CuCl} CH_3C_6H_4N_2^+ \cdot CuCl_2^- \xrightarrow[-N_2]{\triangle} CH_3C_6H_4Cl$$

4.12.1.3 实验用品

仪器：圆底烧瓶 (500mL)，烧杯，滴液漏斗，水蒸气蒸馏装置，分液漏斗，空气冷凝管。

药品：对甲苯胺，固体亚硝酸钠，五水硫酸铜，固体亚硫酸氢钠，固体氯化钠，固体氢氧化钠，浓盐酸，苯，浓硫酸，无水氯化钙。

其他：淀粉-碘化钾试纸。

4.12.1.4 实验步骤

(1) 氯化亚铜的制备　在500mL圆底烧瓶中加入30g五水硫酸铜、9g氯化钠及100mL水，加热使固体溶解。趁热在振摇[1]下加入由7g亚硫酸氢钠与4.5g氢氧化钠及50mL水配成的溶液。此时溶液颜色会变成浅绿色或无色，并有白色粉状固体析出，置于冰水浴中静置冷却。尽量倾去上层溶液，用水洗涤两次，得到白色粉末状的氯化亚铜。加入50mL冷的浓盐酸，使固体溶解，塞上塞子，置于冰水浴中冷却备用[2]。

(2) 重氮盐的制备　在烧杯中放置30mL浓盐酸、30mL水及10.7g对甲苯胺，加热使其溶解。稍冷后，在冰盐浴中不断搅拌使其成糊状，控制温度在5℃以下。在搅拌下由滴液漏斗加入7.7g亚硝酸钠溶于20mL水配成的溶液，控制滴加速度，使温度始终保持在5℃以下[3]。当剩下的亚硝酸钠溶液为2～3mL时，用淀粉-碘化钾试纸检验，若立即出现蓝色，表示亚硝酸钠已适量，不必再加，搅拌片刻。

（3）对氯甲苯的制备 把制备好的对甲苯胺重氮盐溶液，慢慢倒入冷的氯化亚铜盐酸溶液中，边加边振摇烧瓶，慢慢析出重氮盐-氯化亚铜橙红色复合物，加完后在室温下放置20min左右。然后在水浴中慢慢加热到50～60℃[4]，分解复合物，直至不再有氮气放出。产物用水蒸气蒸馏出对氯甲苯。用分液漏斗分出油层，水层用30mL苯分两次萃取。萃取液与油层合并，依次用氢氧化钠溶液、水、浓硫酸、水各10mL洗涤。用无水氯化钙干燥，然后水浴蒸馏回收苯，再蒸馏收集158～162℃的馏分[5]。产量为7～8g。

4.12.1.5 注释

［1］在60～70℃时得到的氯化亚铜粒径较粗，便于处理；温度低则粒径较细，难于洗涤。

［2］氯化亚铜不稳定，易被氧化。

［3］温度超过5℃，重氮盐会分解，影响产率。

［4］分解温度过高会发生副反应，生成部分焦油状物质。

［5］纯对氯甲苯的沸点为162℃，折射率（n_D^{20}）为1.5268。

4.12.1.6 思考题

（1）什么是重氮化反应？它在有机合成中有何应用？

（2）为什么重氮化反应必须在低温下进行？温度高会发生什么副反应？

4.12.2 甲基橙的制备

4.12.2.1 实验目的

了解偶氮染料的制备原理、用途以及甲基橙的合成方法。

4.12.2.2 实验原理

甲基橙可通过重氮基与芳胺发生偶联反应来进行制备，反应速率受溶液pH的影响，只有溶液的pH在某一范围内才能有效地发生偶联反应。酸式甲基橙称为酸性黄，在碱中酸性黄转变为橙黄色的钠盐，即甲基橙。反应式如下：

（1）重氮化反应

$$HO_3S-C_6H_4-NH_2 \xrightarrow{NaOH} NaO_3S-C_6H_4-NH_2 \xrightarrow[HCl]{NaNO_2} \left[HO_3S-C_6H_4-\overset{+}{N}\equiv N\right]Cl^-$$

（2）偶联反应

$$\left[HO_3S-C_6H_4-\overset{+}{N}\equiv N\right]Cl^- \xrightarrow[HAc]{C_6H_5N(CH_3)_2} \left[HO_3S-C_6H_4-\underset{H}{\overset{+}{N}}=N-C_6H_4-N(CH_3)_2\right]Ac^- \xrightarrow{NaOH}$$

$$NaO_3S-C_6H_4-N=N-C_6H_4-N(CH_3)_2$$

甲基橙

4.12.2.3 实验用品

仪器：试管，烧杯（100mL），抽滤装置。

药品：对氨基苯磺酸晶体，固体亚硝酸钠，浓盐酸，*N*,*N*-二甲基苯胺，冰醋酸，乙醇，氢氧化钠溶液（1%、5%、10%），稀盐酸。

4.12.2.4 实验步骤

(1) 对氨基苯磺酸重氮盐的制备　在100mL烧杯中，放入2g对氨基苯磺酸晶体，加10mL 5%氢氧化钠溶液，在热水浴中温热使之溶解[1]。冷却至室温后，加0.8g亚硝酸钠，溶解后，在搅拌下[2]将该混合物溶液分批滴入装有13mL冰冷的水和2.5mL浓盐酸的烧杯中，使温度保持在5℃以下[3]，很快就有对氨基苯磺酸重氮盐的细粒状白色沉淀出现[4]。为了保证反应完全，继续在冰水浴中放置15min。

(2) 偶联反应　在一试管中加入1.3mL *N*,*N*-二甲基苯胺和1mL冰醋酸，振荡使之混合。在搅拌下将此溶液慢慢加到上述冷却的对氨基苯磺酸重氮盐溶液中，加完后，继续搅拌15min，此时有红色的酸性黄沉淀产生。然后，在搅拌下，慢慢加入15mL 10%氢氧化钠溶液，反应物变为橙色，粗制的甲基橙呈细粒状沉淀析出。

将反应物置于沸水浴中加热5～10min，使粗制的甲基橙溶解后，稍冷，置于冰水浴中冷却，待甲基橙全部重新结晶析出后，抽滤，依次用少量水、乙醇洗涤[5]，压紧抽干得粗产品。粗产品用1%氢氧化钠溶液进行重结晶。待结晶析出完全后，抽滤，依次用少量水、乙醇洗涤，压紧抽干得片状结晶。

溶解少许产品于水中，加几滴稀盐酸，然后用稀氢氧化钠溶液中和，观察溶液的颜色有何变化。

4.12.2.5 注释

[1] 对氨基苯磺酸是一种有机两性化合物，其酸性比碱性强，能形成酸性的内盐，它能与碱作用生成盐，难与酸作用成盐，所以不溶于酸。但是重氮化反应又要在酸性溶液中完成，因此，进行重氮化反应时，首先将对氨基苯磺酸与碱作用，变成水溶性较大的对氨基苯磺酸钠。

$$^{-}O_3S\text{-}C_6H_4\text{-}NH_3^{+} + NaOH \longrightarrow Na^{+}\,^{-}O_3S\text{-}C_6H_4\text{-}NH_2 + H_2O$$

[2] 在重氮化反应中，溶液酸化时生成亚硝酸：

$$NaNO_2 + HCl \longrightarrow HNO_2 + NaCl$$

同时，对氨基苯磺酸钠亦变为对氨基苯磺酸从溶液中以细粒状沉淀析出，并立即与亚硝酸作用，发生重氮化反应，生成粉末状的重氮盐：

$$NaO_3S\text{-}C_6H_4\text{-}NH_2 + HCl \longrightarrow {}^{-}O_3S\text{-}C_6H_4\text{-}NH_3^{+} \xrightarrow{HNO_2} {}^{-}O_3S\text{-}C_6H_4\text{-}\overset{+}{N}{\equiv}N:$$

为了使对氨基苯磺酸完全重氮化，反应过程中必须不断搅拌。

[3] 重氮化过程中，控制温度很重要，反应温度若高于5℃，则生成的重氮盐易水解成苯酚，降低了产率。

[4] 用淀粉-碘化钾试纸检验，若试纸显蓝色，表明亚硝酸过量。

$$2HNO_2 + 2KI + 2HCl \longrightarrow I_2 + 2NO\uparrow + 2H_2O + 2KCl$$

析出的碘遇淀粉就显蓝色。这时应加入少量尿素除去过多的亚硝酸，因为亚硝酸能起氧化和亚硝基化作用，亚硝酸的用量过多会引起一系列副反应。亚硝酸与尿素的反应式如下：

$$H_2N-\underset{\underset{O}{\|}}{C}-NH_2 + 2HNO_2 \longrightarrow CO_2\uparrow + N_2\uparrow + 3H_2O$$

［5］用乙醇洗涤的目的是使产品迅速干燥。

4.12.2.6 思考题

（1）在重氮盐制备前为什么还要加入氢氧化钠？如果直接将对氨基苯磺酸与盐酸混合后，再加入亚硝酸钠溶液进行重氮化操作行吗？为什么？

（2）重氮化反应为什么要在强酸条件下进行？偶联反应为什么要在弱酸条件下进行？

4.13 杂环化合物的制备

4.13.1 8-羟基喹啉的制备

4.13.1.1 实验目的

（1）了解合成杂环化合物喹啉及其衍生物的原理和方法。

（2）掌握回流、水蒸气蒸馏等基本操作。

4.13.1.2 实验原理

喹啉及其衍生物可按 Skraup 反应由苯胺或其衍生物与无水甘油、浓硫酸及弱氧化剂如硝基苯（或与苯胺衍生物相对应的硝基化合物）等一起加热而制得。为避免氧化反应过于剧烈，常加入少量的硫酸亚铁或硼酸。本实验是以邻氨基苯酚、邻硝基苯酚、无水甘油和浓硫酸为原料合成 8-羟基喹啉。浓硫酸的作用是使甘油脱水生成丙烯醛，并使邻氨基苯酚与丙烯醛的加成物脱水成环。邻硝基苯酚为弱氧化剂，能将成环产物 8-羟基-1,2-二氢喹啉氧化成 8-羟基喹啉，本身则被还原成邻氨基苯酚，也可参与缩合反应。反应过程可能为：

$$\begin{array}{l} CH_2-OH \\ | \\ CH-OH \\ | \\ CH_2-OH \end{array} \xrightarrow[-2H_2O]{浓H_2SO_4} \begin{array}{l} CHO \\ | \\ CH \\ \| \\ CH_2 \end{array}$$

邻氨基苯酚（OH, NH_2）+ $CH_2{=}CH{-}CHO$ ⟶ 加成物（HO—CH=CH—CH_2—NH—，OH）$\xrightarrow{浓H_2SO_4}$ 8-羟基-1,2-二氢喹啉 $\xrightarrow[-H_2]{邻硝基苯酚（OH, NO_2）}$ 8-羟基喹啉

8-羟基-1,2-二氢喹啉　　8-羟基喹啉

4.13.1.3 实验用品

仪器：圆底烧瓶（100mL），回流冷凝管，石棉网，水蒸气蒸馏装置，抽滤装置等。

药品：无水甘油，邻硝基苯酚，邻氨基苯酚，浓硫酸，氢氧化钠溶液（1∶1，质量比），饱和碳酸钠溶液，乙醇-水混合溶剂（4∶1，体积比）。

4.13.1.4 实验步骤

在 100mL 圆底烧瓶中加入无水甘油[1] 7.5mL（约 9.5g，0.1mol）、邻硝基苯酚 1.8g（约 0.013mol）、邻氨基苯酚 2.8g（约 0.025mol），剧烈振荡，使之混合。在不断振荡下慢慢滴入浓硫酸[2] 4.5mL（若瓶内温度较高，可在冷水浴上冷却）。装上回流冷凝管，用小火在石棉网上加热，约 15min 溶液微沸，即移开火源[3]。反应大量放热，待反应缓和后，继续小火加热，保持反应物微沸回流 2h。冷却后，进行水蒸气蒸馏，除去未反应的

邻硝基苯酚（约 30min）。待瓶内液体冷却后，慢慢加入 1∶1（质量比）氢氧化钠溶液约 7mL，摇匀后，再小心滴入饱和碳酸钠溶液，使瓶内溶液呈中性[4]。再进行水蒸气蒸馏，蒸出 8-羟基喹啉（约 25min）。待馏出液充分冷却后，抽滤收集析出物，洗涤干燥后得粗产物约 3g。

粗产物用 4∶1（体积比）乙醇-水混合溶剂约 25mL 重结晶[5]，得 8-羟基喹啉[6] 2～2.5g（产率[7]为 54%～68%）。

4.13.1.5 注释

[1] 本实验所用的甘油含水量必须少于 0.5%($d=1.26$)。如果含水量较大，则 8-羟基喹啉的产量不高。可将普通甘油在通风橱内置于瓷蒸发皿中加热至 180℃，冷却至 100℃左右，即可放入盛有硫酸的干燥器中备用。

[2] 内容物未加浓硫酸时，十分黏稠，难以摇动。浓硫酸加入后，黏度大为减小。

[3] 此反应为放热反应，溶液呈微沸时，表示反应已经开始，若继续加热，则反应过于激烈，会使溶液冲出容器。

[4] 8-羟基喹啉既溶于碱又溶于酸而成盐，且成盐后不被水蒸气蒸馏蒸出，为此必须小心中和，严格控制 pH 在 7～8 之间。当中和恰当时，瓶内析出的 8-羟基喹啉沉淀较多。

[5] 由于 8-羟基喹啉难溶于冷水，在滤液中，慢慢滴入去离子水，即有 8-羟基喹啉不断结晶析出。

[6] 纯 8-羟基喹啉的熔点为 72～74℃。

[7] 反应物的产率以邻氨基苯酚计算，不考虑邻硝基苯酚部分参与反应的量。

4.13.1.6 思考题

（1）为什么第一次水蒸气蒸馏要在酸性条件下进行，第二次却要在中性条件下进行？

（2）在 Skraup 反应中，如果以邻硝基苯胺、邻氨基苯酚、对甲苯胺作主要原料，应分别得到什么产物？

4.13.2 巴比妥酸的制备

4.13.2.1 实验目的

（1）掌握巴比妥酸的制备原理和方法。

（2）进一步巩固回流等操作技术。

4.13.2.2 实验原理

巴比妥酸，学名丙二酰脲，是一种有机合成中间体，用于制造巴比妥类药物及塑料。巴比妥酸可由丙二酸二乙酯和尿素在乙醇钠的催化下制备，反应式如下：

$$H_2C(CO_2C_2H_5)_2 + (H_2N)_2C{=}O \xrightarrow{C_2H_5ONa} \text{巴比妥酸（嘧啶-2,4,6-三酮）} \rightleftharpoons \text{2,4,6-三羟基嘧啶}$$

4.13.2.3 实验用品

仪器：圆底烧瓶（100mL），回流冷凝管，抽滤装置。

药品：无水乙醇，金属钠，丙二酸二乙酯，尿素，无水氯化钙，浓盐酸。

4.13.2.4 实验步骤

在 100mL 干燥的圆底烧瓶[1]中加入 20mL 无水乙醇，装上回流冷凝管，从其上口分数次加入 1g 切成细丝的金属钠[2]，待其全部溶解后，加入 6.6mL 丙二酸二乙酯，摇匀，加入

2.4g 干燥的尿素[3]和 12mL 无水乙醇配成的溶液。冷凝管上端填有无水氯化钙的干燥管，加热回流 2h。反应液冷却后，为黏稠的白色固体，加 30mL 热水，用盐酸酸化至 pH 为 3，得澄清溶液，过滤除去杂质。用冰水冷却溶液使其析出晶体，抽滤，用冷水洗涤，得白色棱柱状结晶[4]，干燥，称重，计算产率。

4.13.2.5 注释

[1] 本实验所用玻璃仪器必须干燥。

[2] 金属钠要除去氧化膜，并尽可能切成细丝。

[3] 尿素要事先干燥。

[4] 纯巴比妥酸的熔点为 244～245℃。

4.13.2.6 思考题

(1) 本实验所需的无水乙醇能否用 95%乙醇代替？为什么？

(2) 使用盐酸的目的是什么？

4.14 糖衍生物的制备

4.14.1 五乙酰葡萄糖的制备

4.14.1.1 实验目的

(1) 学习和掌握 α-五乙酰葡萄糖的制备原理和方法。

(2) 巩固重结晶的操作方法。

4.14.1.2 实验原理

反应式为：

$$\text{葡萄糖}(CH_2OH,\ OH,\ HO,\ OH,\ OH) + 5(CH_3CO)_2O \xrightarrow[100^\circ C]{ZnCl_2} \text{五乙酰葡萄糖}(CH_2OCOCH_3,\ OCOCH_3,\ CH_3COO,\ OCOCH_3,\ OCOCH_3) + 5CH_3COOH$$

4.14.1.3 实验用品

仪器：三口烧瓶，减压蒸馏装置，抽滤装置，烧杯。

药品：无水葡萄糖，乙酸酐，氯化锌，无水乙醇。

4.14.1.4 实验步骤

将 3g (0.022mol) 氯化锌加入到 250mL 三口烧瓶中，量取 60mL (0.63mol) 新蒸的乙酸酐加入瓶中并搅拌，加热至 60℃，待氯化锌全部溶解后，停止加热。缓慢加入 10g (0.05mol) 干燥的葡萄糖粉末，加完后，升温到 100℃，保温 4h。在 3200Pa 压力下减压蒸馏，除去生成的乙酸和未完全反应的乙酸酐。然后将反应液慢慢转至装有 500mL 冰水的烧杯中，立即有大量白色沉淀生成，抽滤，用冷水洗涤。粗产品用 250mL 1∶1 (体积比) 的乙醇水溶液重结晶提纯，得到白色针状晶体。

纯的 α-五乙酰葡萄糖的熔点为 112～113℃。

4.14.1.5 注意事项

(1) 氯化锌要全部溶解后才可加葡萄糖。

(2) 加葡萄糖时速度要慢，否则反应会比较剧烈。

4.14.1.6 思考题

(1) 乙酸酐在使用前为什么要蒸馏？

（2）除去生成的乙酸和未完全反应的乙酸酐时，为什么要减压蒸馏？

4.14.2 羧甲基纤维素的制备

4.14.2.1 实验目的

（1）掌握制备羧甲基纤维素的原理和方法。

（2）加深对纤维素结构和性质的理解。

4.14.2.2 实验原理

反应式为：

$$[C_6H_7O_2(OH)_2OH]_n + nNaOH \longrightarrow [C_6H_7O_2(OH)_2ONa]_n + nH_2O$$

$$[C_6H_7O_2(OH)_2ONa]_n + nClCH_2COOH \longrightarrow [C_6H_7O_2(OH)_2OCH_2COOH]_n + nNaCl$$

4.14.2.3 实验用品

仪器：三口烧瓶，滴液漏斗，电动搅拌器，热滤装置，蒸馏装置。

药品：棉花，乙醇（75%、95%），氢氧化钠溶液（30%），氯乙酸，乙酸。

4.14.2.4 实验步骤

在250mL三口烧瓶中放入4g棉花，装上滴液漏斗、电动搅拌器和回流冷凝管，加入75%乙醇100mL，搅拌。在剧烈搅拌下由滴液漏斗缓缓加入质量分数为30%的氢氧化钠溶液40mL，水浴温热回流（30～35℃），并搅拌30min。乙醇可促进碱对纤维的渗透与扩散。待反应体系冷却到室温后，通过滴液漏斗加入12.5mL 26%的氯乙酸的乙醇溶液，在55℃的水浴中搅拌回流45min，然后将温度升至70℃，加热回流搅拌1.5h。取少量试样，能溶于水，说明反应完全。用乙酸调节反应液的pH至7～8，趁热过滤，弃去滤液。将粗产品转入烧杯中，在50℃水浴中加入95%乙醇100mL，调成浆状，过滤，用15mL 95%乙醇洗涤两次，直至产物不含氯化钠。将产物在80℃水浴中减压蒸馏回收乙醇，得到白色粉末状纯品。

4.14.2.5 注意事项

（1）碱化过程温度不能超过35℃，否则碱纤维会发黄。

（2）调节反应液的pH时，酸不可过量。

4.14.2.6 思考题

（1）用乙醇洗涤产品时，如何检验产物是否含有氯化钠？

（2）回收乙醇时为什么要减压蒸馏？

4.15 Cannizzaro反应的应用

4.15.1 呋喃甲醇和呋喃甲酸的制备

4.15.1.1 实验目的

学习呋喃甲醛在浓碱条件下进行康尼扎罗（Cannizzaro）反应制得相应的醇和酸的原理和方法。

4.15.1.2 实验原理

在浓的强碱作用下，不含α-活泼氢的醛类可以发生分子间自身的氧化还原反应，一分子醛被氧化成酸，而另一分子醛则被还原为醇，此反应称为康尼扎罗（Cannizzaro）反应。反应的实质是羰基的亲核加成。反应涉及羟基负离子对一分子不含α-H的醛的亲核加成，加成物的负氢向另一分子醛的转移和酸碱交换反应，其反应原理表示如下：

$$2\ \text{C}_4\text{H}_3\text{O-CHO} \xrightarrow{\text{NaOH}} \text{C}_4\text{H}_3\text{O-CH}_2\text{OH} + \text{C}_4\text{H}_3\text{O-COONa}$$

$$\text{C}_4\text{H}_3\text{O-COONa} \xrightarrow{\text{H}^+} \text{C}_4\text{H}_3\text{O-COOH}$$

在康尼扎罗反应中，通常使用50％的浓碱，其中碱的物质的量比醛的物质的量多一倍以上，否则反应不完全，未反应的醛与生成的醇混在一起，通过一般蒸馏很难分离。

4.15.1.3　实验用品

仪器：烧杯，玻璃棒，分液漏斗，抽滤装置，蒸馏装置。

药品：呋喃甲醛，固体氢氧化钠，乙醚，无水硫酸镁，浓盐酸。

4.15.1.4　实验步骤

在50mL烧杯中加入3.28mL（3.8g，0.04mol）呋喃甲醛，并用冰水冷却；另取1.6g氢氧化钠溶于2.4mL水中，冷却。在搅拌下滴加氢氧化钠水溶液于呋喃甲醛中。滴加过程必须保持反应混合物温度在8～12℃之间，加完后，保持此温度继续搅拌40min，得黄色浆状物。在搅拌下向反应混合物加入适量水（约5mL），使其恰好完全溶解，得暗红色溶液。将溶液转入分液漏斗中，用3mL乙醚萃取4次，合并乙醚萃取液，用无水硫酸镁干燥后，先在水浴中蒸去乙醚，然后在石棉网上加热蒸馏，收集169～172℃的馏分，产量为1.2～1.4g。呋喃甲醇也可用减压蒸馏，收集88℃/4.666kPa的馏分。纯呋喃甲醇为无色透明液体，沸点为171℃。在乙醚提取后的水溶液中慢慢滴加浓盐酸，搅拌，滴至使刚果红试纸变蓝（约1mL），冷却，结晶，抽滤，产物用少量冷水洗涤，抽干后，收集粗产物，然后用水重结晶，得白色针状呋喃甲酸，产量约为1.5g，熔点为130～132℃。

4.15.1.5　注意事项

（1）反应温度若高于12℃，则反应难以控制，致使反应物变成深红色；若温度过低，则反应过慢，可能积累一些氢氧化钠，一旦发生反应，则过于猛烈，增加副反应，影响产物的产量及纯度。由于氧化还原是在两相间进行的，因此必须充分搅拌。

（2）酸要加够，以保证pH为3左右，使呋喃甲酸充分游离出来，这是影响呋喃甲酸收率的关键。

（3）蒸馏回收乙醚，要注意安全。

4.15.1.6　思考题

（1）乙醚萃取后的水溶液用盐酸酸化，为什么要用刚果红试纸？若不用刚果红试纸，怎样知道酸化是否恰当？

（2）本实验根据什么原理来分离呋喃甲酸和呋喃甲醇？

4.15.2　苯甲醇和苯甲酸的制备

4.15.2.1　实验目的

（1）掌握Cannizzaro反应的机理及苯甲醇和苯甲酸的制备原理。

（2）巩固物质分离、萃取、重结晶、抽滤等基本操作。

4.15.2.2　实验原理

反应式为：

$$2\,C_6H_5CHO \xrightarrow{KOH} C_6H_5CH_2OH + C_6H_5COOK$$
$$C_6H_5COOK \xrightarrow{H^+} C_6H_5COOH$$

4.15.2.3 实验用品

仪器：锥形瓶，分液漏斗，蒸馏装置，抽滤装置。

药品：苯甲醛（新蒸），固体氢氧化钾，乙醚，饱和亚硫酸氢钠溶液，碳酸钠溶液（10%），无水硫酸镁，浓盐酸。

4.15.2.4 实验步骤

在125mL锥形瓶中配制18g氢氧化钾和18mL水的溶液，冷却到室温，加入20mL苯甲醛，塞紧瓶口，用力振摇，最后反应物为白色糊状物，放置过夜。向混合物中慢慢加入足够量的水（60mL左右），并不断振摇，使苯甲酸盐全部溶解。转入到分液漏斗中，用60mL乙醚分三次萃取，合并萃取液，依次用5mL饱和亚硫酸氢钠溶液、10mL 10%碳酸钠溶液及10mL水洗涤，用无水硫酸镁干燥。干燥后的溶液，先水浴蒸馏回收乙醚，再蒸馏收集204～206℃的馏分。苯甲醇的沸点为205.4℃，折射率（n_D^{20}）为1.5396。

乙醚萃取后的水溶液，用浓盐酸酸化至刚果红试纸变蓝。冷却使苯甲酸完全析出，抽滤，粗产物用水进行重结晶，得苯甲酸，其熔点为122.4℃。

4.15.2.5 注意事项

充分振摇是反应成功的关键，如混合充分，放置24h后混合物会固化，苯甲醛气味消失。

4.15.2.6 思考题

（1）本实验中两种产物是根据什么原理进行分离提纯的？

（2）用饱和亚硫酸氢钠溶液和10%碳酸钠溶液洗涤的目的是什么？

4.16 乙酰乙酸乙酯和丙二酸二乙酯合成法的应用

4.16.1 4-苯基-2-丁酮的制备

4.16.1.1 实验目的

（1）学习由乙酰乙酸乙酯制备4-苯基-2-丁酮的原理和方法。

（2）学习无水操作和减压蒸馏。

4.16.1.2 实验原理

反应式为：

$$CH_3COCH_2COOC_2H_5 + C_6H_5CH_2Cl \xrightarrow[C_2H_5ONa]{C_2H_5OH} \underset{\displaystyle |\atop \displaystyle CH_2C_6H_5}{CH_3COCHCOOC_2H_5} \xrightarrow[(2)\,H_3^+O]{(1)\,NaOH} CH_3COCH_2CH_2C_6H_5$$

4.16.1.3 实验用品

仪器：三口烧瓶，温度计，氯化钙干燥管，回流冷凝管，电磁搅拌器，减压蒸馏装置，分液漏斗。

药品：无水乙醇，金属钠，乙酰乙酸乙酯，氯化苄，乙醚，氢氧化钠溶液（10%），盐酸溶液（20%），无水氯化钙。

4.16.1.4 实验步骤

在100mL干燥的三口烧瓶上安装温度计及带有氯化钙干燥管的回流冷凝管，油浴加热，电磁搅拌。往瓶中加入20mL无水乙醇，并分数次加入1g切细的金属钠，加入速度以维持溶液微沸为宜。待钠反应完全后，在搅拌下加入5.5mL乙酰乙酸乙酯，继续搅拌10min。再慢慢滴加5.3mL重新蒸馏过的氯化苄，此时会有大量白色沉淀产生，然后加热使反应物微沸回流至反应物几乎呈中性（约1.5h）。

将装置改为蒸馏装置，水浴蒸馏回收乙醇。冷却后向反应液中加入20mL冰水使析出的盐溶解，用分液漏斗分出有机层。水层用30mL乙醚分两次萃取，合并萃取液和有机层，水浴蒸馏回收乙醚。剩余液体中加入15mL 10%氢氧化钠溶液，边搅拌边加热回流1.5h。再滴加20%盐酸溶液调节溶液的pH为2～3，再加热搅拌至无二氧化碳气泡逸出为止，冷却后用稀氢氧化钠溶液调节至中性，用45mL乙醚分三次萃取，合并萃取液，用水洗涤，用无水氯化钙干燥，水浴蒸馏回收乙醚。剩余物进行减压蒸馏，收集86～88℃/665Pa的馏分。称重，计算产率。

纯4-苯基-2-丁酮为无色透明液体，沸点为233～234℃，折射率（n_D^{20}）为1.5110。

4.16.1.5 注意事项

（1）加入金属钠时速度要快，防止其被氧化。

（2）滴加氯化苄时要慢，防止酸分解时放出二氧化碳而冲料。

4.16.1.6 思考题

（1）为什么乙酰乙酸乙酯的α-H具有酸性？

（2）乙酰乙酸乙酯在稀碱或浓碱存在的条件下，分解产物分别是什么？

4.16.2 正己酸的制备

4.16.2.1 实验目的

（1）了解正己酸的制备原理和方法。

（2）进一步掌握无水操作及多步骤的有机合成操作方法。

4.16.2.2 实验原理

（1）醇钠的制备

$$2CH_3CH_2OH + 2Na \longrightarrow 2CH_3CH_2ONa + H_2\uparrow$$

（2）亲核试剂丙二酸二乙酯钠盐的制备与碳链增长成正丁基丙二酸酯

$$CH_2(COOC_2H_5)_2 + n\text{-}C_4H_9Br \xrightarrow{CH_3CH_2ONa} CH_3(CH_2)_3CH(COOC_2H_5)_2 + NaBr$$

（3）碱式水解成正丁基丙二酸钠盐

$$CH_3(CH_2)_3CH(COOC_2H_5)_2 \xrightarrow{NaOH} CH_3(CH_2)_3CH(COONa)_2 + 2C_2H_5OH$$

（4）酸式水解成正丁基丙二酸

$$CH_3(CH_2)_3CH(COONa)_2 \xrightarrow{HCl} CH_3(CH_2)_3CH(COOH)_2$$

（5）脱羧成正己酸

$$CH_3(CH_2)_3CH(COOH)_2 \xrightarrow{\triangle} CH_3(CH_2)_3CH_2COOH$$

4.16.2.3 实验用品

仪器：三口烧瓶，滴液漏斗，分液漏斗，蒸馏装置，锥形瓶，圆底烧瓶，空气冷凝管。

药品：钠，无水乙醇，丙二酸二乙酯，正溴丁烷，甲苯，固体氢氧化钠，乙醚，浓盐酸，无水硫酸钠，无水硫酸镁。

4.16.2.4 实验步骤

（1）正丁基丙二酸酯的制备　在100mL干燥的三口烧瓶中装入5mL无水乙醇，再加入1.6g除掉氧化膜并切细的金属钠，安装回流滴加装置。再通过滴液漏斗缓慢滴加22mL无水乙醇，保持反应体系微沸状态，可以小火加热回流。待金属钠反应完后，缓慢滴加10mL丙二酸二乙酯，边加边振摇，约10min加完。小火加热并振摇烧瓶5min，可得白色丙二酸二乙酯钠盐的浑浊溶液。往反应瓶中添加几粒沸石，通过滴液漏斗缓缓滴加8mL正溴丁烷，边加边振摇，并小火加热。滴加完后，再加热5min，此时反应体系为牛奶状。待反应液冷却后，将上层有机相先转入分液漏斗，水相加70mL水，振摇使固体溶解后也转入分液漏斗，将酯层分出，水层用10mL甲苯萃取，合并酯层和萃取液，转入干燥的锥形瓶中，用无水硫酸钠干燥，再加热蒸馏回收甲苯，然后换空气冷凝管，收集215～240℃的馏分，即为正丁基丙二酸酯。

（2）正丁基丙二酸酯的水解　在100mL三口烧瓶中加入10mL水和10g NaOH，安装回流滴加装置，加几粒沸石，加热使氢氧化钠溶解，然后通过滴液漏斗缓慢滴加10mL正丁基丙二酸酯，边加边振摇，产生白色的正丁基丙二酸钠盐，可加少量水以便振摇，加热30min使水解完全。水解完后，加35mL水，再加热几分钟，得到正丁基丙二酸钠盐。冷却后用浓盐酸调节pH至2～4，然后转至分液漏斗，用45mL乙醚分三次萃取，合并萃取液，转入干燥的锥形瓶中，用无水硫酸镁干燥。再转入干燥的50mL圆底烧瓶中水浴蒸馏回收乙醚，残液即为正丁基丙二酸，将其迅速转入干燥的50mL圆底烧瓶中，并塞上塞子备用。

（3）正己酸的制备　加几粒沸石到上述装有正丁基丙二酸的50mL圆底烧瓶中，安装蒸馏头和空气冷凝管，使空气冷凝管向上成45°斜置，小火加热约10min，使产生的二氧化碳气体逸出。改成蒸馏装置，收集196～206℃的馏分。

4.16.2.5 注意事项

（1）所用玻璃仪器均需预先干燥。

（2）滴加丙二酸二乙酯和正丁基丙二酸酯时都要不断振摇。

4.16.2.6 思考题

在制备正己酸时，开始为什么要将空气冷凝管向上成45°斜置？

4.17 高分子化合物的制备

4.17.1 脲醛树脂的合成

4.17.1.1 实验目的

学习脲醛树脂合成的原理和方法，从而加深对缩聚反应的理解。

4.17.1.2 实验原理

脲醛树脂是甲醛和尿素在一定条件下经缩合反应而成的。第一步是加成反应，生成各种羟甲基脲的混合物。反应式如下：

$$H_2NCONH_2 + \overset{O}{\overset{\|}{HCH}} \longrightarrow \begin{matrix} HOCH_2NH \\ | \\ C{=}O \\ | \\ NH_2 \end{matrix} \xrightarrow{\overset{O}{\overset{\|}{HCH}}} \begin{matrix} HOCH_2NH \\ | \\ C{=}O \\ | \\ NHCH_2OH \end{matrix}$$

第二步是缩合反应，可以在亚氨基与羟甲基间脱水缩合，也可以在羟甲基与羟甲基间脱水缩合。这样继续缩合，即可得到线型缩聚物。

$$HOCH_2NH-\underset{NH_2}{C}(=O) + HOCH_2NH-\underset{NHCH_2OH}{C}(=O) \longrightarrow HOCH_2N(-\underset{NH_2}{C}{=}O)-CH_2NH-\underset{NHCH_2OH}{C}(=O) \xrightarrow{-CH_2O} NH(-\underset{NH_2}{C}{=}O)-CH_2NH-\underset{NHCH_2OH}{C}(=O)$$

4.17.1.3 实验用品

仪器：三口烧瓶，电动搅拌器，水冷凝管，温度计。

药品：37%甲醛溶液，六亚甲基四胺，浓氨水，尿素，NaOH 溶液（1%），氯化铵。

4.17.1.4 实验步骤

在 250mL 三口烧瓶中，分别装上电动搅拌器、水冷凝管和温度计，并把三口烧瓶置于水浴中。检查装置后，于三口烧瓶内加入 35mL 甲醛溶液（约 37%），开动搅拌器，用六亚甲基四胺（约 1.2g）或浓氨水（约 1.8mL）调至 pH 为 7.5～8，慢慢加入全部尿素（12g）的 95%（约 11.4g）。待尿素全部溶解后（稍热至 20～25℃），缓缓升温至 60℃，保温 15min，然后升温至 97～98℃，加入余下的 5%尿素（约 0.6g），保温反应约 50min，在此期间，pH 为 5.5～6。在保温 40min 时开始检查是否到反应终点，到终点后，移开火源，适当在水浴中加少量冷水，降温至 50℃以下，取出 5mL 黏胶液留作粘接用后，其余的产物用 1%氢氧化钠溶液调至 pH 为 7～8，出料密封于玻璃中。

于 5mL 脲醛树脂中加入适量的氯化铵固化剂，充分搅匀后均匀涂在表面干净的两块平整的小木板条上，然后让其吻合，并于上面加压，过夜，便可粘接牢固。

4.17.1.5 注意事项

（1）混合物的 pH 不要超过 8，否则甲醛会发生歧化反应。

（2）为了保持一定的温度，要慢慢加入尿素，否则尿素溶解吸热会使温度下降过多，影响产品质量。

4.17.1.6 思考题

在加完全部尿素后保温期间，若发现反应液呈果冻状，试分析原因。

4.17.2 乙酸乙烯酯的乳液聚合

4.17.2.1 实验目的

（1）了解乳液聚合的特点、体系组成及各组分的作用。

（2）掌握乙酸乙烯酯的乳液聚合的基本实验操作方法。

（3）根据实验现象对乳液聚合各过程的特点进行对比。

4.17.2.2 实验原理

乳液聚合是指将不溶或微溶于水的单体在强烈的机械搅拌及乳化剂的作用下与水形成乳状液，在水溶性引发剂的引发下进行的聚合反应。聚合反应发生在增溶胶束内形成 M/P（单体/聚合物）乳胶粒，每一个 M/P 乳胶粒仅含一个自由基，因而聚合反应速率主要取决于 M/P 乳胶粒的数目，亦即取决于乳化剂的浓度。乳液聚合能在高聚合速率下获得高分子量的聚合产物，且聚合反应温度通常都较低，特别是使用氧化还原引发体系时，聚合反应可在室温下进行。即使在聚合反应后期，体系黏度通常仍很低，可用于合成黏性大的聚合物，如橡胶等。

乙酸乙烯酯胶乳广泛应用于建筑、纺织、涂料等领域，主要作为胶黏剂、涂料使用，既要具有较好的黏结性，又要求黏度低，固含量高，乳液稳定。乙酸乙烯酯可进行本体聚合、溶液聚合、悬浮聚合和乳液聚合，作为涂料或胶黏剂多采用乳液聚合。乙酸乙烯酯的乳液聚合以聚乙烯醇和 OP-10 为乳化剂，以过硫酸钾为引发剂，进行自由基聚合，经过链的引发、增长、终止等基元反应，生成聚乙酸乙烯酯乳胶粒，最终得到外观是乳白色的乳液。

4.17.2.3 实验用品

仪器：四口烧瓶，电动搅拌器，回流冷凝管，滴液漏斗，温度计，恒温水浴箱。

药品：乙酸乙烯酯，聚乙烯醇（1799），OP-10，过硫酸钾（KPS），碳酸氢钠溶液(10%)。

4.17.2.4 实验步骤

在四口烧瓶上装好电动搅拌器、回流冷凝管、滴液漏斗和温度计，并固定在恒温水浴里。首先加入4.00g聚乙烯醇和70mL蒸馏水，开动搅拌，加热水浴，使温度升至90℃，使聚乙烯醇完全溶解。冷却到68～70℃，依次加入1.5g OP-10、10g乙酸乙烯酯搅拌20min，然后准确称取0.30g过硫酸钾，用10mL蒸馏水溶解于50mL烧杯中，并将一半的溶液倒入四口烧瓶中。30min后，用滴液漏斗加入20g乙酸乙烯酯（控制滴加速度在0.5g/min左右），40min左右加完后，将剩下的过硫酸钾水溶液倒入四口烧瓶中，再称取10g乙酸乙烯酯置于滴液漏斗中进行滴加（滴加速度控制在0.5g/min左右），滴加时注意控制反应温度不变。单体滴加完后，保持温度继续反应到无回流时，逐步将反应温度升到90～95℃，继续反应至无回流时撤去水浴。在反应过程中，要随时测定体系的pH，保证pH在4～6。如果体系的pH值降低了，可以加入10%碳酸氢钠溶液进行调节。

将反应混合物冷却至约50℃，加入10% $NaHCO_3$ 水溶液调节体系的pH值为7～8，经充分搅拌后，冷却至室温，出料，观察乳液外观。

4.17.2.5 注意事项

(1) 制备聚乙烯醇溶液时，若发现有块状物出现，一定要设法取出。

(2) 按要求严格控制单体的滴加速度，如果开始阶段滴加过快，乳液中会出现块状物，使实验失败。

(3) 严格控制反应各阶段的温度。

(4) 反应结束后，料液自然冷却，测固含量时，最好出料后马上称样，以防止静置后乳液沉淀。

4.17.2.6 思考题

(1) 乳化剂主要有哪些类型？乳化剂的浓度对聚合反应速率有何影响？

(2) 为什么要严格控制单体的滴加速度和聚合反应温度？

5 综合性实验

5.1 天然化合物的提取和分离

天然产物（Natural Substances）指的是从天然动植物体内衍生出来的有机化合物。事实上，有机化学本身就是源于天然产物的研究。直到 19 世纪初，人们还一直认为，只有从生命体内才能产生出有机化合物。因此，当时从事有机化学研究的化学家对天然产物都表现出非常浓厚的兴趣。在形形色色的天然产物中，有的可用作染料，有的能用作香料，有的甚至具有神奇的药效，如中药黄连可以治疗痢疾和肠炎，麻黄可以抗哮喘，金鸡纳树皮可医治疟疾，用罂粟制成的鸦片具有镇痛作用等。仅就这些具有各种药理活性的天然产物而言，就足以唤起有机化学家对其探究的热情。为什么这些天然产物具有这样的作用？其结构是怎样的？如何分离和提纯？如何人工合成？这些问题都是有机化学家所关注的焦点。在研究天然产物过程中，首先要解决的是天然产物的提取与纯化。常用的提取和纯化天然产物的方法有溶剂萃取、水蒸气蒸馏、重结晶以及色谱法等。

溶剂萃取法主要依照“相似相溶”的原则，采用适当的溶剂进行提取。通常情况下，油脂、挥发性油等弱极性成分可用石油醚或四氯化碳提取；生物碱、氨基酸等极性较强的成分可用乙醇、甲醇或丙酮提取；对于多糖和蛋白质等成分，则可用稀酸水溶液浸泡提取。用这些方法所得的提取液一般为多组分混合物，因此还需要结合其他方法加以分离和纯化，如色谱法、重结晶或分馏等。

水蒸气蒸馏主要用于那些不溶于水且具有一定挥发性的天然产物的提取，如萜类、酚类及挥发性油类化合物。

除以上方法外，各种色谱法已越来越广泛地用于天然产物的分离和提纯，如纸色谱、柱色谱、气相色谱、高效液相色谱等。

在提取过程中，人们十分关注如何提高提取效率，并保证被提取组分的分子结构不受破坏。新近发展起来的超临界流体萃取技术就能很好地解决这个问题。所谓超临界流体，是物质介于气、液态之间的一种物理状态。例如超临界二氧化碳，在室温下对许多天然产物均具有良好的溶解性，当完成对组分的萃取后，二氧化碳易于除去，从而使被提取物免受高温处理，因此特别适合于处理那些易氧化、不耐热的天然产物。

所得分离纯化后的天然产物即可利用红外光谱、紫外光谱、质谱或核磁共振谱等波谱技术进行分子结构分析。

5.1.1 从黄连中提取黄连素

5.1.1.1 实验目的

(1) 学习从中草药提取生物碱的原理和方法。

(2) 学习蒸馏的操作技术。

(3) 掌握索氏提取器的使用方法，巩固减压过滤操作。

5.1.1.2 实验原理

黄连素（也称小檗碱）属于生物碱，是中草药黄连的主要有效成分（其中含量为4%～10%）。除黄连外，黄柏、白屈菜、伏牛花、三颗针等中草药中也含有黄连素，其中以黄连和黄柏中含量最高。

黄连素有抗菌、消炎、止泻的功效，对急性菌痢、急性肠炎、百日咳、猩红热等各种急性化脓性感染和各种急性外眼炎症都有较好的疗效。

黄连素是黄色针状晶体，微溶于水和乙醇，较易溶于热水和热乙醇，几乎不溶于乙醚，熔点为145℃。黄连素的盐酸盐、氢碘酸盐、硫酸盐、硝酸盐均难溶于冷水，易溶于热水，故可用水对其进行重结晶，从而达到纯化的目的。

黄连素的结构以较稳定的季铵碱为主，其结构式为：

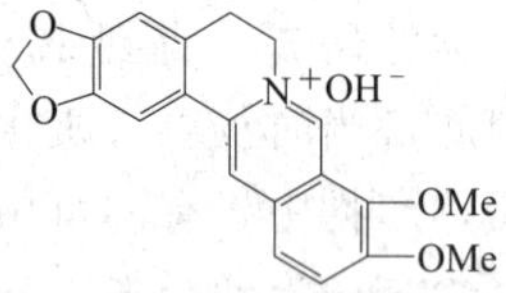

$N^{+}OH^{-}$ OMe OMe

黄连素的季铵碱式

从黄连中提取黄连素，往往采用适当的溶剂（如乙醇、水、硫酸等），在脂肪提取器中连续抽提，然后浓缩，再加酸进行酸化，得到相应的盐。粗产品可以采取重结晶等方法进一步提纯。

黄连素可被硝酸等氧化剂氧化，转变为樱红色的氧化黄连素。在强碱中，黄连素部分转化为醛式黄连素，在此条件下，再加几滴丙酮，即可发生缩合反应，生成丙酮与醛式黄连素缩合产物的黄色沉淀。

5.1.1.3 实验用品

仪器：烧杯（150mL），大烧杯，锥形瓶（50mL），温度计（150℃），电炉，抽滤装置，量筒（100mL），索氏提取器，冷凝管，普通蒸馏装置，水浴装置，托盘天平，电子天平。

药品：黄连粉，乙醇（95%），浓盐酸，醋酸溶液（1%），丙酮，石灰乳。

其他：脱脂棉，方滤纸，圆滤纸，pH试纸，冰块。

5.1.1.4 实验步骤

(1) 提取　在索氏提取器提取瓶中加入两粒沸石，然后将其安装在铁架台上。称取10g已磨细的黄连粉末，装入滤纸筒内，轻轻压实，滤纸筒上口可塞一团脱脂棉，置于提取筒中[1]，将提取筒插入圆底烧瓶瓶口内，从提取筒上口加入95%乙醇至虹吸管顶端，再加15mL(共60～80mL)。装上回流冷凝管，接通冷凝水，加热回流，连续提取1～1.5h，待冷凝液刚刚虹吸下去时，立即停止加热，冷却。

(2) 蒸馏回收乙醇　将仪器改装成蒸馏装置，蒸馏回收大部分乙醇（沸点为78.5℃），直到残留物呈棕红色糖浆状。

(3) 制备黄连素盐酸盐　向残留物中加入1%醋酸溶液30mL，加热溶解，趁热过滤，以除去不溶物，再向溶液中滴加浓盐酸[2]，至溶液浑浊为止（约需10mL），放置冷却（最好用冰水），即有黄色针状体的黄连素盐酸盐析出。抽滤，结晶用冰水洗涤两次，再用丙酮洗涤一次，即得黄连素盐酸盐粗品。

(4) 黄连素的提纯　在黄连素盐酸盐粗品中加入少量热水，再加入石灰乳，调节pH至8.5～9.5，煮沸，使粗产品刚好完全溶解。趁热过滤，滤液自然冷却，即有黄色针状黄连素晶体析出。待晶体完全析出后，抽滤，结晶用冰水洗涤两次，烘干后用电子天平称量，检验。

5.1.1.5　注释

［1］滤纸筒的大小要适当，既要紧靠提取筒器壁，又能取放方便，其高度不得超过提取筒侧管上口；防止滤纸筒中黄连粉末漏出堵塞虹吸管。

［2］滴加浓盐酸前，不溶物要去除干净，否则影响产品的纯度。

5.1.1.6　实验结果及产品检验

品名	性状	产量/g	产率/%

（1）取盐酸黄连素少许，加浓硫酸 2mL，溶解后加几滴浓硝酸，即呈樱红色溶液。

（2）取盐酸黄连素约 50mg，加蒸馏水 5mL，缓缓加热，溶解后加 20%氢氧化钠溶液 2 滴，显橙色。冷却后过滤，滤液加丙酮 4 滴，即发生浑浊，放置后生成黄色的丙酮黄连素沉淀。

5.1.1.7　思考题

（1）制备黄连素盐酸盐加入醋酸的目的是什么？

（2）根据黄连素的性质，还可以用其他方法提取黄连素吗？

（3）为什么用石灰乳调节 pH？可以用其他碱吗？

（4）黄连素为何种生物碱类化合物？

（5）根据黄连素的结构，判断黄连素的紫外光谱有何特征？

5.1.2　从茶叶中提取咖啡因、可可豆碱和茶碱

5.1.2.1　实验目的

（1）了解从天然产物中分离提纯化合物的方法；学习从茶叶中提取咖啡因的基本原理和方法，了解咖啡因的一般性质。

（2）掌握用升华法提纯有机物的操作技术，熟悉萃取、蒸馏等基本操作。

5.1.2.2　实验原理

咖啡因（Caffeine）又名咖啡碱，是一种生物碱，存在于茶叶、咖啡、可可等植物中。茶叶中含有多种生物碱，其中主要成分为咖啡因（占 1%～5%）、少量的可可豆碱（0.05%）和茶碱（极少），此外还有单宁酸（酸性，用生石灰除去）、色素（不升华）、纤维素（不溶于乙醇）和蛋白质（加热变性）等物质。咖啡因、可可豆碱、茶碱的结构如下：

咖啡因（1,3,7-三甲基-2,6-二氧嘌呤）　可可豆碱（3,7-三甲基-2,6-二氧嘌呤）　茶碱（1,3-三甲基-2,6-二氧嘌呤）

咖啡因是弱碱性化合物，可溶于氯仿、丙醇、乙醇和热水，难溶于乙醚和苯（冷）。纯品熔点为 235～236℃。含结晶水的咖啡因为无色针状晶体，在 100℃时失去结晶水，并开始升华，120℃时显著升华，178℃时迅速升华，利用这一性质可纯化咖啡因。

咖啡因是一种温和的兴奋剂，味苦，具有刺激心脏、兴奋中枢神经和利尿等作用。主要用作中枢神经兴奋药，它也是复方阿司匹林等药物的组分之一。

可可豆碱为无色针状晶体，味苦，290℃升华，熔点为 342～343℃，能溶于热水，难溶

于冷水、乙醇，不溶于醚。

茶碱是可可豆碱的同分异构体，为白色微小粉末结晶，味苦，熔点为273℃，易溶于沸水，微溶于冷水、乙醇。

提取咖啡因的方法有碱液提取法和索氏提取器提取法。本实验以乙醇为溶剂，用索氏提取器从茶叶中提取咖啡因，再经浓缩、中和、炒干、升华，得到含结晶水的咖啡因，对可可豆碱和茶碱，在提取液中定性检验其存在。

5.1.2.3 实验用品

仪器：索氏提取器，蒸馏装置，锥形瓶，普通漏斗，蒸发皿，白色点滴板，温度计(300℃)，玻璃棒。

药品：茶叶，乙醇（95%），生石灰，酸性碘-碘化钾试剂。

其他：脱脂棉，方滤纸，圆滤纸，棉花。

5.1.2.4 实验步骤

(1) 抽提　在索氏提取器提取瓶中加入两粒沸石，然后将其安装在铁架台上。称取6g干茶叶，装入滤纸筒内，轻轻压实，滤纸筒上口可塞一团脱脂棉[1]，置于提取筒中，将提取筒插入圆底烧瓶瓶口内，从提取筒上口加入95%乙醇至虹吸管顶端，再加15mL。装上回流冷凝管，接通冷凝水，加热回流，连续提取1～2h，待冷凝液刚刚虹吸下去时，立即停止加热。将仪器改装成蒸馏装置，加热蒸馏回收大部分乙醇，至烧瓶内残留液为8～10mL为止[2]。

(2) 提取液的定性检验　取提取液2滴于干燥的白色点滴板上，喷上酸性碘-碘化钾试剂，可见到有棕色、蓝紫色和红紫色化合物生成。棕色表示有咖啡因存在，蓝紫色表示有可可豆碱存在，红紫色表示有茶碱存在。

(3) 升华法提取咖啡因　将残留液倾入蒸发皿中，烧瓶用少量乙醇洗涤，洗涤液也倒入蒸发皿中，加入2g生石灰粉[3]，搅拌均匀，置于石棉网上，用电热套（或酒精灯）小心加热炒干（温度不得高于100℃，除去全部水分[4]），并及时用玻璃棒压成粉末。冷却后，擦去沾在边上的粉末，以免升华时污染产物。

将一张刺有许多小孔的圆形滤纸盖在蒸发皿上，取一只大小合适的玻璃漏斗罩于其上，漏斗颈部疏松地塞一团棉花。

将蒸发皿移到220℃左右的砂浴上，升华[5]，或将蒸发皿置于石棉网上，用电热套小心加热，慢慢升高温度，使咖啡因升华。咖啡因通过滤纸孔遇到漏斗内壁凝为固体，附着于漏斗内壁和滤纸上。当纸上出现白色针状晶体时，暂停加热，冷至100℃左右，揭开漏斗和滤纸，仔细用小刀把附着于滤纸及漏斗壁上的咖啡因刮入表面皿中。将蒸发皿内的残渣加以搅拌，重新放好滤纸和漏斗，用较高的温度再加热升华一次。此时，温度也不宜太高，否则蒸发皿内大量冒烟，产品既受污染又遭损失。合并两次升华所收集的咖啡因，称量，检验。

5.1.2.5 注释

[1] 滤纸筒的大小要适当，既要紧靠提取筒器壁，又能取放方便，其高度不得超过提取筒侧管上口；防止滤纸筒中的茶叶末漏出堵塞虹吸管。

[2] 停止蒸馏后，要立即移开热源，否则，蒸馏瓶中的液体会很快蒸干。

[3] 生石灰起中和作用，以除去单宁酸等酸性物质。

[4] 如水分未能除尽，将会在下一步加热升华开始时在漏斗内出现水珠。若遇此情况，则用滤纸迅速擦干漏斗内的水珠并继续升华。

[5] 升华操作是实验成败的关键。升华前，蒸发皿的边缘要擦净，以防污染产物；升华过程要注意控制温度，温度太高会使被烘物冒烟炭化，把一些有色物带出来，导致产品不纯和损失。

5.1.2.6 实验结果及产品检验

观察产品性状，测量产品熔点。咖啡因纯品为白色针状晶体，熔点为235～236℃。

品名	性状	产量/g	产率/%

5.1.2.7 思考题

(1) 生石灰的作用是什么?

(2) 为什么必须除尽水分?

(3) 索氏提取器有什么优点?

5.1.3 绿色植物色素的提取与分离

5.1.3.1 实验目的

(1) 通过绿色植物色素的提取和分离，了解天然物质分离提纯的方法。

(2) 通过对柱色谱和薄层色谱操作方法的掌握，加深理解微量有机物色谱分离、鉴定的原理。

5.1.3.2 实验原理

绿色植物的叶、茎（如菠菜）中，含有叶绿素（绿色）、胡萝卜素（橙色）和叶黄素（黄色）等多种天然色素。其中叶绿素存在两种结构相似的形式，即叶绿素 a（$C_{55}H_{72}O_5N_4Mg$）和叶绿素 b（$C_{55}H_{70}O_6N_4Mg$），其差别仅是叶绿素 a 中一个甲基被甲酰基所取代从而形成了叶绿素 b。叶绿素 a 为蓝黑色固体，在乙醇溶液中呈蓝绿色；叶绿素 b 为暗绿色固体，在乙醇溶液中呈黄绿色。叶绿素是吡咯衍生物与金属镁的配合物，是植物进行光合作用所必需的催化剂。植物中叶绿素 a 的含量通常是叶绿素 b 的 3 倍。尽管叶绿素分子中含有一些极性基团，但大的烃基结构使它不溶于水，而易溶于苯、乙醚、石油醚等一些非极性的溶剂。

胡萝卜素（$C_{40}H_{56}$）是一种橙黄色的天然色素，属于四萜类化合物，是具有长链结构的共轭多烯。它有三种异构体，即α-胡萝卜素、β-胡萝卜素和γ-胡萝卜素，三种异构体在结构上的区别只在于分子的末端，其中β-胡萝卜素在植物体中含量最高，也最重要。在生物体内，β-胡萝卜素受酶催化氧化即形成维生素 A。目前β-胡萝卜素已可进行工业生产，可作为维生素 A 使用，也可作为食品工业中的色素。

叶黄素（$C_{40}H_{56}O_2$）是一种黄色色素，是胡萝卜素的羟基衍生物，它在绿叶中的含量通常是胡萝卜素的两倍。与胡萝卜素相比，叶黄素较易溶于醇，而在石油醚中的溶解度较小。秋天，植物的叶绿素被破坏后，叶黄素的颜色才显示出来。

本实验先根据各种植物色素的溶解度情况将胡萝卜素、叶黄素、叶绿素 a 和叶绿素 b 从菠菜叶中提取出来，然后根据各化合物物理性质的不同，用色谱法进行分离和鉴定。

叶绿素 a、叶绿素 b、叶黄素和β-胡萝卜素的结构式如下：

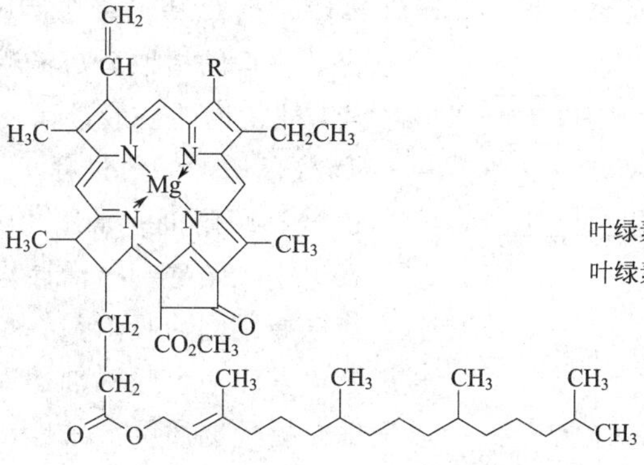

叶绿素a(R=CH_3)

叶绿素b(R=CHO)

β-胡萝卜素(R=H)　　叶黄素(R=OH)

色谱法是分离、提纯和鉴定有机化合物的重要方法。其分离原理是利用混合物中各个成分的物理化学性质的差别，当选择某一个条件使各个成分流过支持剂或吸附剂时，各成分可由于其物理化学性质的不同而得到分离。与经典的分离提纯手段（重结晶、升华、萃取和蒸馏等）相比，色谱法具有微量、快速、简便和高效等优点。按其操作不同，色谱可分为薄层色谱、柱色谱、纸色谱、气相色谱和高效液相色谱等。此处介绍柱色谱和薄层色谱（TLC）。

（1）柱色谱原理　液体样品从柱顶加入，流经吸附柱时，即被吸附在柱中固定相（吸附剂）的上端，然后从柱顶加入流动相（洗脱剂）淋洗，由于固定相对各组分的吸附能力不同，各组分以不同速度沿柱下移，吸附能力弱的组分随洗脱剂首先流出，吸附能力强的组分后流出，分段接收，以此达到分离、提纯的目的。

（2）薄层色谱原理　由于混合物中的各个组分对吸附剂（固定相）的吸附能力不同，当展开剂（流动相）流经吸附剂时，发生无数次吸附和解吸过程，吸附力弱的组分随流动相向前移动速度快，吸附力强的组分滞留在后，由于各组分具有不同的移动速度，最终得以在固定相薄层上分离。其应用主要有：跟踪反应进程、鉴定少量有机混合物的组成、寻找柱色谱的最佳分离条件等。

5.1.3.3　实验用品

仪器：研钵，分液漏斗，布氏漏斗，抽滤瓶，圆底烧瓶，直形冷凝管，展开槽，色谱柱（10cm×1.0cm）等。

药品：新鲜菠菜，硅胶 G，中性氧化铝（150～160 目），饱和食盐水，乙醇，无水硫酸钠，石油醚(60～90℃)，丙酮，丁醇，乙酸乙酯。

5.1.3.4　实验步骤

（1）菠菜色素的提取过程　取约 6g 洗净后的新鲜的菠菜叶，用剪刀剪碎并与 10mL 乙醇拌匀，在研钵中研磨约 5min，然后用布氏漏斗抽滤菠菜汁，弃去滤渣。将菠菜汁放回研钵，用石油醚-乙醇（2∶1，体积比）混合液 20mL 萃取两次，每次 10mL，每次均需加以研磨并抽滤。合并深绿色萃取液，转入分液漏斗，先用 10mL 饱和食盐水洗涤 1 次，再用等体积蒸馏水洗涤两次，洗涤时要轻轻旋荡，以防止产生乳化。弃去水层，以除去乙醇和其他水溶性物质。石油醚层用 2g 无水 Na_2SO_4 进行干燥后，在蒸馏装置中加热浓缩为 2mL，并回收多余的石油醚。取一半做柱色谱分离，其余留作薄层色谱分析。

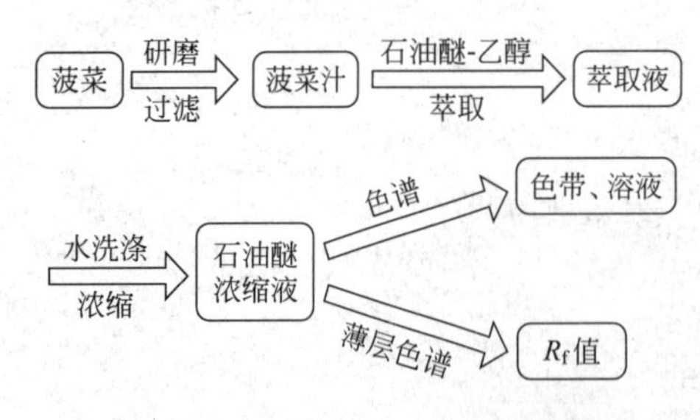

图 5-1　菠菜色素的提取分离流程

菠菜色素的提取分离流程如图 5-1 所示。

（2）柱色谱的一般过程及菠菜色素的分离

① 柱色谱的一般过程

a. 选择吸附剂。常用的吸附剂有氧化铝、硅胶、氧化镁、碳酸钙、活性炭等。

其选择原则为吸附剂必须与被吸附物质和展开剂无化学作用，吸附剂的颗粒大小要适中，可以根据被提纯物质的酸碱性选择合适的吸附剂。

化合物的吸附能力与分子极性的关系：分子极性越强（或分子中所含极性较大的基团），其吸附能力也较强。极性基团的吸附能力排序如下：

$$Cl—, Br—, I— < \rangle C{=}C\langle < —OCH_3 < —CO_2R < \rangle C{=}O < —CHO < —SH < —NH_2 < —OH < —CO_2H$$

b. 选择洗脱剂。根据被分离物各组分的极性和溶解度选择相应极性的溶剂，当单一溶剂无法很好地洗脱时，可考虑选择混合溶剂。

溶剂的洗脱能力按递增次序排列如下：己烷（石油醚）、四氯化碳、甲苯、苯、二氯甲烷、氯仿、乙醚、乙酸乙酯、丙酮、丙醇、乙醇、甲醇、水。

c. 装柱。色谱柱的规格应视处理量而定，柱长与直径之比一般为10∶1～20∶1，固定相用量与分离物质用量比为50∶1～100∶1。装柱的方法分湿法和干法两种，无论哪一种，装柱的过程中都要严格排除空气，吸附剂不能有裂缝。上样前必须使吸附剂在洗脱剂的流动过程中进行沉降至高度不变为止，此为压柱。

d. 上样。将要分离的混合物用适当的溶剂溶解后，用滴管沿柱壁慢慢加入吸附剂表面。

e. 淋洗分离。当被分离物的溶液面降至吸附剂表面时，立即加入洗脱剂进行淋洗，此时可以配合薄层色谱来确定各组分的分离情况。

② 菠菜色素的分离　在色谱柱中，加3cm高的石油醚。另取少量脱脂棉，先在小烧杯中用石油醚浸湿，挤压以驱除气泡，然后放在色谱柱底部，轻轻压紧，塞住底部。将3g中性氧化铝（150～160目）从玻璃漏斗中缓缓加入，小心打开柱下活塞，保持石油醚高度不变，流下的氧化铝在柱子中堆积。必要时用橡皮锤轻轻在色谱柱的周围敲击，使吸附剂装得均匀致密。柱中溶剂面由下端活塞控制，既不能满溢，更不能干涸。装完后，上面再加一片圆形滤纸，打开下端活塞，放出溶剂，直到氧化铝表面溶剂剩下1～2mm高时关上活塞（注意：在任何情况下，氧化铝表面不得露出液面!）。

将上述菠菜色素的浓缩液，用滴管小心地加到色谱柱顶部，加完后，打开下端活塞，让液面下降到柱面以上1mm左右，关闭活塞，加数滴石油醚，打开活塞，使液面下降，经几次反复，使色素全部进入柱体。

待色素全部进入柱体后，在柱顶小心加石油醚-乙醇（9∶1，体积比）洗脱剂，打开活塞，让洗脱剂逐滴放出，色谱分离即开始进行，用锥形瓶收集。当第一个有色成分即将滴出时，取另一锥形瓶收集，得橙黄色溶液，它就是胡萝卜素。

用石油醚-丙酮（7∶3，体积比）作洗脱剂，分出第二个黄色带，它是叶黄素。再用丁醇-乙醇-水（3∶1∶1，体积比）洗脱叶绿素a（蓝绿色）和叶绿素b（黄绿色）。

(3) 薄层色谱（Thin Layer Chromatography，简称TLC）的操作方法及应用

① 薄层色谱的操作方法

a. 薄层板的制备。见2.4.12色谱法。

b. 点样。将样品用低沸点的溶剂配成1%～5%的溶液，用内径小于1mm的毛细管点样。点样前，先用铅笔在薄层板上距一端1cm处轻轻画一横线作为起始线，然后用毛细管吸取样品，在起始线上小心点样，斑点直径不超过2mm；如果需要重复点样，则待前次点样的溶剂挥发后，方可重复点样，两次点样位置应重合，以防止样点过大，造成拖尾、扩散等现象，影响分离效果。若在同一板上点两个样，样点之间距离在1～1.5cm为宜。待样点干燥后，方可进行展开。

c. 展开和展开剂。薄层展开要在密闭的器皿中进行，加入展开剂的高度为0.5cm。把带有样点的板（样点一端向下）放在展开槽中，并与器皿成一定的角度。盖上盖子，当展开剂上升到离板的顶部约1cm处时取出，并立即标出展开剂的前沿位置，待展开剂干燥后，

观察斑点的位置。

d. 显色。若化合物不带色，可用碘熏或喷显色剂后观察；若化合物有荧光，可在紫外灯下观察斑点的位置。

e. R_f 值。一个化合物在薄层板上移动的距离与展开剂前沿至样点的距离的比值，称为该化合物的 R_f 值。

$$R_f=\frac{\text{化合物移动的距离}}{\text{展开剂前沿至样点的距离}}$$

② 薄层色谱的应用　当实验条件严格控制时，每种化合物在选定的固定相和流动相体系中有特定的 R_f 值，把不同化合物的 R_f 值的数据积累起来可供鉴定化合物使用。但是，在实际工作中，R_f 值的重复性较差，因此不能孤立地用比较 R_f 值来进行鉴定。然而，当未知物与已知物在同一薄层板上，用几种不同的展开剂展开时都有相同的 R_f 值时，那么就可以确定未知物与已知物相同。当未知物的鉴定被限定到只是几个已知物中的一个时，利用 TLC 就可以确定，如图 5-2(a) 所示。

TLC 也可用于监测某些化学反应进行的情况，以寻找出该反应的最佳反应时间和达到的最高反应产率。如图 5-2(b) 所示，反应进行一段时间后，将反应混合物、原料和产物的样点分别点在同一块薄层板上，展开后观察反应混合物中的原料斑点体积不断减小和产物斑点体积逐步增加了解反应进行的情况。

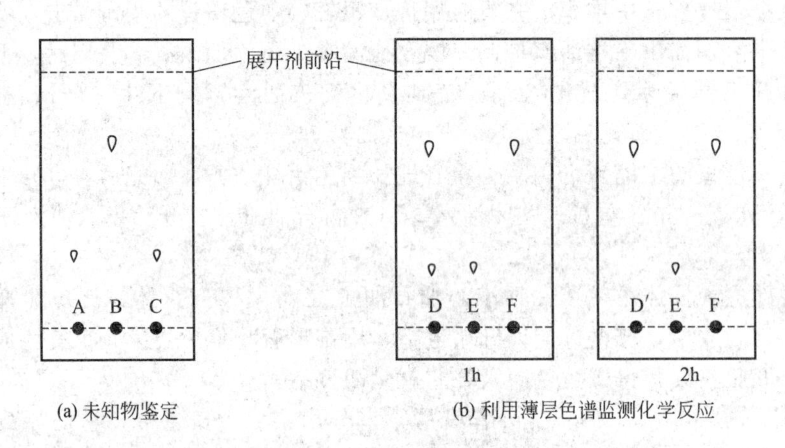

(a) 未知物鉴定　(b) 利用薄层色谱监测化学反应

图 5-2　薄层色谱的应用

A—已知物；B,C—未知物；D，D′—反应混合物；E—原料；F—产物

③ 菠菜色素的分离鉴定　取四块显微载玻片，用硅胶 G 加 0.5% 羧甲基纤维素调制后制板，晾干后，在 110℃活化 1h。

展开剂为：（a）石油醚-丙酮（8∶2，体积比）；（b）石油醚-乙酸乙酯（6∶4，体积比）。

取活化后的薄层板，点样后，小心放入预先加入选定展开剂的展开槽内，盖好瓶盖。待展开剂上升至规定高度时，取出薄层板，在空气中晾干，用铅笔作出标记，并进行测量，分别计算出 R_f 值。

分别用展开剂（a）和（b）展开，比较不同展开剂系统的展开效果。观察斑点在板上的位置并排列出胡萝卜素、叶绿素 a、叶绿素 b 和叶黄素的 R_f 值的大小次序。注意更换展开剂时，需干燥展开槽。

5.1.3.5 实验结果及产品检验

色素 1			色素 2			色素 3			色素 4		
品名	性状	R_f 值	品名	性状	R_f 值	品名	性状	R_f 值	品名	性状	R_f 值

5.1.3.6 注意事项

由于实验时间有限，可只接收全部的胡萝卜素。在接收叶黄素的同时，进行柱上叶绿素的分离，不接收叶绿素，叶黄素也不必全部接收。

5.1.3.7 思考题

(1) 色谱法分离是根据什么原理进行的？

(2) 柱色谱和薄层色谱主要应用在哪些方面？

(3) TLC 分析中常用展开剂的极性大小顺序是怎样的？展开剂的极性对样品的分离有何影响？点样、展开、显色这三个步骤各要注意什么？

(4) 试比较叶绿素、叶黄素和胡萝卜素三种色素的极性。为什么胡萝卜素在色谱柱中移动最快？

5.1.4 青蒿素的系列实验[1]

5.1.4.1 实验目的

(1) 学习青蒿素提取、纯化、鉴定的原理和方法，了解从植物中提取、纯化、鉴定天然产物的全过程。

(2) 学会减压蒸馏、结晶、柱色谱、薄层色谱、熔点测定等基本的有机化学实验操作。

5.1.4.2 实验原理

青蒿素是从菊科植物黄花蒿（*Artemisia annua* L.）分离得到的抗疟有效成分，对疟疾原虫无性体具有迅速的杀灭作用，主要是使疟原虫的膜系结构发生改变。该药首先作用于食物胞膜、表膜、线粒体、内质网，此外对核内染色质也有一定的影响。青蒿素的分子式为 $C_{15}H_{22}O_5$，属倍半萜内酯的过氧化合物，其结构式如下：

青蒿素主要分布于黄花蒿叶中。各地黄花蒿叶中青蒿素的含量差异很大，本法的收率在 0.3%以上[2]。

青蒿素不溶于水，易溶于多种有机溶剂，在石油醚（或溶剂汽油）中有一定的溶解度，且其他成分溶出较少，经浓缩放置即可析出青蒿素粗晶，从而可将大部分杂质除去。

青蒿素的纯化可用稀醇重结晶法或柱色谱法。青蒿素的鉴定和纯度检查采用熔点测定、薄层色谱和红外光谱、质谱等。

5.1.4.3 实验用品

仪器：梨形分液漏斗（250mL），色谱柱（ϕ1.2cm×20cm），色谱筒（ϕ4.5cm×12cm），3cm×10cm 玻片，熔点测定管，温度计，量筒（100mL），吸量管（10mL），滴管，干燥器，锥形瓶（50mL、250mL），圆底烧瓶（150mL），蒸馏头，球形冷凝管（30cm），真空接收管，直形冷凝管，玻璃漏斗，吸滤瓶，减压水泵，恒温水浴。

药品：120# 溶剂汽油，乙酸乙酯（A.R.），石油醚（60～90℃，A.R.），乙醇（A.R.），色谱硅胶（80～100目），硅胶G(薄层色谱用)，青蒿叶。

5.1.4.4 实验步骤[3]

(1) 从青蒿叶中提取青蒿素粗品

① 青蒿素的浸出　称取青蒿叶粗粉40g，装入底部填充脱脂棉的250mL梨形分液漏斗中，加入120# 溶剂汽油120mL，浸泡24h。为了使浸出完全，浸泡过程中可用玻璃棒搅动1～2次。放出溶剂汽油浸泡液于250mL锥形瓶中，加塞密封。继续加溶剂汽油80mL浸泡24h，放出溶剂浸泡液。

② 青蒿素粗晶的析出　溶剂汽油浸泡液分两次装入150mL圆底烧瓶中，于水浴上加热，水泵减压蒸馏回收溶剂汽油，至残留3mL左右，趁热倒入50mL锥形瓶中，用吸管吸取约1mL溶剂汽油洗涤蒸馏瓶1～2次，洗液并入50mL锥形瓶中，加塞，放置24h，使青蒿素粗晶析出。

(2) 青蒿素的纯化

① 青蒿素粗晶的处理　溶剂汽油的浓缩液经放置24h后，青蒿素粗晶基本析出完全，用滴管小心地将母液吸去，再用约1mL溶剂汽油将青蒿素粗晶洗涤1～2次，母液与洗涤液收集于收集瓶中，留取少量（米粒大）供纯度对比检查用，其余部分供柱色谱分离用。

② 青蒿素粗晶的柱色谱分离

a. 色谱柱的制备。取一支洁净、干燥的玻璃色谱柱，从上口装入一小团脱脂棉，用玻璃棒推至柱底铺平。将色谱柱垂直地固定在铁架上，管口放一玻璃漏斗，称取5g 80～100目色谱硅胶，用漏斗将其均匀地装入色谱柱内，用木块轻轻拍打铁架，使硅胶填充均匀、紧密，即得。

b. 配洗脱剂。准确配制乙酸乙酯-溶剂汽油（15∶85，体积比）混合液作为洗脱剂。

c. 样品上柱。青蒿素粗晶用1mL乙酸乙酯溶解，分次吸附在1g 80～100目硅胶上，再用0.5mL乙酸乙酯洗涤瓶子，洗涤液也吸附在硅胶上，拌匀，待乙酸乙酯完全挥发后，将吸附了样品的硅胶加到色谱柱上。

d. 洗脱。用滴管吸取洗脱剂，分次加到色谱柱上进行洗脱，用10mL锥形瓶分段收集，每份收集约5mL，直至青蒿素全部洗下（每份样品约需洗脱剂40mL）。

e. 回收溶剂、结晶。每份收集液用微型减压蒸馏回收溶剂至约1mL，将含青蒿素的组分合并，浓缩至约3mL，放置24h，使结晶析出，抽滤，100℃烘干，即得青蒿素纯品。

(3) 青蒿素的鉴定和纯度检查

① 薄层色谱鉴定

a. 样品：青蒿素标准品的0.5%乙醇溶液、青蒿素纯品的0.5%乙醇溶液、青蒿素粗品的乙醇溶液。

b. 薄层板：硅胶G板（实验前制备好）。

c. 展开剂：乙酸乙酯-石油醚（1∶4，体积比）。

d. 显色剂：碘蒸气。

根据 R_f 值及斑点数目，鉴别青蒿素并判断青蒿素的纯度。

② 熔点测定　青蒿素的熔点为152～153℃（未校正）。

5.1.4.5 注释

[1] 青蒿素系列实验的目的，主要在于通过一系列的常量与微量有机化学实验组合，完成从植物中提取、纯化、鉴定一个纯的天然产物的全过程，因此特别适合于学习了大部分有

机化学基本实验操作的学生。本实验分三次完成，建议学时分别为2、3、2学时。

[2] 黄花蒿为中药青蒿的主要品种，值得注意的是，青蒿素的含量会随着存放时间的延长而逐年下降，因此现买现用较好。

[3] 本实验所用溶剂均系易燃易爆品，因此在实验过程中，严禁明火，同时保持室内有良好通风条件，实验时间安排在气温较低的冬春季较好。

5.1.4.6 实验结果及产品检验

品名	性状	产量/g	产率/%	熔点/℃	R_f 值

5.1.4.7 思考题

(1) 简要写出青蒿素提取、纯化的流程图。

(2) 提取、纯化青蒿素的实验中特别要注意什么？

(3) 整个实验有什么优点？还有哪些方面可以改进？

5.1.5 烟碱的提取

5.1.5.1 实验目的

(1) 学习水蒸气蒸馏法分离提纯有机物的基本原理和操作技术。

(2) 熟悉水蒸气蒸馏的主要仪器，掌握水蒸气蒸馏的装置及其操作方法。

(3) 掌握从烟叶中提取烟碱的原理和方法，了解生物碱的提取方法和一般性质。

5.1.5.2 实验原理

烟碱又名尼古丁，系统命名法的名称为 *N*-甲基-2-(3-吡啶基）四氢吡咯，是由两个杂环构成的生物碱。纯烟碱是一种无色油状液体，沸点为246℃，有苦辣味，易溶于水和乙醇。烟碱的毒性很大，少量对中枢神经有兴奋作用，大量能抑制中枢神经系统，使呼吸停止和心脏麻痹，以致死亡，农业上烟碱可用作杀虫剂。其结构式为：

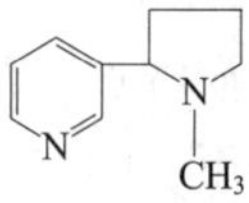

N CH₃

烟碱

烟碱是含氮的碱性物质，常与有机酸结合在一起，很容易与无机酸反应生成烟碱无机酸盐而溶于水，在提取液中加入强碱 NaOH 后可使烟碱游离出来。游离烟碱在100℃左右具有一定的蒸气压（约1333Pa），因此，可用水蒸气蒸馏法分离提取。

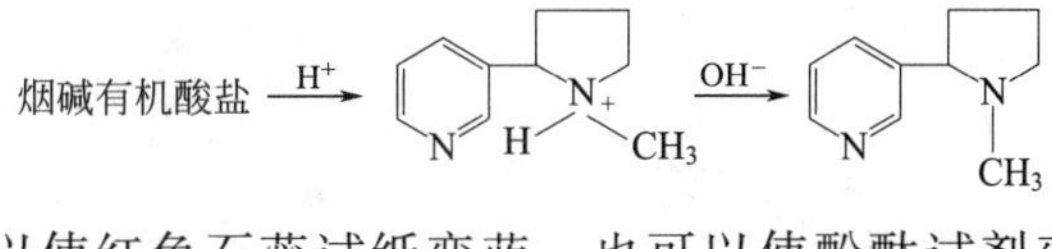

烟碱有机酸盐 $\xrightarrow{H^+}$ （N-质子化烟碱，N^+–H，CH_3）$\xrightarrow{OH^-}$ 烟碱

烟碱具有碱性，可以使红色石蕊试纸变蓝，也可以使酚酞试剂变红。烟碱可被 $KMnO_4$ 溶液氧化生成烟酸，与生物碱试剂作用产生沉淀。

5.1.5.3 实验用品

仪器：水蒸气发生器，圆底烧瓶，直形冷凝管，球形冷凝管，锥形瓶，烧杯，蒸气导出导入管，T形管，螺旋夹，馏出液导出管，玻璃管，电热套，接液管。

药品：浓 H_2SO_4，NaOH 溶液（40%），CH_3COOH 溶液（0.5%），$KMnO_4$ 溶液（0.5%），Na_2CO_3 溶液（5%），酚酞（0.1%），饱和苦味酸，鞣酸，碘化汞钾，碘-碘化钾试剂，烟叶。

其他：石蕊试纸等。

5.1.5.4 实验步骤

(1) 浸提烟叶中的烟碱　向烧瓶中加入 50mL 水，加 1.5mL 浓 H_2SO_4 稀释，再加 2g 左右烟叶，装上球形冷凝管沸腾回流 20min。待瓶中反应混合物冷却后倒入烧杯中，在不断搅拌下慢慢滴加 40% NaOH 溶液至呈明显的碱性（用石蕊试纸检验，pH≥12）。

(2) 水蒸气蒸馏提取烟碱　将烟碱提取液转入烧瓶，安装水蒸气蒸馏装置，然后开始加热蒸馏[1]，当有大量水蒸气产生时再关闭止水夹，开始收集馏出液约 10mL，留作性质实验用。然后继续蒸馏，当馏出液澄清透明不再含有有机物质的油滴时，停止蒸馏。停止蒸馏前应首先打开止水夹，然后移去热源[2]。

5.1.5.5 注释

[1] 蒸馏时，要随时注意安全管中的水柱是否发生急剧上升现象，以及烧瓶中的液体是否发生倒吸现象。一旦发生这种现象，应立刻打开止水夹，移去热源，找出原因，排除故障后，方可继续蒸馏。

[2] 先撤热源会发生倒吸。

5.1.5.6 实验结果及产品检验

烟碱的定性分析：取 6 支试管，每支试管中加入约 1mL 烟碱水溶液，分别做下列性质实验。

(1) 加 1 滴酚酞，观察现象。

(2) 加 1～2 滴 0.5% $KMnO_4$ 溶液，再加入 1 滴硫酸，观察现象。

(3) 沿试管壁加入 5 滴饱和苦味酸，看有无沉淀生成。

(4) 加入 2 滴 I_2-KI 试剂，观察现象。

(5) 加入 3 滴 0.5% CH_3COOH 溶液，再加入 5 滴碘化汞钾试剂，看有无沉淀生成。

(6) 加入 2～3 滴鞣酸，观察现象。

5.1.5.7 思考题

(1) 与普通蒸馏相比，水蒸气蒸馏有何特点？

(2) 水蒸气蒸馏提取烟碱时，为何要用 40% NaOH 溶液中和至呈明显的碱性？

(3) 水蒸气蒸馏用于分离和纯化有机物时，被提纯物质应该具备什么条件？水蒸气发生器的通常盛水量为多少？

(4) 安全管的作用是什么？

(5) 蒸馏瓶所装液体体积应为瓶容积的多少？蒸馏中需停止蒸馏或蒸馏完毕后的操作步骤是什么？

5.1.6 肉桂醛的提取

5.1.6.1 实验目的

(1) 进一步了解和掌握从天然产物中提取有效成分的方法。

(2) 熟练水蒸气蒸馏的操作技术。

(3) 进一步熟悉液-固萃取操作。

5.1.6.2 实验原理

许多植物由于含有香精油，因而具有独特的令人愉快的气味。肉桂树皮就是其中的一种，其所含香精油的主要成分是肉桂醛。肉桂醛的结构式如下：

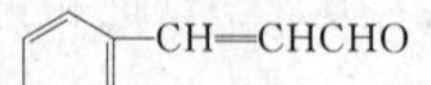

肉桂醛纯品为黄色油状液体，相对密度（d_4^{20}）为 1.049，沸点为 248℃（反-3-苯基丙烯醛，252℃），n_D^{20}=1.618～1.632，微溶于水，易溶于乙醇、二氯甲烷等有机溶剂，在空气中久置易被氧化成肉桂酸。在自然界中，它因存在于肉桂树皮中而得名。肉桂醛主要用作饮料和食品的增香剂，也用于其他的调合香料。从肉桂树皮中提取肉桂醛的方法有水蒸气蒸馏法、压榨法和溶剂萃取法。本实验采用溶剂萃取法和水蒸气蒸馏法两种方法提取肉桂醛。

5.1.6.3 实验用品

仪器：圆底烧瓶（50mL、100mL），液-固萃取装置，离心管（25mL），离心分离机，冷凝管，阿贝折射仪，玻璃漏斗（ϕ=100mm），蒸发皿（ϕ=100mm），35mL 分液漏斗等。

药品：肉桂树皮，二氯甲烷，乙醚，无水硫酸钠，Br_2 的 CCl_4 溶液（1%），2,4-二硝基苯肼试液，托伦试剂，品红醛试剂等。

5.1.6.4 实验步骤

（1）液-固萃取法　在液-固萃取装置中加入 4g 研细的肉桂树皮粉，将 40mL 二氯甲烷放入 100mL 圆底烧瓶中，装好液-固萃取装置，在二氯甲烷沸腾条件下回流 1h，此时产品肉桂醛从肉桂树皮中完全浸出，进入二氯甲烷提取液中。将提取液平均等量转移到 3 支 25mL 离心管中，离心分离，吸取清液并合并置于蒸发皿中，盖上玻璃漏斗，置空气浴上微热，在通风橱中蒸出二氯甲烷，待二氯甲烷剩余约 5mL 时，离开火源，转移至称量瓶，在通风橱中室温晾干，即得黄色油状的肉桂醛产品。称量，计算产率，测折射率。

（2）水蒸气蒸馏法　取 6g 研细的肉桂树皮粉，放入 50mL 圆底烧瓶中，加水 16mL，装上冷凝管，加热回流 10min。冷却后倒入蒸馏瓶中进行水蒸气蒸馏，收集馏出液 8～10mL。将馏出液转移到 35mL 分液漏斗中，用每份 4mL 乙醚萃取两次。弃去水层，乙醚层移入小试管中，加入少量无水硫酸钠干燥，20min 后，倒出萃取液，在通风橱内用水浴加热蒸去乙醚，得肉桂醛。测折射率。

5.1.6.5 实验结果及产品检验

品名	性状	产量/g	产率/%	折射率

肉桂醛的性质实验如下。

（1）取提取液 1 滴于试管中，加入 1 滴 Br_2-CCl_4 溶液，观察红棕色是否褪去。

（2）取提取液 2 滴于试管中，加入 2 滴 2,4-二硝基苯肼试液，观察有无黄色沉淀生成。

（3）取提取液 1 滴于试管中，加入 2～3 滴托伦试剂，水浴加热，观察有无银镜产生。

（4）取提取液 1 滴于试管中，加入 2 滴品红醛试剂，振摇，1min 后，呈现深紫红色，若紫红色不出现，可采用水浴微热 2～3min，紫红色将出现。

5.1.6.6 思考题

概要写出从桂皮中提取肉桂醛的流程。

5.1.7 从花生中提取油脂

5.1.7.1 实验目的

（1）掌握液-固萃取的原理和方法。

（2）掌握用油重法测定油料作物种子的含油量。

（3）掌握空气浴干燥的方法。

5.1.7.2 实验原理

油脂是由高级脂肪酸和甘油所形成的酯。油脂的特点是不溶于水而溶于脂溶性溶剂，如乙醚、石油醚、氯仿、丙酮、苯等，而蛋白质、糖类和无机盐则不溶于这些溶剂，故可借此将油脂和它们分开。将含油脂的样品放在索氏（Soxhlet）提取器中，用脂溶性溶剂反复抽提，即可把油脂浸提出来。由于浸出的物质除油脂外，还含有一部分类似脂肪的物质，如游离脂肪酸、磷酸酯、蜡、色素及脂溶性维生素等，因此称为粗脂肪。提取测定粗脂肪的方法常用的有残余法和油重法等。

残余法适用于谷类、油料大批样品中粗脂肪含量的测定。它是将样品经脂溶性溶剂反复抽提，使全部脂肪除去，再从样品剩余的残渣量计算出粗脂肪的含量。

油重法适用于准确测定油料作物种子的粗脂肪含量。它是国际标准推荐方法，仲裁时以油重法为准。将样品放在索氏提取器中，经乙醚反复抽提使脂肪萃取出来，然后蒸馏除去脂肪中的乙醚，经空气浴干燥后再称取油脂的质量。

花生中含油量为40%～61%，本实验以乙醚作溶剂，用油重法测定花生的含油量。

5.1.7.3 实验用品

仪器：索氏提取器，水浴锅，托盘天平，烘箱，研钵，蒸发皿，玻璃漏斗，蒸馏装置等。

药品：四氯化碳，乙醚，猪油，桐油，溴，10%氢氧化钠溶液等。

其他：花生仁，滤纸。

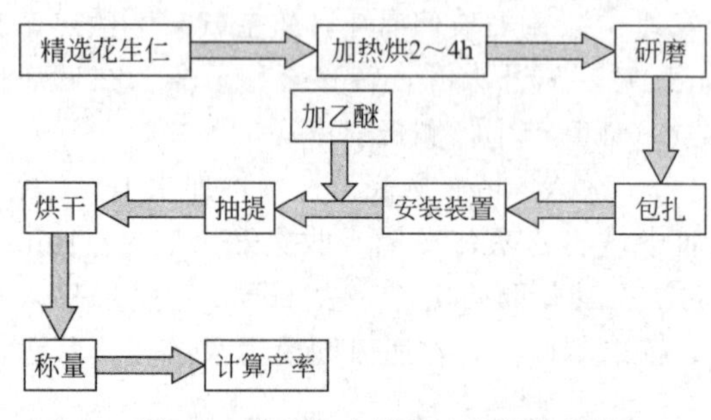

图 5-3 从花生中提取油脂的流程

5.1.7.4 实验步骤

操作工艺流程如图 5-3 所示。

（1）样品的准备　先将被抽提的固体样品（花生仁）在 105～110℃的烘箱内烘 2～4h，冷却后，研成粉末。称取花生粉 14g，装入事先准备好的滤纸筒内。

（2）抽提　在索氏提取器的烧瓶中加入乙醚约达到容积的一半，再把提取器各部分连接好，借助漏斗从冷凝管口加入乙醚至虹吸管高度的 2/3 处，然后放在热水浴中加热（水浴温度为 75～80℃）抽提。在抽提过程中，应保持恒温，以乙醚每 20min 左右虹吸循环一次为度。抽提 2h 后，停止加热（本实验只提取部分油脂，若提取全部油脂需 7～8h）。取下提取器，改为蒸馏装置，回收乙醚。

（3）干燥　将剩下的粗脂肪连同烧瓶放入（105±2)℃的烘箱中烘干 1h，在干燥器中冷却至室温（或采用空气浴干燥至无气泡产生，再冷却至室温）后称量，计算粗脂肪的质量分数。

$$w(\text{粗脂肪})=\frac{\text{粗脂肪的质量}}{\text{试样的质量}}\times 100\%$$

5.1.7.5 注意事项

（1）应选新鲜，无霉变、色变的花生仁作为原料。

（2）由于花生含油量较高，研得过细会呈半固体的酱状，不利于后续操作；但粒径过大，抽提时间就延长。所以需掌握研磨的程度，做到细而“不露油”。

（3）花生粉装入滤纸筒后，还需将黏附于研钵壁的油脂及花生粉用脱脂棉蘸少量乙醚擦拭 2～3 次，并将该脱脂棉放入滤纸筒。

（4）滤纸筒内填充的样品要低于虹吸管顶端，并要压紧。

（5）乙醚要回收。

（6）空气浴干燥时要防止油脂烧焦炭化。

5.1.7.6 实验结果及产品检验

品名	性状	产量/g	w/%

油脂的定性检验如下。

(1) 取试管一支，加入10滴油脂，加水，振荡。由于油脂不溶于水，所以，静置后不久油层即浮在水层上面。

(2) 取试管一支，加入油脂，然后逐滴加入3%溴的四氯化碳溶液10滴，振荡。若溴的红棕色消失，则证明该油脂中含有不饱和脂肪酸。

另取试管两支，分别放入桐油、猪油（需要时先加热熔化）少许，然后分别滴加3%溴的四氯化碳溶液10滴，振荡，观察有何变化，对比说明原因。

(3) 将剩下的油脂转移至蒸发皿中，加入6mL 10%氢氧化钠溶液，将蒸发皿放在石棉网上加热微沸20min（加热时，不断用玻璃棒搅动，以免沸腾时溅出，并不时向混合液中添加蒸馏水，补充蒸发消耗的水分）后，停止加热。按定性检验（1）的方法检验皂化是否完全，若有油珠析出说明皂化不完全，则需继续加热直至无油珠为止。

5.1.7.7 思考题

(1) 索氏提取操作必须注意哪些问题？

(2) 鉴定植物油时，使溴的红棕色消失的是什么反应？

(3) 花生需在105～110℃烘2～4h才能被抽提，否则测定结果会偏高，为什么？

(4) 有何方法可以检验花生中的油脂是否抽提完全？

5.1.8 从西红柿中提取番茄红素和β-胡萝卜素

5.1.8.1 实验目的

(1) 熟悉从天然植物中分离色素的原理和方法。

(2) 掌握柱色谱的操作技能。

5.1.8.2 实验原理

食品的色泽是构成食品感官质量的一个重要因素，保持和赋予食品良好的色泽的方法就是添加色素。色素分人工合成色素和天然色素两大类，一般合成色素都有一定的毒性，因此人们倾向使用天然色素。天然色素从来源上可分为植物色素、动物色素和微生物色素，其中植物色素是常用的色素。

β-胡萝卜素和番茄红素主要存在于绿色、红色、深绿色的蔬菜和黄色、橘色的水果（如胡萝卜、菠菜、生菜、马铃薯、番茄、西兰花、哈密瓜和冬瓜）中。胡萝卜素的分子式为$C_{40}H_{56}$，是具有长链结构的共轭多烯，它有三种异构体，即α-胡萝卜素、β-胡萝卜素和γ-胡萝卜素，其中β-异构体含量最多，结构式如下：

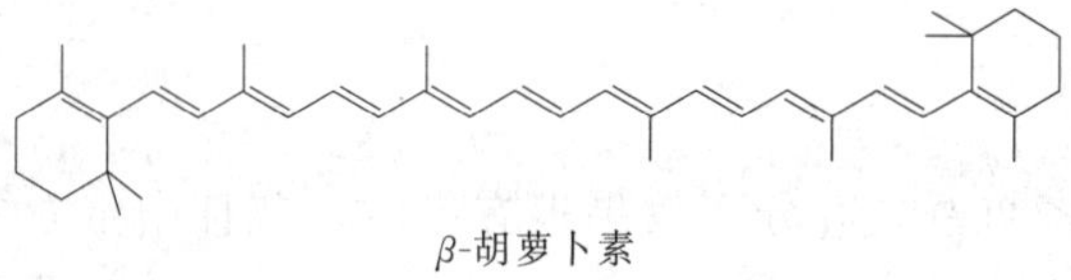

β-胡萝卜素

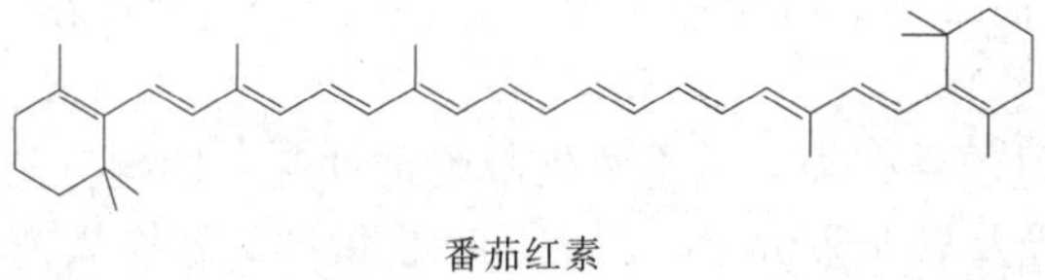

番茄红素

由于β-胡萝卜素在体内可中间断裂形成两分子的维生素A，因此是一种廉价的维生素A

摄入源。通常情况下，把能在体内转变为维生素的物质称为维生素源。胡萝卜素能够治疗因维生素 A 缺乏所引起的各种疾病；此外，胡萝卜素还能够有效清除体内的自由基，预防和修复细胞损伤，抑制 DNA 的氧化，预防癌症的发生。因此，β-胡萝卜素既是天然色素，又是营养强化剂。维生素 A 的结构式如下：

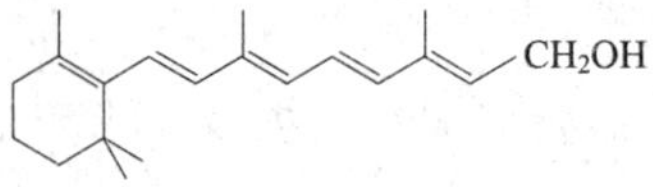

CH_2OH

维生素 A

胡萝卜素属于脂溶性物质。本实验中采用二氯甲烷作为萃取剂，由于二氯甲烷与水不能混溶，因此先用乙醇除去番茄中的水，提取的粗产物用柱色谱分离。

5.1.8.3 实验用品

仪器：圆底烧瓶，球形冷凝管，分液漏斗，接收瓶，滴管，蒸馏装置，色谱柱(10cm×1.0cm) 等。

药品：乙醇（95%），二氯甲烷，苯，氧化铝，环己烷，石油醚（60～90℃），氯仿，氯化钠，无水硫酸钠等。

其他：滤纸，西红柿。

5.1.8.4 实验步骤

（1）样品的准备与处理　先将 10g 新鲜西红柿捣碎，加入到 50mL 圆底烧瓶中，再加入 15mL 95%乙醇，摇匀，装上回流冷凝管，加热回流 10min，趁热倒出上层溶液后，再加入 10mL 二氯甲烷，回流 5min，冷却，将上层溶液倒出后，再加入 10mL 二氯甲烷重新萃取一次。合并乙醇和二氯甲烷萃取液，过滤，将滤液转入分液漏斗中，加入 10mL 饱和氯化钠溶液，振摇，静置分层。将分出的二氯甲烷溶液用 2g 无水硫酸钠干燥 5min 后，转入 50mL 干燥的圆底烧瓶中，蒸馏除去二氯甲烷，备用。

（2）色谱柱的装填　将 10g 氧化铝与 10mL 苯搅拌成糊状，并将其慢慢加入预先加了一定苯的色谱柱中，同时打开活塞，让溶剂以 1 滴/s 的速度流入接收瓶中，不时用洗耳球或外裹有橡胶的玻璃棒轻轻敲打色谱柱，以稳定的速度装柱，使色谱柱装得均匀[1]。装好的柱子不能有裂缝和气泡。装好的柱子上放 0.5cm 厚的石英砂[2]或一小滤纸，并不断用溶剂石油醚洗脱，以使色谱柱流实。然后放掉过剩的溶剂，直到溶剂面刚好到达石英砂或滤纸的顶部，关闭活塞。

（3）洗脱　将粗胡萝卜素溶解在尽量少的苯中，用滴管加入柱顶，打开活塞，让溶剂滴下，待溶剂面刚好到达石英砂或滤纸的顶部时，再用滴管加入几毫升苯，然后用环己烷-石油醚（1∶1，体积比）混合液 30mL 洗脱，黄色的 β-胡萝卜素在柱子中流动较快，红色的番茄红素移动较慢。收集洗脱液至黄色的 β-胡萝卜素[3]在柱子中完全除尽。然后换接收瓶，用氯仿作洗脱剂，洗脱番茄红素[4]。将收集到的两种洗脱液分别蒸馏至干，观察所得产物的性状。

5.1.8.5 注释

[1] 色谱柱填装紧密与否，对分离效果很有影响，若柱中留有气泡或各部分松紧不匀(更不能有断层或暗沟）时，会影响渗滤速度和显色的均匀。但如果填装时过分敲击，又会因太紧密而流速太慢。

[2] 加入石英砂的目的是在加料时不致把吸附剂冲起，影响分离效果。

[3] β-胡萝卜素对光及氧非常敏感，对酸、碱也敏感，重金属离子特别是铁离子也可使其颜色消失。

［4］番茄红素的耐光、耐氧化性也很差，所以实验时要特别注意。

5.1.8.6　思考题

（1）最适宜提取胡萝卜素的试剂有哪些？

（2）能用于提取胡萝卜素的方法有哪些？

（3）色谱柱填装后加石英砂的作用是什么？

5.1.9　果胶的提取

5.1.9.1　实验目的

（1）学习从柑橘皮中提取果胶的方法。

（2）了解果胶质的有关知识。

5.1.9.2　实验原理

果胶是由半乳糖组成的一种天然复合多糖大分子化合物，为蛋黄色粉末状物。它是一种亲水性植物胶，广泛存在于高等植物的根、茎、叶、果的细胞壁中，具有良好的胶凝化和乳化稳定作用，主要用作食品的增稠剂或凝胶剂，在医药工业中也用作肠机能调节剂、止血剂、抗毒剂，还可以代替琼脂用于化妆品生产等。

果胶是一种高分子聚合物，分子量介于5万～30万之间。果胶又分为果胶液、果胶粉和低甲氧基果胶三种，其中以果胶粉的应用最为普遍。随着功能性多糖的开发研究，果胶作为水溶性膳食纤维，其应用会越来越广泛。

果胶主要分布于植物细胞壁之间的中胶层，尤其以果蔬中含量为多。不同的果蔬含果胶的量不同，山楂约为6.6%，柑橘为0.7%～1.5%，南瓜含量较多，为7%～17%。在果蔬中，尤其是在未成熟的水果和果皮中，果胶多数以原果胶存在，原果胶不溶于水，用酸水解，生成可溶性果胶，然后在果胶液中加入乙醇（果胶不溶于乙醇，在提取液中加入乙醇至体积分数为50%时，可使果胶沉淀下来而与其他杂质分离）或多价金属盐类，使果胶沉淀析出，经漂洗、干燥、精制而得到最终产品。从柑橘皮中提取的果胶是高酯化度的果胶，在食品工业中常用来制作果酱、果冻等食品。

果胶是一种具有优良胶凝化和乳化作用的天然产物，无异味，能溶解于20倍水中而成黏稠状液体，在酸性条件下稳定，而在碱性条件下分解。

本实验采用酸提法提取果胶，具有快速、简便、易于控制、提取率较高等特点。但因柑橘皮中钙、镁等离子含量比较高，这些离子对果胶有封闭作用，影响果胶转化为水溶性果胶，同时也因皮中杂质含量高，而影响胶凝度，从而导致提取率较低，果胶质量也较差，故可按照浸提酸液质量加入质量分数为0.3%～0.4%的六偏磷酸钠溶液来解决。

5.1.9.3　实验用品

仪器：恒温水浴，布氏漏斗，抽滤瓶，玻璃棒，表面皿，烧杯，研钵，电子天平，小刀，真空泵。

药品：乙醇（95%），无水乙醇，盐酸溶液（0.2mol/L），氨水（6mol/L），活性炭，六偏磷酸钠。

其他：尼龙布（100目）、精密pH试纸、新鲜柑橘皮。

5.1.9.4　实验步骤

（1）称取新鲜柑橘皮20g(干品为8g)，用清水洗净后，放入250mL烧杯中，加120mL水，加热至90℃保温5～10min，使酶失活。用水冲洗后切成边长为3～5mm大小的块状，用100mL 50℃左右的热水漂洗，直至水为无色，果皮无异味为止。每次漂洗后都要把果皮用尼龙布包好后挤干，再换水进行下一次漂洗。

（2）将处理过的果皮粒放入烧杯中，加入 0.2mol/L 的盐酸，以浸没果皮为度，搅拌均匀，按浸提液质量加入质量分数为 0.3%的六偏磷酸钠溶液，以除去柑橘皮中的钙、镁离子，保证果胶的质量和提取率。用 0.2mol/L 盐酸调节溶液的 pH 至 2.0～2.5 之间。加热至 90℃，在恒温水浴中保温 40min，保温期间要不断搅动，然后趁热用垫有尼龙布的布氏漏斗抽滤，收集滤液。

（3）在滤液中加入质量分数为 0.5%～1%的活性炭，加热至 80℃，脱色 20min，趁热抽滤（若柑橘皮漂洗干净，滤液清澈，则可不脱色）。

（4）滤液冷却后，用 6mol/L 氨水调 pH 至 3～4，在不断搅拌下缓缓加入 95%乙醇，加入乙醇的量为原滤液体积的 1.5 倍（使其中乙醇的质量分数达 50%～60%）。乙醇加入过程中即可看到絮状果胶物质析出，静置 20min 后，用尼龙布过滤，得湿果胶。

（5）将湿果胶转移至 100mL 烧杯中，加入 30mL 无水乙醇洗涤，再用尼龙布过滤、挤压。将脱水的果胶放入表面皿中摊开，在 60～70℃烘干。将烘干的果胶磨碎过筛，制得干果胶。称重，计算产率。

5.1.9.5 实验结果及产品检验

品名	性状	产量/g	产率/%

5.1.9.6 注意事项

（1）脱色中如抽滤困难，可加入 2%～4%的硅藻土作助滤剂。

（2）湿果胶用无水乙醇洗涤，可进行两次。

（3）滤液可用分馏法回收乙醇。

（4）用乙醇沉淀果胶时必须快速冷却滤液，这样可减少因果胶脱脂而受到的破坏，又可减少沉淀剂的用量。应尽量缩短加酸提取到乙醇沉淀之间的时间，因为酸对果胶分子的酯键具有破坏作用，随着作用时间的延长，其破坏性增大，结果会使果胶分子量逐渐变小，导致果胶的胶凝度下降，质量变差。

5.1.9.7 思考题

（1）从柑橘皮中提取果胶时，为什么要加热使酶失活？

（2）沉淀果胶除用乙醇外，还可用什么试剂？

（3）在工业上，可用什么果蔬原料提取果胶？

5.2 蒸馏与分馏的应用

蒸馏和分馏是有机化学实验的重要基本操作，是液体有机化合物的制备及分离提纯的基本过程，是必须熟练掌握的实验。

一定温度下，液面都会从其表面逸出一些溶剂分子在空间形成蒸气，建立如下平衡：

$$\text{液体(l)} \rightleftharpoons \text{蒸气(g)}$$

如果液面上的空间是密闭的，蒸气可达到一个恒定的平衡压力，这个压力称为饱和蒸气压。这种情况下，逸出形成蒸气的溶剂的量将正好等于冷凝成液体的蒸气的量。蒸气压的大小与溶剂的本性和温度有关。温度愈高，分子逸出变成蒸气的倾向愈大，蒸气压将愈高。在敞开的容器中，当蒸气压增加到与大气压刚好相等而不再升高时，液体将沸腾，此时的温度称为沸点。

蒸馏是将液体加热至沸，使其变成蒸气，然后将蒸气再冷凝为液体的操作过程。普通蒸馏的基本原理是：液体在一定的温度下具有一定的蒸气压，在一定的压力下液体的蒸气压与温度有关，将液体加热时，它的蒸气压随温度升高而增大。当一个混合液体受热汽化时，蒸气中低沸点组分的分压比高沸点组分的分压要大，即蒸气中低沸点组分的相对含量比原混合液中的相对含量要高。将此蒸气引出冷凝，就得到低沸点组分含量较高的馏出液，这样就将两种沸点相差较大的液体分离开来。

普通蒸馏仅仅能分离沸点有显著不同（至少30℃以上）的两种或两种以上的混合物。

分馏是利用分馏柱将多次汽化-冷凝过程在一次操作中完成的方法。因此，分馏实际上是多次蒸馏，它更适合于分离提纯沸点相差不大的液体有机混合物。分馏的原理是混合液沸腾后蒸气进入分馏柱中被部分冷凝，冷凝液在下降途中与继续上升的蒸气接触，二者进行热交换，蒸气中高沸点组分被冷凝，低沸点组分仍呈蒸气上升，而冷凝液中低沸点组分受热汽化，高沸点组分仍呈液态下降。结果是上升的蒸气中低沸点组分增多，下降的冷凝液中高沸点组分增多。如此经过多次热交换，就相当于连续多次的普通蒸馏。以致低沸点组分的蒸气不断上升，而被蒸馏出来；高沸点组分则不断流回蒸馏瓶中，从而将它们分离。

由此可见，蒸馏和分馏的基本原理是一样的，都是利用有机物质的沸点不同，在蒸馏过程中低沸点的组分先蒸出，高沸点的组分后蒸出，从而达到分离提纯的目的。不同的是，分馏是借助于分馏柱使一系列的蒸馏不需多次重复，一次得以完成的蒸馏（分馏就是多次蒸馏）；应用范围也不同，蒸馏时混合液体中各组分的沸点要相差30℃以上，才可以进行分离，要彻底分离，沸点要相差110℃以上，而分馏可使沸点相近的互溶液体混合物（沸点甚至仅相差1～2℃）得到分离和纯化。

5.2.1　丙酮和甲苯混合物的分离

5.2.1.1　实验目的

（1）理解蒸馏和分馏的基本原理、应用范围及实际应用。

（2）熟练掌握蒸馏装置的安装和使用方法。

（3）熟悉折射率测定以及绘制工作曲线以确定各馏分的组成的方法。

5.2.1.2　实验原理

（1）蒸馏　将液态物质加热到沸腾变为蒸气，又将蒸气冷凝为液体的联合操作过程。用蒸馏方法分离混合组分时要求被分离组分的沸点差在30℃以上，才能达到有效分离或提纯的目的。蒸馏是分离和提取液态有机物常用的方法之一，也可用来测量液态物质的沸点（常量法）。

（2）分馏　其装置比蒸馏多一个分馏柱。在分馏柱内反复进行汽化⟷冷凝⟷回流过程，相当于多次的简单蒸馏，最终在分馏柱顶部出来的蒸气为高纯度的低沸点组分，这样能把沸点相差较小的混合组分有效地分离或提纯出来。

用图5-4表示蒸馏和分馏的分离效率。能形成共沸混合物的混合物不能用蒸馏或分馏分离的方法进行提纯（见图5-5）。

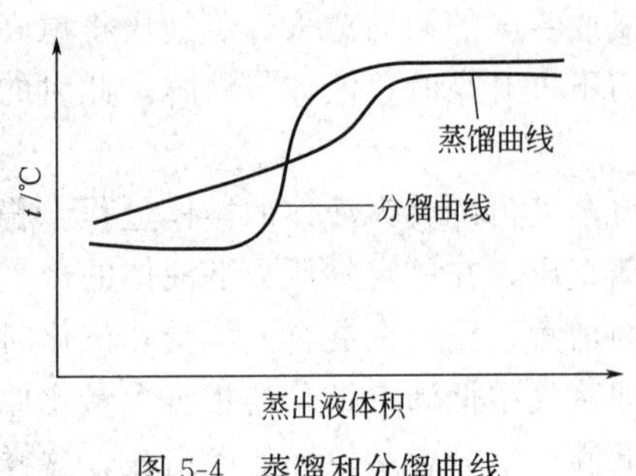

图 5-4 蒸馏和分馏曲线

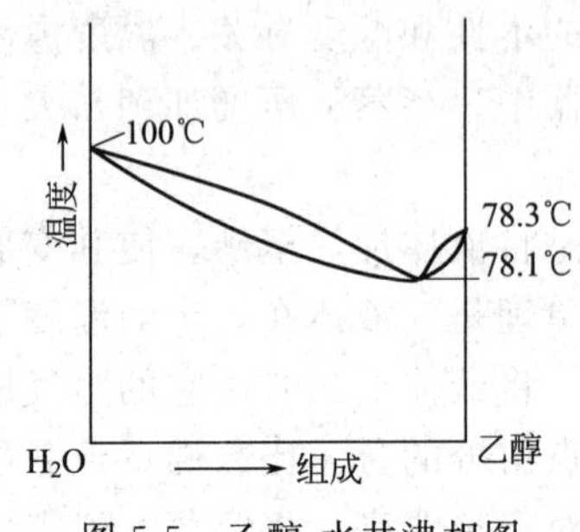

图 5-5 乙醇-水共沸相图

影响分离效率的因素有：

① 分馏柱效率（即理论塔板数） 一块理论塔板相当于一次普通蒸馏的效果。

② 回流比 回流比越大，分馏效率越好（即馏出液速度太快时分离效果差）。

③ 分馏柱的保温。

5.2.1.3 实验用品

仪器：电热套，圆底烧瓶（100mL），蒸馏头，温度计，冷凝管，锥形瓶（100mL），分馏柱，接引管，量筒（10mL、50mL）。

药品：丙酮与甲苯 1∶1 的混合液。

5.2.1.4 实验装置

实验装置如图 5-6 所示。

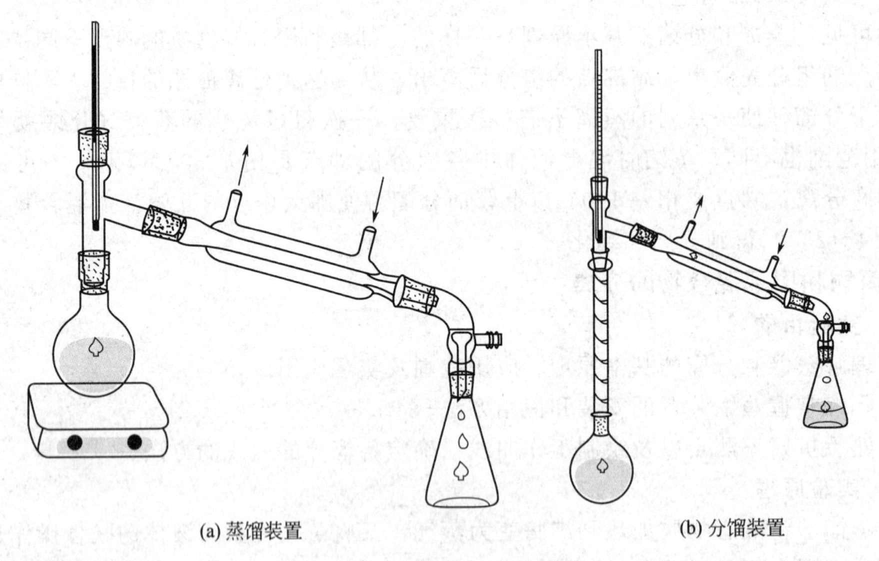

图 5-6 蒸馏和分馏装置

5.2.1.5 实验步骤

（1） [30mL 丙酮与甲苯 1∶1 的混合液、2～3 粒沸石] →装好蒸馏装置→ 以 1～2 滴/s 的速度进行蒸馏→每馏出 1mL 记录一次温度，分别收集<62℃、63～105℃、>105℃ 3 个温度段的馏分→剩余液为 0.5～1mL 时，停止加热。

（2） [30mL 丙酮与甲苯 1∶1 的混合液、2～3 粒沸石] → 装好分馏装置→ 以 1 滴/(2～3)s 的速度进行分馏→

每馏出 1mL 记录一次温度，分别收集＜62℃、63～105℃、＞105℃ 3 个温度段的馏分→剩余液为 0.5～1mL 时，停止加热。

蒸馏装置及安装如图 5-6(a) 所示，仪器安装顺序为：自下而上，从左到右。卸仪器与其顺序相反。温度计水银球上限应和蒸馏头侧管的下限在同一水平线上。冷凝水应从下口进，上口出。

简单分馏操作和蒸馏大致相同，将分馏柱装上即可，如图 5-6(b) 所示。

5.2.1.6　注意事项

(1) 圆底烧瓶的选用与被蒸液体量的多少有关，通常装入液体的体积应为蒸馏瓶容积的 1/3～2/3，液体量过多或过少都不宜。

(2) 冷凝管可分为水冷凝管和空气冷凝管两类。水冷凝管用于被蒸液体沸点低于 140℃的情形；空气冷凝管用于被蒸液体沸点高于 140℃的情形。

(3) 蒸馏及分馏效果的好坏与操作条件有直接关系，其中最主要的是控制馏出液的流出速度，蒸馏以 1～2 滴/s 为宜，分馏以 1 滴/(2～3)s 为宜，不能太快，否则达不到分离要求。

(4) 必须尽量减少分馏柱的热量损失和波动，必要时柱的外围可用石棉包住，这样可以减少柱内热量的散发，使加热均匀，分馏操作平稳地进行。

(5) 如果维持原来的加热程度，不再有馏出液蒸出，温度突然下降时，就应停止蒸馏，即使杂质量很少也不能蒸干，特别是蒸馏低沸点液体时更要注意不能蒸干，否则易发生意外事故。蒸馏完毕，先停止加热，后停止通冷却水。拆卸仪器，其程序和安装时相反。

5.2.1.7　实验结果及产品检验

(1) 按如下要求处理数据。

① 以馏出温度为纵坐标，馏出体积为横坐标，在同一张坐标纸上绘制蒸馏和分馏曲线。

② 填写表格并计算。

分离方法	项目	＜62℃	63～105℃	＞105℃	残留量	损失	总计
蒸馏	体积/mL						30
	体积分数/%						100
分馏	体积/mL						30
	体积分数/%						100

(2) 用测折射率的方法分析由两种分离方法得到的＜62℃、63～105℃、＞105℃ 3 个温度段馏分的组成。其方法为先配一系列含丙酮为 x% 的丙酮-甲苯混合物，然后测每一混合物的折射率 n_x，在坐标纸上作 n_x-x%曲线，又称为工作曲线。将测得的 6 个馏分的折射率与工作曲线对比，则得到 6 个馏分的组成。

5.2.1.8　思考题

(1) 用分离曲线（折射仪的分析数据）比较两种分离方法的分离效果。

(2) 分离中，3 个温度段馏分的主要组分各是什么？从分离残留量、损失量（或收率）比较两种分离方法的特点。

(3) 蒸馏时加入沸石的作用是什么？如果蒸馏前忘记加沸石，能否立即将沸石加至将近沸腾的液体中？当重新蒸馏时，用过的沸石能否继续使用？

(4) 在分离两种沸点相近的液体时，为什么装有填料的分馏柱比不装填料的效率高？

(5) 什么叫共沸物？为什么不能用分馏法分离共沸混合物？

5.2.2 工业乙醇的蒸馏与分馏

5.2.2.1 实验目的

(1) 学习蒸馏及分馏的原理、仪器装置及操作技术。

(2) 学习鉴定有机化合物纯度的方法——沸点及折射率的测定。

5.2.2.2 实验原理

根据乙醇和水的沸点差异，可以用蒸馏或分馏的方法对其进行分离和提纯，从而得到较高浓度的乙醇产品。但蒸馏和分馏的效果不同，且由于乙醇和水可以形成共沸物，因此通过蒸馏或分馏的方法不能得到无水乙醇（蒸馏和分馏原理见 5.2.1.2)。

5.2.2.3 实验用品

仪器：量筒，圆底烧瓶，蒸馏头，直形冷凝管，接液管，锥形瓶，温度计，韦氏分馏柱，阿贝折射仪，密度计，电热套。

药品：工业乙醇（60%），沸石。

5.2.2.4 实验步骤

(1) 取 70mL 工业乙醇样品倒入测定密度用的量筒中，小心放入比重计，待其稳定后(勿使其靠在筒壁上)，读出其相对密度 d_1。记录待蒸馏样品中乙醇的质量分数。

(2) 分别向 2 个 100mL 圆底烧瓶中加入 60mL 60%工业乙醇，加入 2～3 粒沸石，以防止暴沸。然后分别按普通蒸馏和分馏装置（见图 5-6）安装好仪器，通入冷凝水。

(3) 用电热套加热，注意观察蒸馏烧瓶中蒸气上升的情况及温度计读数的变化。当瓶内液体开始沸腾时，蒸气逐渐上升，当蒸气包围温度计水银球时，温度计读数急剧上升。蒸气进入冷凝管被冷凝为液体滴入接收瓶，记录从蒸馏头指管滴下第一滴馏出液时的温度 t_1。然后调节热源温度，控制蒸馏速度为每秒 1～2 滴为宜，保持温度计水银球上挂有液滴，每馏出 1mL 记录一次温度。当温度计读数恒定时，换一个干燥的锥形瓶作接收器，收集馏出液，并记录这一温度 t_2。当温度再上升 1℃(t_3) 时，即停止蒸馏或分馏。t_2～t_3 为较高浓度乙醇产品的沸程。

(4) 停止蒸馏或分馏时，先移去热源，待体系稍冷却后关闭冷凝水，自后向前拆卸装置。

5.2.2.5 实验结果及产品检验

(1) 按如下要求处理数据。

① 以馏出温度为纵坐标，馏出体积为横坐标，在同一张坐标纸上绘制蒸馏和分馏曲线。

② 填写表格并计算。

分离方法	项目	t_1～t_2	t_2～t_3	$>t_3$	损失	总计
蒸馏	馏出温度/℃					
	体积/mL					60
	体积分数/%					100
分馏	馏出温度/℃					
	体积/mL					60
	体积分数/%					100

(2) 取 3～4 滴由两种分离方法得到的较高浓度乙醇产品馏出液，测定并记录折射率(n)。

注：95%乙醇的沸点为78.15℃；无水乙醇的沸点为78.5℃，折射率为1.3611(20℃)。

(3) 将其余由两种分离方法得到的较高浓度乙醇产品馏出液分别倒入测定密度用的量筒中，小心放入比重计，待其稳定后（勿使其靠在筒壁上），读出其相对密度 d_2，查表5-1，记录由两种分离方法得到的较高浓度乙醇产品馏出液中乙醇的质量分数。

表5-1 乙醇的相对密度与质量分数

相对密度	质量分数/%	相对密度	质量分数/%
0.93402	49.6	0.8225	73
0.93463	49.9	0.8799	74
0.9344	50	0.8773	75
0.9325	51	0.8747	76
0.9305	52	0.8721	77
0.9285	53	0.8694	78
0.9264	54	0.8667	79
0.9244	55	0.8639	80
0.9222	56	0.8611	81
0.9201	57	0.8583	82
0.9180	58	0.8554	83
0.9158	59	0.8552	84
0.9136	60	0.8496	85
0.9113	61	0.8465	86
0.9101	62	0.8435	87
0.9086	63	0.8400	88
0.9044	64	0.8372	89
0.9021	65	0.8339	90
0.8997	66	0.8306	91
0.8974	67	0.8276	92
0.8949	68	0.8236	93
0.8925	69	0.8199	94
0.8990	70	0.8161	95
0.8875	71	0.8121	96
0.8850	72	0.8079	97

5.2.2.6 思考题

(1) 根据实验数据比较两种分离方法的分离效果。

(2) 在蒸馏过程中，为什么要控制蒸馏速度为1～2滴/s？蒸馏速度过快对实验结果有何影响？

(3) 什么叫共沸物？为什么不能用分馏法得到无水乙醇？无水乙醇用什么方法可以得到（查资料回答）？

5.3 昆虫信息素及植物生长调节剂的制备

昆虫信息素（Pheromone）是昆虫自身释放出的作为种内或种间个体传递信息（如聚集、觅食、交配、警戒等）的微量行为调控物质，是昆虫交流的化学分子语言。结构不同的信息素有不同的作用，如十一烷是蟑螂的集合信息素；2-甲基十七烷是雌虎蛾的性信息素；由成年工蜂的颈腺分泌出来的2-庚酮是蜜蜂的警戒信息素，同时，也是臭蚁属蚁亚科小黄蚁的警戒信息素。当小黄蚁嗅到2-庚酮时，就会迅速改变行走路线而四处逃窜。2-庚酮微量存在于丁香油、肉桂油、椰子油中，具有强烈的水果香气，可用作香精。

植物生长调节剂（Plant Growth Regulators）是一类与植物激素具有相似生理和生物学效应的物质。对目标植物而言，植物生长调节剂是外源的非营养性化学物质，通常可在植物体内传导至作用部位，以很低的浓度就能促进或抑制其生命过程的某些环节，使之向符合人类的需要发展。每种植物生长调节剂都有其特定的用途，而且应用技术要求相当严格，只有在特定的施用条件（包括外界因素）下才能对目标植物产生特定的功效。

5.3.1 2-庚酮的制备

5.3.1.1 实验目的

（1）学习和掌握乙酰乙酸乙酯在合成中的应用原理。

（2）学习乙酰乙酸乙酯的钠代、烃基取代、碱性水解和酸化脱羧的原理及实验操作。

（3）进一步熟练掌握蒸馏、减压蒸馏、萃取的基本操作。

（4）了解生物信息素的作用及应用。

5.3.1.2 实验原理

2-庚酮的合成是由乙醇钠和乙酰乙酸乙酯反应，形成乙酰乙酸乙酯的 α-碳负离子，后者与 1-溴丁烷进行 S_N2 反应生成正丁基乙酰乙酸乙酯，经氢氧化钠水解，再进行酸化脱羧后，用二氯甲烷萃取，蒸馏纯化，得到最终产物 2-庚酮。反应式如下：

$$CH_3COCH_2COOC_2H_5 \xrightarrow[C_2H_5ONa]{C_2H_5OH} [CH_3COCHCOOC_2H_5]^- Na^+ \xrightarrow{CH_3(CH_2)_3Br} \underset{\displaystyle CH_2(CH_2)_2CH_3}{CH_3CO\underset{|}{C}HCOOC_2H_5}$$

$$\xrightarrow[(2)H_3^+O,\triangle]{(1)H_2O,NaOH} CH_3CO(CH_2)_4CH_3$$

5.3.1.3 实验用品

仪器：磁力搅拌器，冷凝管，滴液漏斗，三口烧瓶（100mL、250mL），分液漏斗，抽滤瓶，锥形瓶。

药品：乙酰乙酸乙酯，无水乙醇，金属钠，1-溴丁烷，浓盐酸，氢氧化钠溶液（5%），硫酸溶液（50%），二氯甲烷，氯化钙溶液（40%），无水硫酸镁，固体碘化钾。

其他：石蕊试纸。

5.3.1.4 实验步骤

（1）正丁基乙酰乙酸乙酯的制备　在装有搅拌器、冷凝管和滴液漏斗的干燥 100mL 三口烧瓶[1]中，放入 7.5mL 绝对无水乙醇[2]，在冷凝管上方装干燥管，将 0.4g 金属钠碎片分批加入[3]，以维持反应不间断进行为宜，保持反应液呈微沸状态，待金属钠全部作用完后，加入 0.2g 碘化钾粉末，开动搅拌器，室温下滴加 1.95g(1.9mL) 乙酰乙酸乙酯，加完后继续搅拌，回流 10min。然后慢慢滴加 2.3g(1.9mL) 正溴丁烷，约 15min 加完，使反应液徐徐回流 3～4h，直至反应完成为止[4]。此时，反应液呈橘红色，并有白色沉淀析出。

将反应物冷却至室温，过滤，用 5mL 绝对无水乙醇分两次洗涤溴化钠晶体，弃去溴化钠晶体。用简单蒸馏除去过量乙醇，然后冷却至室温，加入稀盐酸（12.5mL 水加 0.15mL 浓盐酸），将反应物转移至分液漏斗中，分去水层。再用 10mL 水洗涤有机层，分去水层后，用 1g 无水硫酸镁干燥 5min。滤除干燥剂，减压蒸馏，收集 107～112℃/17kPa(13mmHg) 的馏分，产量约为 1.5g。

（2）2-庚酮的制备　在 250mL 三口烧瓶中加入 12.5mL 5%氢氧化钠溶液和步骤（1）制备的 1.5g 正丁基乙酰乙酸乙酯，装上冷凝管和磁力搅拌装置，室温下剧烈搅拌 3.5h。然后在电磁搅拌下慢慢滴加 2.3mL 50%硫酸溶液，此时，有二氧化碳气泡放出。当二氧化碳气泡不再逸出时，将混合物进行蒸馏，使产物和水一起蒸出，直至无油状物蒸出为止（蒸馏温度达100℃即可），得约6.5mL馏出液。在馏出液中溶解颗粒状氢氧化钠，直至红色石蕊试纸刚呈碱性为止。用分液漏斗分出下面水层，得到酮层。将水层放回分液漏斗，用3mL二氯甲烷萃取水层两次，萃取液在水浴上蒸除二氯甲烷，得到残留的2-庚酮。合并酮溶液，用2mL 40%氯化钙溶液洗涤两次，再用1g无水硫酸镁干燥5min，蒸馏，收集135～142℃/81.3kPa(150mmHg)或145～152℃的馏分，即2-庚酮。产品为无色透明液体，产量约为0.5g，实验需10～12h。

5.3.1.5 注释

[1] 所用仪器必须干燥，实验过程中严防水汽进入系统。

[2] 需用99.5%以上的无水乙醇。

[3] 金属钠遇水爆炸、燃烧，易与空气中的水、氧气反应。切金属钠最好在惰性溶剂中，或用钠丝机压入惰性溶剂中进行。

[4] 为了测定反应是否完成，可取1滴反应液点在湿润的红色石蕊试纸上，如果仍呈红色，说明反应已经完成。

5.3.1.6 实验结果及产品检验

品名	性状	产量/g	收率/%

5.3.1.7 思考题

(1) 实验室若只有95%乙醇，如何获得绝对无水乙醇？

(2) 本实验所用的乙酰乙酸乙酯、1-溴丁烷等试剂为什么必须是干燥过的？如何干燥这些试剂？

(3) 在合成2-庚酮的实验中，怎样减少和避免二烷基丙酮的生成？

5.3.2 苯氧乙酸及对氯苯氧乙酸的制备

5.3.2.1 实验目的

(1) 了解亲核取代和亲电取代反应的原理，了解Williamson醚的合成法，了解并掌握芳卤的制备原理和方法。掌握苯氧乙酸及对氯苯氧乙酸的合成方法。

(2) 初步了解并掌握微波在有机合成中的应用。

(3) 练习搅拌器的安装和使用，进一步掌握滴液漏斗的使用方法。

5.3.2.2 实验原理

苯氧乙酸可由苯酚钠和氯乙酸通过Williamson合成法制备。它氯化后可得到对氯苯氧乙酸和2,4-二氯苯氧乙酸（简称2,4-D）。前者又称防落素，可以减少农作物落花落果；后者又名除莠剂，可选择性地除掉杂草；二者都是植物生长调节剂。

本实验首先用苯酚和氯乙酸在氢氧化钠溶液中进行微波加热，发生亲核取代Williamson反应，生成苯氧乙酸钠，然后酸化得苯氧乙酸；再将苯氧乙酸和浓盐酸加过氧化氢在酸性介质中发生苯环氯化（亲电取代反应）来制备对氯苯氧乙酸。

苯氧乙酸的制备反应式：

$$C_6H_5OH + ClCH_2COOH \xrightarrow[\text{微波}]{NaOH} C_6H_5OCH_2COONa \xrightarrow[pH=2\sim3]{HCl} C_6H_5OCH_2COOH$$

对氯苯氧乙酸的制备反应式：

$$C_6H_5OCH_2COOH + HCl + H_2O_2 \xrightarrow[\triangle]{FeCl_3} p\text{-}ClC_6H_4OCH_2COOH$$

$$2HCl + H_2O_2 \longrightarrow Cl_2\uparrow + 2H_2O$$

5.3.2.3　实验用品

仪器：电动搅拌器，微波反应器，三口烧瓶（100mL），球形冷凝管，滴液漏斗，抽滤瓶，布氏漏斗，电热套，烧杯，表面皿，熔点测定仪，红外分光光度计。

药品：苯酚，氯乙酸，浓盐酸，氢氧化钠，冰醋酸（33%）。

其他：pH 试纸，滤纸等。

5.3.2.4　实验步骤

（1）苯氧乙酸的制备（微波辐射法）

① 往 50mL 烧杯中加入 2.4mL 苯酚、2.6g 氢氧化钠，用 7mL 水溶解。

② 冷却，加入 3.0g 氯乙酸，溶解后，放置于大烧杯中，盖上表面皿，放入微波炉腔内[1]。

③ 在中火（637W）下辐射 65～70s。

④ 稍冷，加入 50mL 水溶解。用浓盐酸中和至 pH=2～3[2]。抽滤，用冰水洗涤，晾干，称重，计算产率，测定熔点。纯苯氧乙酸的熔点为 98～99℃。

（2）对氯苯氧乙酸的制备

① 在装有搅拌器、回流冷凝管和滴液漏斗的 100mL 三口烧瓶中加入 3g 自制的苯氧乙酸、10mL 冰醋酸，滴液漏斗中加入 3mL 过氧化氢。开动搅拌器[3]，用水浴加热。当水浴温度升至 55℃时，加入 10mL 浓盐酸和约 20mg(约绿豆大）的 $FeCl_3$[4]。

② 控制水浴温度为 60～70℃，20min 内慢慢滴加过氧化氢，滴完后再搅拌反应 20min，可观察到白色沉淀生成[5]。

③ 升温至固体溶解，趁热转移至烧杯中，冷却，结晶，抽滤，用适量水洗涤，晾干，称重，计算产率，测定熔点。纯对氯苯氧乙酸的熔点为 158～159℃。

5.3.2.5　注释

[1] 氯乙酸和苯酚腐蚀性强，取用要小心。

[2] 酸化在通风橱中进行。盐酸不可过量太多，否则会生成盐而溶解。

[3] 搅拌棒要安装垂直，确定搅拌器可正常旋转后，才能进行反应。

[4] $FeCl_3$ 不可加多，否则影响产品的颜色。

[5] 若无沉淀产生，可能是反应温度太高或氯气挥发。可降低温度再加入适量的浓盐酸或过氧化氢。

5.3.2.6　实验结果及产品检验

品　名	熔点/℃	产量/g	收率/%
苯氧乙酸			
对氯苯氧乙酸			

分别测定 2 种产品的红外光谱，并对其特征吸收峰进行比较解析。

5.3.2.7　思考题

（1）从亲核取代反应、亲电取代反应和产品分离纯化的要求等方面说明本实验中各步反应调节 pH 值的目的和作用。

(2) 以苯氧乙酸为原料，如何制备对溴苯氧乙酸？为何不能用本法制备对碘苯氧乙酸？

5.4 元素有机化合物的合成

元素有机化合物（Elemento-Organic Compound）是除氢、氧、氮和卤素以外的元素与碳直接结合成键的有机化合物，包括金属与碳成键的化合物、类金属（如硼、硅、砷等）与碳成键的化合物、有机磷化合物和有机氟化合物。前二者又统称为金属有机化合物。许多元素有机化合物在研究实验和工农业应用方面有重要的意义。例如，有机镁试剂［RMgX(R 代表烃基，X 代表卤素)］是实验室常用的格氏试剂；三甲基硼［$(CH_3)_3B$］是高能燃料；三乙基铝［$(C_2H_5)_3Al$］是烯烃低压聚合催化剂的组分；四乙基铅是抗震剂；氯化乙基汞（C_2H_5HgCl）和乙酸苯汞（$C_6H_5HgOCOCH_3$）是种子杀菌剂；敌百虫［$(CH_3O)_2P(O)CH(OH)CCl_3$］是农业杀虫剂；聚四氟乙烯是耐高温、耐腐蚀塑料等。许多元素有机化合物在有机合成中非常有用，如硼氢化试剂、维悌希试剂、锆氢化试剂、锡氢化试剂和有机铜试剂等。习惯上还把某些含硅、磷等不直接同碳结合的有机化合物也列于元素有机化合物中，例如正硅酸乙酯［$(C_2H_5O)_4Si$］。随着有机化学与无机化学日益相互渗透，金属有机化学作为一个新兴的研究领域已得到迅速发展。目前金属有机化合物在有机合成中的应用愈来愈广泛。

5.4.1 正丁基锂的制备

5.4.1.1 实验目的

(1) 掌握催化剂正丁基锂的制备原理和合成方法。

(2) 熟悉催化剂的分析方法。

5.4.1.2 实验原理

有机锂化合物是重要的有机合成试剂，也是二烯烃聚合的催化剂。正丁基锂是在醚、烃类等溶剂中，由氯（或溴）代丁烷与金属锂反应得到的。通常采用过量锂，反应后过滤出未反应的锂渣和氯化锂，不分离溶剂，直接使用。反应式如下：

$$CH_3CH_2CH_2CH_2Br + 2Li \xrightarrow{\text{石油醚}} CH_3CH_2CH_2CH_2Li + LiBr$$

烷基锂如 C_4H_9Li，其 C—Li 键是共价键，除甲基锂外，其余的烷基锂均溶于烃类。纯烷基锂的蒸气压很低，如丁基锂在室温下是液体，80℃时的蒸气压约为 1.33Pa（10^{-2}mmHg）。烷基锂在纯态或烃类中以缔合状态存在，缔合体和单聚体之间存在如下平衡：

$$(RLi)_n \underset{}{\overset{K_1}{\rightleftharpoons}} nRLi \quad (K_1 \text{ 为缔合平衡常数})$$

烷基锂多数情况下形成六聚体或四聚体，也可能以二聚体存在。正丁基锂在苯和环己烷中是以六聚体存在，仲丁基锂和叔丁基锂则为四聚体。丁基锂的浓度很低时（约为 10^{-4} mol/L）几乎不缔合。丁基锂在极性溶剂［如四氢呋喃（THF）］中缔合现象完全消失，反应活性增加。聚苯乙烯基锂在苯及环己烷中都是二聚体，而在醚类溶剂中却以单分子存在。加入路易斯碱也能破坏缔合，增加温度也可以降低缔合程度，所以有机锂的缔合度依赖于其本身 R 基团的结构、溶剂及浓度等因素。

5.4.1.3 实验用品

仪器：电动搅拌器，三口烧瓶（250mL），液封搅拌套管，恒压滴液漏斗，低温温度计，回流冷凝管，丁字管，羊角瓶，锥形瓶等。

药品：高纯氮，1-溴丁烷，金属锂，甲基叔丁基醚，苄氯，干冰，丙酮等。

其他：玻璃纤维。

5.4.1.4 实验步骤

用高纯氮清扫反应装置[1]，安装低温温度计，并在冷凝管上口接一丁字管，在反应过程中使氮缓缓流过丁字管，防止空气侵入，以保证反应装置无氧。向 250mL 三口烧瓶中加入 50mL 甲基叔丁基醚[2]和 2.6g 锂丝[3]。用干冰-丙酮混合物将反应瓶冷至－10℃，在搅拌下将 50mL 甲基叔丁基醚和 16.2mL 1-溴丁烷[4]的混合物在 30min 内滴入反应烧瓶中。当反应液浑浊，金属锂丝上出现闪亮的斑点时反应即开始，然后去掉冷浴。室温下继续搅拌 3h。将反应混合物通过一根装有玻璃纤维的玻璃管滤入一个羊角瓶中，并将羊角瓶熔封保存。正丁基锂的收率为 90%左右。

5.4.1.5 注释

[1] 反应装置的所有仪器必须是干燥的。高纯氮的纯度为 99.9999%。

[2] 甲基叔丁基醚经无水硫酸镁干燥，蒸馏。

[3] 用甲基叔丁基醚擦去市售锂带上的石蜡，砸成薄薄锂片，在氮气流下剪成锂丝加入反应液。

[4] 1-溴丁烷的处理方法与甲基叔丁基醚相同。

5.4.1.6 实验结果及检测

品名	c/(mol/L)	产量/g	收率/%

正丁基锂的检测分析采用双滴定法，即取两份同量的正丁基锂溶液，一份用水水解，用标准盐酸溶液滴定，测得总碱量；另一份先和苄氯反应，然后用水水解，再用标准盐酸滴定。从两份滴定值之差求得其浓度。分析步骤如下：

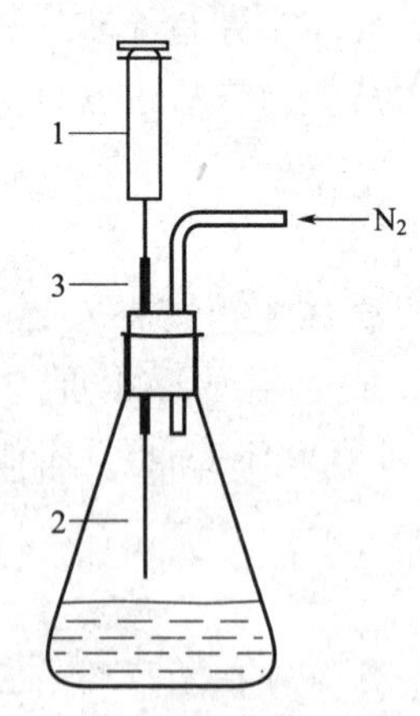

图 5-7 正丁基锂分析装置

1—注射器；2—长针头；3—短玻璃管

取两个 150mL 锥形瓶，各加入 20mL 蒸馏水，然后用 1mL 注射器各抽取 1mL 正丁基锂溶液注射到锥形瓶内，摇动，加入 2～3 滴酚酞指示剂，用标准盐酸溶液滴定，得 V_1。

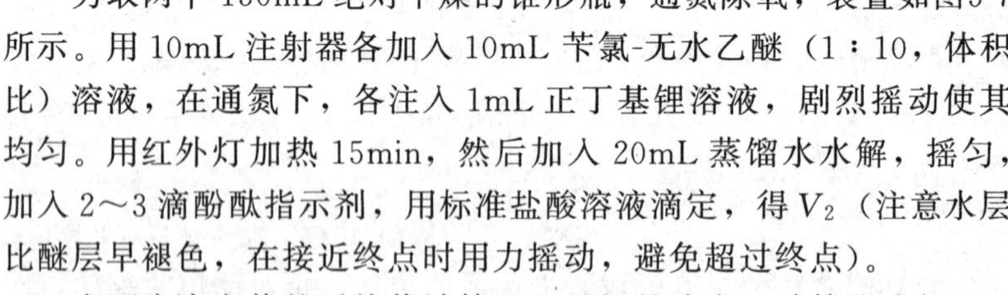

另取两个 150mL 绝对干燥的锥形瓶，通氮除氧，装置如图5-7所示。用 10mL 注射器各加入 10mL 苄氯-无水乙醚（1∶10，体积比）溶液，在通氮下，各注入 1mL 正丁基锂溶液，剧烈摇动使其均匀。用红外灯加热 15min，然后加入 20mL 蒸馏水水解，摇匀，加入 2～3 滴酚酞指示剂，用标准盐酸溶液滴定，得 V_2（注意水层比醚层早褪色，在接近终点时用力摇动，避免超过终点）。

由两次滴定值的平均值计算正丁基锂的浓度，计算公式如下：

$$c=\frac{(V_1-V_2)c(\mathrm{HCl})}{V}$$

式中，V_1 为第一次滴定消耗标准盐酸溶液的体积，mL；V_2 为第二次滴定消耗标准盐酸溶液的体积，mL；c(HCl) 为标准盐酸溶液的浓度，mol/L；c 为正丁基锂的浓度，mol/L；V 为正丁基锂的取样量，mL。

5.4.1.7 注意事项

(1) 所用仪器必须洁净并绝对干燥。

(2) 金属锂遇水易燃、易爆，处理时必须加倍小心。

（3）实验前必须先熟悉抽真空通氮系统，避免在实验过程中发生意外。

（4）分析正丁基锂浓度时用苄氯-无水乙醚溶液，这些试剂一定要绝对干燥。买来的无水乙醚不能直接使用，要用钠丝回流或放置数天干燥后才能用；苄氯用分子筛干燥，然后以苄氯 1 份与无水乙醚 10 份（体积比）配制备用。如果这些试剂没有绝对干燥，则影响正丁基锂浓度的准确性。

5.4.1.8 思考题

（1）为什么在反应前要用高纯氮清扫反应装置？

（2）干冰是一种什么物质？为什么用干冰-丙酮混合物可将反应瓶冷至－10℃？

（3）分子筛干燥的原理是什么？

5.4.2 二环戊基二甲氧基硅的合成

5.4.2.1 实验目的

（1）掌握硅烷化试剂二环戊基二甲氧基硅的合成原理和合成方法。

（2）学会用红外光谱法表征其结构。

5.4.2.2 实验原理

烷基甲氧基硅烷是第四代 Ziegler-Natta 催化体系重要的外给电子体，主要用于聚丙烯（PP）的合成中，不仅可提高催化剂的活性和立体选择性，还可改善 PP 的综合性能。在有机合成中，烷基甲氧基硅烷也是重要的硅烷化试剂。其合成反应原理如下：

$$\text{C}_5\text{H}_9\text{—Cl} + \text{Mg} \xrightarrow{I_2,\ \text{MTBE}} \text{C}_5\text{H}_9\text{—MgCl} \qquad (1)$$

$$\text{C}_5\text{H}_9\text{—MgCl} + \text{Si(OCH}_3)_4 \xrightarrow{\text{MTBE}} \text{C}_5\text{H}_9\text{—Si(OCH}_3)_3 + \text{CH}_3\text{OMgCl} \qquad (2)$$

$$\text{C}_5\text{H}_9\text{—Si(OCH}_3)_3 + \text{C}_5\text{H}_9\text{—MgCl} \xrightarrow{\text{MTBE}} (\text{C}_5\text{H}_9)_2\text{Si(OCH}_3)_2 + \text{CH}_3\text{OMgCl} \qquad (3)$$

$$\text{C}_5\text{H}_9\text{—MgCl} + \text{CH}_3\text{OH} \longrightarrow \text{C}_5\text{H}_{10} + \text{CH}_3\text{OMgCl} \qquad (4)$$

其中，式(2)、式(3) 为主反应，式 (4) 为 Grignard 试剂终止反应。

5.4.2.3 实验用品

仪器：电动搅拌器，三口烧瓶（100mL），石蜡油液封管，恒压滴液漏斗，温度计，回流冷凝管，丁字管，蒸馏装置。

药品：高纯氮，四甲氧基硅烷，镁屑，氯代环戊烷，甲基叔丁基醚（MTBE），碘，甲醇。

5.4.2.4 实验步骤

安装回流滴加搅拌反应装置[1]，在回流冷凝管上口接一丁字管，丁字管另一端接高纯氮气，第三端接石蜡油液封管。用氮气置换出反应装置中的空气，然后在 100mL 三口烧瓶中加入 2.4g 镁屑、5mL 甲基叔丁基醚、几粒碘和约 1mL 氯代环戊烷。搅拌下加热，使烧瓶内液体微微沸腾，然后将 6.1mL 四甲氧基硅烷、9.5mL 氯代环戊烷及 15mL 甲基叔丁基醚的混合物在 60～80min 滴入回流的反应物中[2]。反应液为灰色，继续搅拌回流反应 5h。加入约 0.6mL 甲醇，再搅拌 5min 左右，冷却，过滤。用甲基叔丁基醚两次打浆洗涤，每次 40mL，过滤，合并滤液，常压蒸馏回收甲基叔丁基醚后，得粗产物约 8.5g。减压蒸馏，收集 114 ～116℃/665Pa(5mmHg) 的馏分，产量约为 7.8g。用红外光谱表征结构。

5.4.2.5 注释

[1] 最好使用机械搅拌。

[2] 所用液体试剂四甲氧基硅烷、氯代环戊烷、甲基叔丁基醚等最好先干燥处理。

5.4.2.6 实验结果及表征

品名	性状	产量/g	产率/%

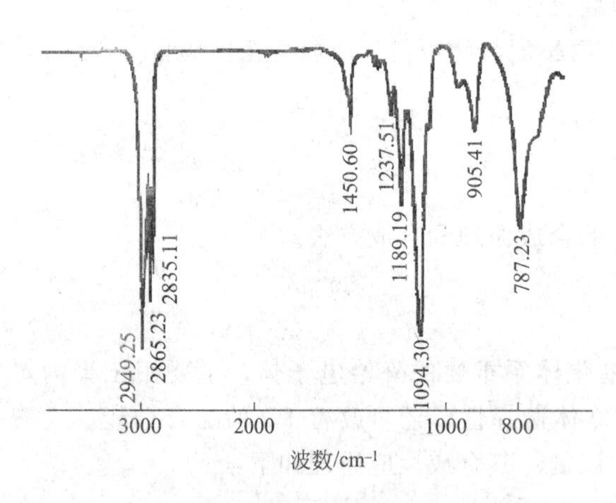

图 5-8 二环戊基二甲氧基硅的红外光谱图

蒸馏后产品的 IR 谱图如图 5-8 所示。2949.25cm^{-1}、2865.23cm^{-1} 和 2835.11cm^{-1} 处的吸收峰分别对应于—CH_2—、>CH—OCH_3 的碳氢伸缩振动吸收；1450.60cm^{-1}处的吸收峰是环戊基中—CH_2—的弯曲振动吸收；1189.19cm^{-1}处的吸收峰则是C—O的伸缩振动吸收；1094.30cm^{-1}处的吸收峰是 Si—O 的伸缩振动吸收；905.41cm^{-1}处的吸收峰是环戊基骨架的摇摆振动吸收；787.23cm^{-1}处的吸收峰则是 Si—C 的伸缩振动吸收。

5.4.2.7 思考题

(1) 为什么在氮气保护下制备二环戊基二甲氧基硅？

(2) 碘在这个反应中起什么作用？

(3) 什么叫打浆洗涤？

5.5 有机化合物的分离、提纯与鉴定

有机化学反应的特点之一是副反应多，转化率也不能达到100%，有些反应还需要催化剂和溶剂等。因此制备有机化合物，若要得到纯的产物，就要进行分离、提纯和鉴定。分离常指从混合物中把几种物质逐一分开；提纯（又称精制、纯化）通常是指把杂质从混合物中去掉；鉴定是指确定分离出来的纯化合物是什么。

分离、提纯有机化合物的方法很多，大体上可分为物理方法（如蒸馏、分馏、结晶、升华、色谱、干燥等）和化学方法（如酸、碱萃取等）两大类。化学方法的基本要求是方法简单易行，消耗少，所得到的物质易复原。在实际分离、提纯多种物质混合物的过程中，往往是多种物理分离方法和化学分离方法交叉使用。

在进行分离、提纯操作之前，需要弄清楚混合物中可能有哪些有机化合物，其相对含量各为多少。再查出它们的物理性质（如沸点、熔点等）和化学性质（如酸性、碱性等），然后确定如何分离。

分离得到纯的有机化合物后，还要进行鉴定，确定分离出的各有机化合物是否正确。

在进行分离的过程中，要考虑各有机化合物的回收率。回收率与操作有关，与分离过程中加入的各种试剂的量有关，也与分离规模有关，分离规模越小，回收率越低。

5.5.1　某有机混合物的分离、提纯与鉴定

5.5.1.1　实验目的

掌握有机混合物的萃取、重结晶、分馏、鉴定等操作方法。

5.5.1.2　实验原理

萃取是利用同一种物质在两种互不相溶的溶剂中具有不同溶解度的性质，将其从一种溶剂转移到另一种溶剂，从而达到分离或提纯目的的一种方法。

重结晶操作是利用不同物质在溶剂中于不同温度下的溶解度差异，经热过滤将溶解性差的杂质滤除，或者让溶解性好的杂质在冷却结晶过程中仍保留在母液中，从而达到分离纯化的目的。

分馏可以分离沸点比较接近的混合物。当混合物受热沸腾时，其蒸气首先进入分馏柱。由于柱内外存在温差，柱内蒸气中高沸点组分受柱外空气的冷却而被冷凝，并流回至烧瓶，从而导致继续上升的蒸气中低沸点组分的含量相对增加，这一个过程可以看作是一次简单的蒸馏。当高沸点冷凝液在回流途中遇到新蒸上来的蒸气时，两者之间发生热交换，上升的蒸气中，同样是高沸点组分被冷凝，低沸点组分继续上升，这又可以看作是一次简单蒸馏。蒸气就这样在分馏柱内反复地进行着汽化、冷凝和回流的过程，或者说，重复地进行着多次简单蒸馏。只要分馏柱的效率足够高，从分馏柱上端蒸出的蒸气组分就能接近低沸点单组分的纯度，而高沸点组分仍回流到蒸馏烧瓶中。需要指出的是，由于共沸混合物具有恒定的沸点，与蒸馏一样，分馏操作也不可用来分离共沸混合物。

5.5.1.3　实验用品

仪器：分液漏斗（100mL），布氏漏斗，锥形瓶（100mL），烧杯（100mL），圆底烧瓶（50mL），分馏柱，温度计，回流冷凝管。

药品：苯甲醚（23.6g，23.7mL）、2,2,4-三甲基戊烷（16.1g，16.7mL）、苯甲酸（2.3g）、苦味酸（10mg）组成的混合物，碳酸钠溶液（10%），浓盐酸，氯化钙。

5.5.1.4　实验步骤

在100mL分液漏斗中加入50mL上述混合物[1]，用10%碳酸钠溶液萃取两次，每次用25mL碳酸钠溶液[2]。水相集中到100mL烧杯中，用浓盐酸酸化，使溶液的pH=1，苯甲酸沉淀。在布氏漏斗中抽滤，并用少许冷水洗涤沉淀。把沉淀再转移到50mL烧瓶中，加入适量水[3]煮沸使固体溶解，冷却析出无色晶体苯甲酸，抽滤，晾干，称重。测定其熔点，计算回收率。

留在分液漏斗中的有机相用等体积的水洗涤两次，有机相转移到100mL锥形瓶中，加入少许块状无水氯化钙干燥，上清液转移到干燥的50mL圆底烧瓶中，加入几粒沸石，安装分馏装置。加热分馏，收集小于105℃的馏分A和大于105℃的馏分B。

A馏分重新分馏，收集小于95℃的馏分和95～105℃的主馏分2,2,4-三甲基戊烷。将蒸馏烧瓶冷却，再将B馏分加入其中，与瓶中残留的大于105℃的馏分混合，补加沸石，继续分馏，收集小于155℃的馏分，再收集155～160℃的苯甲醚馏分。称量2,2,4-三甲基戊烷和苯甲醚，计算回收率，用气相色谱分析两者的纯度[4]。

5.5.1.5　注释

[1] 可用甲苯、2,4-二硝基苯酚或邻（或对）硝基苯酚分别代替2,2,4-三甲基戊烷和苦味酸，其量不变，组成混合物。

[2] 取少许萃取后的有机相于试管中，加入1滴浓盐酸，振摇，有苯甲酸沉淀出来，说明苯甲酸未完全被萃取，需要进行第三次萃取。

[3] 苯甲酸在 100g 水中的溶解度数据为：4℃，0.18g；18℃，0.27g；75℃，2.2g。

[4] 可用 OV-225 色谱柱在 80℃分析。

5.5.1.6 实验结果及分析

组分	理论量/g	实验结果		
		回收量/g	回收率/%	纯度/%
苯甲酸	2.3			
2,2,4-三甲基戊烷	16.1			
苯甲醚	23.6			

测定苯甲酸的熔点；用气相色谱分析 2,2,4-三甲基戊烷和苯甲醚的纯度。

5.5.1.7 思考题

(1) 在实验前需要查阅混合物各组分的哪些物理常数？画出分离实验流程图。

(2) 为什么没有分离得到苦味酸这个组分？它在哪一步操作中除去了？

(3) 各种组分的回收率没有达到 100%，试分析各组分在哪步操作中损失了。

5.5.2 从淡奶粉中分离、鉴定酪蛋白和乳糖

5.5.2.1 实验目的

(1) 掌握分离蛋白质和糖的原理和操作方法。

(2) 掌握蛋白质的定性鉴定方法。

(3) 了解乳糖的一些性质。

5.5.2.2 实验原理

牛奶的主要成分是水、蛋白质、脂肪、糖和矿物质，其中，蛋白质主要是酪蛋白，而糖主要是乳糖。

蛋白质在等电点时溶解度最小，当把牛奶的 pH 值调到 4.8 时（酪蛋白的等电点），酪蛋白便沉淀出来。酪蛋白不溶于乙醇和乙醚，可用乙醇和乙醚来洗去其中的脂肪。

乳糖不溶于乙醇，在滤去酪蛋白的清液中加入乙醇时，乳糖会结晶出来。

5.5.2.3 实验用品

仪器：抽滤瓶，布氏漏斗，烧杯（150mL），具塞锥形瓶（25mL），试管，电炉，量筒（100mL）等。

药品：淡奶粉，乙酸（10%），碳酸钙，活性炭，乙醇（95%），乙醚，NaOH 溶液（10%），$CuSO_4$ 溶液（1%），浓硝酸，费林（Fehling）试剂 A 和 B，托伦（Tollen）试剂。

其他：精密 pH 试纸。

5.5.2.4 实验步骤

(1) 酪蛋白与乳糖的提取　取 4g 淡奶粉与 80mL 40℃温水于 150mL 烧杯中调配均匀，以 10%乙酸调节 pH=4.7（用精密 pH 试纸测试），静置冷却，抽滤。

滤饼用 6mL 水洗涤，滤液合并到前一滤液中。滤饼依次用 6mL 95%乙醇、6mL 乙醚洗涤，滤液弃去。滤饼即为酪蛋白，晾干称重。

在水溶液中加入 2.5g 碳酸钙粉，搅拌均匀后加热至沸，过滤除去沉淀，在滤液中加入 1～2 粒沸石，加热浓缩至 8mL 左右。加入 10mL 95%乙醇（注意离开火焰）和少量活性炭，搅拌均匀后在水浴上加热至沸腾。趁热过滤，滤液必须澄清，转入 25mL 锥形瓶中加塞放置过夜，乳糖结晶析出，抽滤，用 95%乙醇洗涤产品，晾干称重。

(2) 酪蛋白的性质

① 缩二脲反应　取10mL酪蛋白溶液，加入10% NaOH溶液2mL后，滴入1% $CuSO_4$溶液1mL。振荡试管，观察现象（溶液呈蓝紫色）。

② 蛋黄颜色反应　取10mL酪蛋白溶液，加入浓硝酸2mL后加热，观察现象（有黄色沉淀生成）。再加入10% NaOH溶液2mL，有何变化？（沉淀为橘黄色。）

(3) 乳糖的性质

① Fehling反应　取费林（Fehling）试剂A和B各3mL，混匀，加热至沸后加入0.5mL 5%乳糖溶液，观察现象。

② Tollen反应　在2mL托伦（Tollen）试剂中加入0.5mL 5%乳糖溶液，在80℃中加热，观察现象（有银镜生成）。

5.5.2.5　实验结果

品名	性状	产量/g	收率/%
酪蛋白			
乳糖			

5.5.2.6　思考题

(1) 本实验中是如何将蛋白质和糖分开的？

(2) 用乙醇和乙醚洗涤时主要除去的是哪类物质？

(3) 加入碳酸钙粉末有什么作用？

5.6　色谱法在有机化合物分离中的应用

色谱法是利用不同物质在不同相态的选择性分配，以流动相对固定相中的混合物进行洗脱，混合物中不同的物质会以不同的速度沿固定相移动，最终达到分离的效果。色谱法从20世纪初发明以来，经历了一个世纪的发展，到今天已经成为最重要的分离分析方法之一，广泛地应用于石油化工、有机合成、生理生化、医药卫生、环境保护，乃至空间探索。

常见的色谱分类方法有按两相状态、固定相的几何形式、分离原理等。按两相状态，分为气相色谱法（包括气固色谱法、气液色谱法）、液相色谱法（包括液固色谱法、液液色谱法）；按固定相的几何形式，分为柱色谱法、纸色谱法、薄层色谱法；按色谱法分离所依据的物理或物理化学性质的不同，又可将其分为吸附色谱法、分配色谱法、离子交换色谱法、尺寸排阻色谱法、亲和色谱法。

(1) 吸附色谱法　利用吸附剂表面对不同组分物理吸附性能的差别而使之分离的色谱法称为吸附色谱法，适于分离不同种类的化合物（例如分离醇类与芳香烃）。

(2) 分配色谱法　利用固定液对不同组分分配性能的差别而使之分离的色谱法称为分配色谱法。

(3) 离子交换色谱法　是利用离子交换原理和液相色谱技术的结合来测定溶液中阳离子和阴离子的一种分离分析方法，利用被分离组分与固定相之间发生离子交换的能力差异来实现分离。离子交换色谱法主要是用来分离离子或可离解的化合物，它不仅广泛地应用于无机离子的分离，而且广泛地应用于有机和生物物质（如氨基酸、核酸、蛋白质等）的分离。

(4) 尺寸排阻色谱法　是按分子大小顺序进行分离的一种色谱方法，体积大的分子不能渗透到凝胶孔穴中去而被排阻，较早地淋洗出来；中等体积的分子部分渗透；小分子可完全渗透入内，最后洗出色谱柱。这样，样品分子基本按其分子大小先后排阻，从柱中流出。该法广泛应用于大分子分级，即用来分析大分子物质相对分子质量的分布。

(5) 亲和色谱法　是以相互间具有高度特异亲和性的两种物质之一作为固定相，利用与固定相不同程度的亲和性，使成分与杂质分离的色谱法。例如利用酶与基质（或抑制剂）、抗原与抗体、激素与受体、外源凝集素与多糖类及核酸的碱基对等之间的专一的相互作用，使相互作用物质之一方与不溶性载体形成共价结合化合物，用来作为色谱分离用固定相，将另一方从复杂的混合物中选择可逆地截获，达到纯化的目的。该法可用于分离活体高分子物质、过滤性病毒及细胞，或用于对特异的相互作用进行研究。

色谱法的应用可以根据目的分为制备性色谱和分析性色谱两大类。制备性色谱的目的是分离混合物，获得一定数量的纯净组分，这包括对有机合成产物的纯化、天然产物的分离纯化以及去离子水的制备等。相对于色谱法出现之前的纯化分离技术（如重结晶），色谱法能够在一步操作之内完成对混合物的分离，但是色谱法分离纯化的产量有限，只适合于实验室应用。分析性色谱的目的是定量或者定性测定混合物中各组分的性质和含量。定性的分析性色谱有薄层色谱、纸色谱等；定量的分析性色谱有气相色谱、高效液相色谱等。

色谱法应用于分析领域使得分离和测定的过程合二为一，降低了混合物分析的难度，缩短了分析的周期，是目前比较主流的分析方法。在《中华人民共和国药典》中，共有超过600种化学合成药和超过400种中药的质量控制应用了高效液相色谱法。

色谱法是分析化学中应用最广泛、发展最迅速的研究领域，新技术、新方法层出不穷。

5.6.1　纸色谱法分离氨基酸

5.6.1.1　实验目的

(1) 了解纸色谱法分离氨基酸混合物的原理。

(2) 学习纸色谱法进行定性分析的操作技术。

5.6.1.2　实验原理

纸色谱属于液-液分配色谱。纸色谱的溶剂由有机溶剂和水组成，当有机溶剂和水部分溶解时有两种可能：一相是被水饱和的有机溶剂相；另一相是被有机溶剂饱和的水相。纸色谱以滤纸为载体，由于纤维对水有较大的亲和力，而对有机溶剂的亲和力较差，被有机溶剂饱和的水（附着在纸上）相为固定相，被水饱和的有机溶剂相为流动相，称为展开剂。把试样点在滤纸上，然后用溶剂展开，作为展开剂的有机溶剂自下而上移动，样品混合物中各组分在水-有机溶剂两相间发生溶解分配，展开剂借毛细管的作用沿滤纸上行时，带着样品中的各组分以不同的速度向上移动。水溶性大或能形成氢键的化合物移动得较慢，极性弱的化合物移动得较快。随展开剂的不断上移，混合物中各组分在两相之间反复进行分配，从而把各组分分开，达到分离的目的，而各组分在滤纸的不同位置以斑点形式显现，根据滤纸上斑点的位置及大小进行定性和定量分析。

5.6.1.3　实验用品

仪器：纸色谱缸（可用15cm大试管加软木塞代替），剪刀，喷雾器，电吹风，吸管，锥形瓶（250mL），镊子，点样用毛细管（1mm）。

药品：甘氨酸水溶液（1%），丙氨酸水溶液（1%），酪氨酸水溶液（1%）、胱氨酸水溶液（1%），茚三酮水溶液（2%），氨基酸混合样品（上述四种1%氨基酸水溶液等体积混合），正丁醇-冰醋酸-水（4：1：1，体积比；作展开剂）。

5.6.1.4　实验步骤

用干净的剪刀剪好4条长12cm、宽1.5cm的滤纸，并用铅笔在距滤纸两端各1～1.5cm

处标出“起始线 a”和“终止线 b”[见图 5-9(a)]，然后从中间折叠一次[见图 5-9(b)]，整个过程中手指不要触到 a 和 b 线内的任何滤纸部分，以免手上的油脂玷污滤纸。

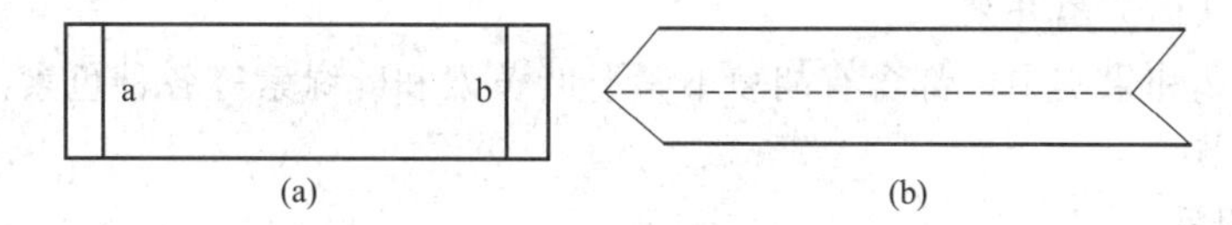

图 5-9 点样滤纸

用吸管分别吸取 2mL 展开剂，小心地分别放入 4 个干燥的大试管底部（注意勿使展开剂沾到试管壁上），用软木塞塞好试管，置于锥形瓶中，使之略微倾斜。

（1）点样 用毛细管吸取氨基酸混合样品分别在 4 条滤纸“起始线 a”的左侧点样（滤纸条竖着放），直径大约 0.1cm；再用另一毛细管取单一已知氨基酸样品，分别在 4 条滤纸“起始线 a”右侧点样，使每条滤纸左右两侧均点一个混合样和某一已知样。

（2）展开 滤纸以点样的一端向下，分别小心地置于盛有展开剂的大试管中，纸的边缘不要靠在试管壁上，点样滤纸上端悬挂在软木塞的钩子上，盖上软木塞，静置，展开。

（3）显色 溶剂前沿达到“终止线 b”时，打开软木塞，用镊子取出纸条，晾干或用电吹风吹干。用喷雾器均匀喷洒茚三酮溶液，用电吹风吹干后出现紫色斑点。

5.6.1.5 实验结果

品名	a/cm		b/cm		R_f 值	
	已知物	未知物	已知物	未知物	$R_{f已知物}$	$R_{f未知物}$
1						
2						
3						
4						

计算 R_f 值：

$$R_f=\frac{a}{b}=\frac{化合物色斑中心至样点的距离}{展开剂前沿至样点的距离}$$

分别测量起始线至每个斑点中心和起始线至终止线的距离，计算 R_f，再用 $R_{f未知物}$ 与 $R_{f已知物}$ 进行比较，以鉴定混合物中的氨基酸。

5.6.1.6 思考题

（1）在滤纸上记录原点位置时，为什么用铅笔而不用钢笔或圆珠笔？

（2）单独的氨基酸的 R_f 与混合液中该氨基酸的 R_f 是否相同？为什么？

5.6.2 薄层色谱法分离叶绿素

5.6.2.1 实验目的

（1）了解薄层色谱法分离混合物和定性分析的原理。

（2）学习从菠菜叶中提取各种色素的方法。

（3）掌握薄层色谱法的操作技术。

5.6.2.2 实验原理

薄层色谱是将适当粒度的吸附剂作为固定相涂布在平板上形成薄层，然后利用样品中各物质在吸附剂中的吸附能力和在展开剂中的溶解能力的不同，而在薄层板上进行分离的方法。在薄层板上点样后，展开剂带着样点不断地流过吸附剂（如硅胶 G），由于吸附剂对不同极性的物质有不同的吸附能力，强极性的硅胶对极性大的物质吸附能力大，对极性小的物质吸附能力小，因此，各物质的运行速度不一。经过一段时间后，各物质在薄层板上形成彼此分离的斑点，从而分离开来。

植物的叶、茎和果实中，都含有胡萝卜素、叶黄素和叶绿素等各种色素。关于这几种色素，参见5.1.3节。

5.6.2.3 实验用品

仪器：展开槽，分液漏斗（50mL），量筒（10mL），研钵，玻璃板（10cm×3cm），锥形瓶（50mL），点样用毛细管（1mm），滴管，剪刀，镊子。

药品：硅胶G，石油醚（60～90℃），乙醇（95%），饱和NaCl溶液，无水Na_2SO_4，苯-丙酮-石油醚（60～90℃）混合物（2∶1∶2，体积比；作展开剂），菠菜叶。

5.6.2.4 实验步骤

(1) 菠菜叶色素的提取　取几片菠菜叶[1]（约5g），剪碎后放于研钵中，加入10mL 2∶1的石油醚和乙醇的混合液适当研磨[2]。将萃取液用滴管转移至分液漏斗中，加入10mL饱和氯化钠溶液[3]除去水溶性物质。分去水层，再用等体积的蒸馏水洗涤两次。将有机层转入一个干燥的小锥形瓶中，加2g无水Na_2SO_4干燥。干燥后的液体倾入另一个干燥锥形瓶中，备用[4]。

(2) 薄层板的制备　实验成败的关键在于薄层板的好坏，薄层应尽可能均匀、牢固。

① 调浆　称取5g硅胶G（硅胶+13%$CaSO_4$）于100mL烧杯中，加适量（约20mL）蒸馏水（或1%羧甲基纤维素钠水溶液），用玻璃棒搅拌，调成适当黏稠、均匀的糊状物。

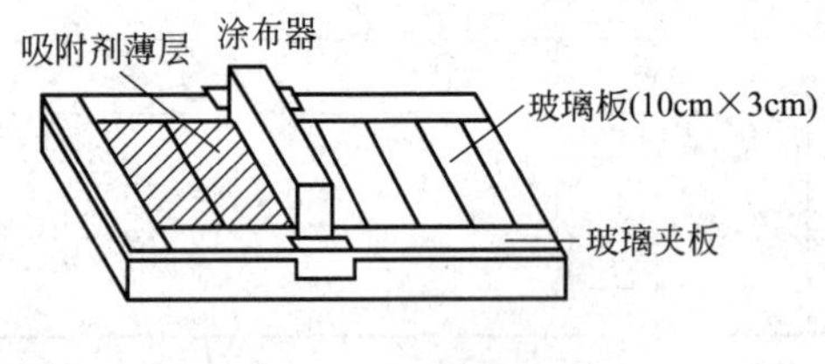

图5-10　薄层涂布器

② 铺层

a. 平铺法　将干净的玻璃板放在薄层涂布器中摆好，如图5-10所示。上下两边各夹一块比准备铺层的玻璃板厚0.25～1cm的玻璃夹板，在涂布槽中倒入调好的糊状物，将涂布器自左向右推去即可得到均匀涂布的薄层板。此法适合于科研工作中数量较大，要求较高的需要。

b. 倾注法　把调好的糊状物分别倒在两块备好的玻璃板[5]上，迅速用玻璃棒涂布整块板面，然后拿住玻璃板的两端水平地轻轻振荡，或放在水平的桌面上，用手指轻轻敲击桌面，以使硅胶G均匀地涂布在玻璃板上，并要求表面光滑。涂好的玻璃板放置于水平桌面上，晾干表面的水分（约需30min）。

③ 活化　将晾干的薄层板放入烘箱中，逐渐升温，于105～110℃维持30min，取出后冷却备用。

(3) 点样　将制好的薄层板平放在桌面上，用毛细管吸取适量菠菜叶萃取液，轻轻地点在距薄层板一端1～1.5cm处，平行点两点，两点相距1cm左右。少量多次，一般每个样点2～5次，后一次点样要待样品溶剂挥发后点在原处，直至斑点为深绿色，但点样斑点直径不得超过3mm。

(4) 展开　在干燥的展开槽中加入约10mL展开剂，盖好盖子并摇动，使其为蒸气所饱和。将点好样品的薄层板板面向上，点样一端向下（勿使样品浸入展开剂中），倾斜置于展开槽中，盖好盖子。当溶剂前沿上升至薄层板的上端1cm时，取出薄层板，在前沿处画一直线，晾干。

5.6.2.5 注释

[1] 菠菜叶用新鲜的或冷冻的均可，若用冷冻的，解冻后要包在纸内轻压吸去水分。

[2] 不要研成糊状，否则会给分离造成困难。

[3] 用饱和 NaCl 溶液洗涤，以防止萃取液形成乳状液。

[4] 若萃取液的颜色太浅（浓度小），可在通风橱中适当浓缩。

[5] 玻璃板洗净后，用蒸馏水冲洗，烘干，再用酒精棉球擦去油污，要求表面光洁无斑痕。

5.6.2.6 实验结果

品名	a/cm	b/cm	R_f 值

计算各色素的比移值（R_f）：分别测量起始线至各斑点间和起始线至溶剂前沿的距离，计算各色素的 R_f。

$$R_f=\frac{a}{b}=\frac{\text{化合物色斑中心至样点的距离}}{\text{展开剂前沿至样点的距离}}$$

5.6.2.7 思考题

（1）若实验时不小心把斑点浸入展开剂中，会产生什么后果？

（2）样品斑点过大对分离效果会产生什么影响？

5.6.3 柱色谱法分离有机染料

5.6.3.1 实验目的

（1）学习柱色谱法的基本原理。

（2）学习和掌握柱色谱的操作方法。

5.6.3.2 实验原理

柱色谱法是将固定相装在一金属或玻璃柱中或将固定相附着在毛细管内壁上做成色谱柱，试样从柱头到柱尾沿一个方向移动而进行分离的色谱法。本实验的柱色谱为吸附柱色谱，它是利用色谱柱中固定相对混合物中各组分的吸附能力不同，流动相（即洗脱液）对各组分的解吸速度的差异进行分离的。吸附能力弱、解吸速度快的组分先流出色谱柱，吸附能力强、解吸速度慢的组分后流出色谱柱，从而使混合物得以分离。

5.6.3.3 实验用品

仪器：色谱柱（10cm×1cm），锥形瓶，玻璃漏斗，分液漏斗。

药品：硅胶 H（柱色谱用），乙醇（95%），靛红和罗丹明 B 混合液[1]。

其他：脱脂棉，滤纸。

5.6.3.4 实验步骤

（1）装柱　取一支长 10cm、内径为 1cm 的色谱柱，另取少许脱脂棉放于干净的色谱柱底部轻轻塞好，关闭活塞，然后将色谱柱垂直固定在铁架台上，加入 95%乙醇洗脱剂至柱子高度的一半，再通过干燥的玻璃漏斗慢慢加入一些硅胶 H（若柱壁黏附有少量硅胶 H，可用少量 95%乙醇冲洗下去），待硅胶 H 在柱内的沉积高度约为 1cm 时，打开活塞，控制液体的下滴速度为 1 滴/s。继续加入硅胶 H，必要时再添加一些 95%乙醇，直到硅胶 H 的沉积高度达 5cm 时止，然后在硅胶 H 上面盖一小滤纸片。

（2）分离　当柱中的洗脱剂下降至滤纸水平时（即与吸附剂表面相切），小心滴加 2～3 滴靛红和罗丹明 B 混合液。然后用分液漏斗少量多次地加入 95%乙醇，进行洗脱，并用锥形瓶在柱下方承接。当有一种染料从色谱柱中完全洗脱下来后，将洗脱剂改换成蒸馏水继续洗脱，同时更换另一个锥形瓶作接收器。待第二种染料被全部洗脱下来后，即分离完全，停止色谱操作。

5.6.3.5 注释

[1] 靛红和罗丹明B混合液的配制方法：分别称取0.4g靛红（为蓝色染料）和罗丹明B(为红色染料）于一只烧杯中，加入200mL 95%乙醇使之溶解即可。

5.6.3.6 实验结果

品名	V_1/mL	V_2/mL

5.6.3.7 思考题

（1）实验中硅胶H、乙醇和蒸馏水各起什么作用？

（2）若色谱柱装填不均匀，对分离效果有何影响？

（3）为什么极性大的组分要用极性较大的溶剂洗脱？

5.7 电化学方法在有机合成中的应用

有机电化学合成，俗称有机电解合成，是有机合成与电化学技术相结合的一门边缘科学，主要研究有机分子或催化媒质在“电极/溶液”界面上电荷相互传送，电能与化学能相互转化及旧键断裂、新键形成的规律。

对一个完整的有机电化学反应而言，有机电化学基本的研究对象应该是各类有机反应在电化学体系内的反应可能性和反应机理。鉴于化学反应的本质是反应物外层电子的运动，故任何一个氧化还原反应原则上都可以按照化学和电化学这两种实质上不同的反应机理进行反应。例如：

$$A + B \longrightarrow [AB] \longrightarrow C + D \tag{1}$$

A与B粒子通过相互碰撞可以形成一种活化配合物中间态［AB］，然后转换成产物。

如果将上述反应按图5-11的装置进行反应，则阴极反应为：

$$A + e \longrightarrow [A]^- \longrightarrow C \tag{2}$$

阳极反应：

$$B - e \longrightarrow [B]^+ \longrightarrow D \tag{3}$$

电化学反应：

$$A + B \longrightarrow C + D \tag{4}$$

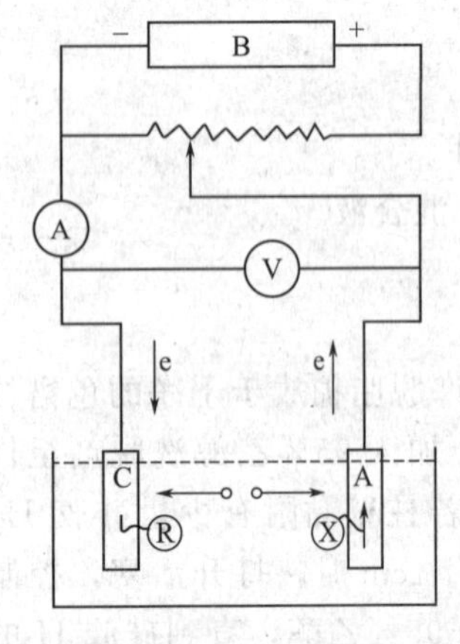

图5-11 电化学合成电路示意图

B—直流电源；A—阳极；C—阴极

从上述反应组合可见，似乎所有的氧化还原反应都可以通过电化学方法合成，但在实际操作过程中已经发现，某些有机反应的电极电位往往超过电化学体系中介质的电化学电位范围，致使这些反应难以用电化学方法合成。由此表明，有机反应在电化学体系中是有选择性的，必须符合有机电化学合成的基本条件才有可能在电化学体系中进行合成。

有机电化学合成的主要类型包括官能团的加成、取代、裂解、消除、偶合以及氧化和还原等反应。

在有机电化学合成的实际体系中，对单个电极过程而言，通常由下列一些分部步骤串联而成。如图 5-12 所示。

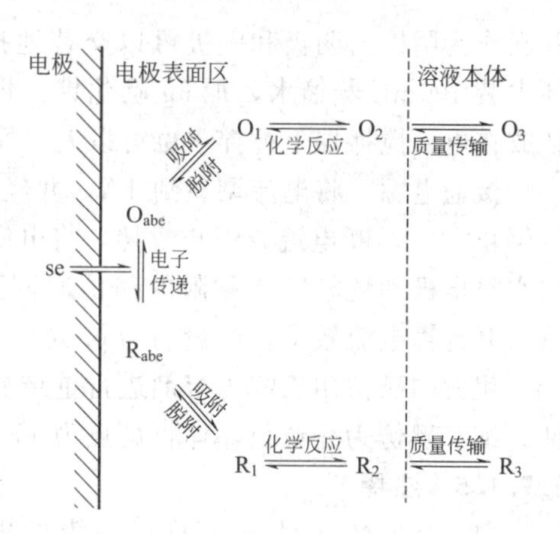

图 5-12　有机电极过程的反应途径

其反应途径为：①有机物反应粒子自溶液本体向电极表面传递，即液相传质；②有机物反应粒子在电极表面或电极表面附近的液层中进行转化，如吸附或化学变化；③“电极/溶液”界面上的电子传递、生成有机产物，即电化学步骤或电子转移；④有机反应产物在电极表面或表面附近的液层中进行转化，如表面上的脱附或化学变化；⑤有机反应产物自电极表面向本体溶液中传递。

电化学有机合成的优点为：①电极反应可在常温、常压下进行，较为安全；②不使用氧化还原试剂，不产生废弃物，无环境污染；③通过调节电位和电流，可方便地改变电极反应方向和速率。电化学有机合成的缺点是：消耗较多的电能，反应器结构复杂，电极活性不易维持。

影响电化学有机合成的因素：

(1) 电极要求　①电流分布尽量均匀；②具有良好的催化活性；③稳定性好；④导电性能优良；⑤具有一定的机械强度。

(2) 隔膜要求　①电阻率低；②有效防止某些反应物的扩散渗透；③有足够的稳定性；④价廉、易加工、无污染。

(3) 介质要求　①反应物的溶解度好；②较宽的可用电位范围；③适合于所需的反应要求，特别是介质与产物不应发生反应；④导电性良好，为此需要加入足够量的导电盐。

(4) 温度　①提高温度对降低过电位、提高电流密度有益；②但过高会使某些副反应加速，同时有可能使产物分解。

5.7.1　碘仿的制备

5.7.1.1　实验目的

(1) 初步掌握有机合成中的电化学方法。

(2) 理解电解氧化法制备有机化合物的基本原理、特点及应用。

5.7.1.2　实验原理

主反应：

$$2I^- \longrightarrow I_2 + 2e$$

$$I_2 + 2OH^- \longrightarrow IO^- + I^- + H_2O$$

$$CH_3COCH_3 + 3IO^- \longrightarrow CH_3COO^- + CHI_3 + 2OH^-$$

副反应：

$$3IO^- \longrightarrow IO_3^- + 2I^-$$

5.7.1.3　实验用品

仪器：烧杯（150mL），石墨电极，直流稳压电源，电流计，电键，电磁搅拌器，布氏漏斗，红外分光光度计，熔点仪。

药品：碘化钾，丙酮，乙醇。

5.7.1.4　实验步骤

用一个 150mL 烧杯作电解槽，用四根石墨棒作电极[1]，将两根并联作为阳极，另两根并联作为阴极。阴极和阳极可以交替地排布在烧杯中[2]。选用一个合适的直流电源。在烧杯中装100mL蒸馏水，加6g碘化钾，搅拌使固体溶解，再加1mL丙酮，混合均匀。将烧杯放在电磁搅拌器上搅拌（也可以人工搅拌）。

接通电源，将电流调整到1A，并经常注意调整，尽量保持电流恒定。电解30min，即可停止[3]。切断电流，停止搅拌，将电解液用布氏漏斗抽滤，滤液倒入另一烧杯中保存[4]。用水将电极和烧杯壁上黏附的碘仿冲刷到漏斗上，最后再用水将碘仿洗涤一次，干燥后称重，并计算电流效率。产量约为0.6g。

粗制的碘仿用乙醇为溶剂进行重结晶，得纯晶体，测定其熔点，用红外光谱进行结构表征。纯品碘仿为亮黄色晶体，熔点为119℃，能升华。

5.7.1.5 注释

[1] 将旧的1号电池的石墨棒拆出来作电极，其直径为6mm，浸入溶液的长度约40mm。用一块带四个孔的有机玻璃盖在烧杯上，将石墨插入孔中（不要碰到杯底，以便用电磁搅拌）。也可以简单地将石墨棒用透明胶带固定在烧杯壁上，这样便于人工搅拌。

[2] 用石墨电极时，得到的粗制碘仿颜色发灰绿，如果改用铂或镀二氧化铅的石墨为阳极，得到的碘仿仍为亮黄色。

[3] 用一个电流不小于1A的可以调整电压的0～12V整流电源。通过的电量为1×30×60=1800(C)，这在理论上能生成1800/(6×96500)=0.0031(mol)碘仿。

[4] 此溶液中还剩下大部分碘化钾和丙酮，可用来再做此实验。

5.7.1.6 实验结果及分析

品名	熔点/℃	产量/g	电流效率/%

碘仿的红外光谱图如图5-13所示。

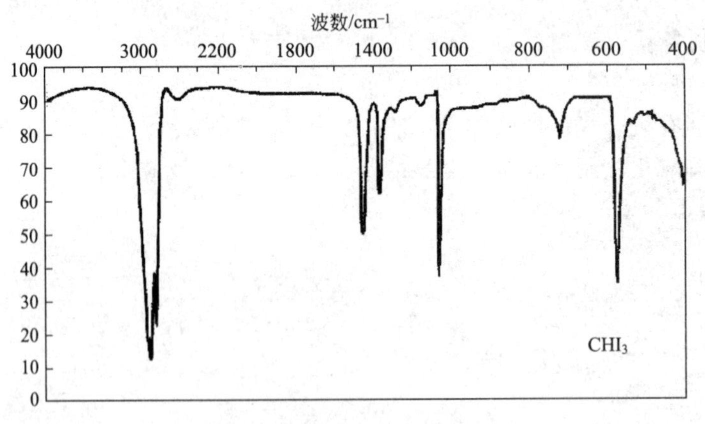

图5-13 碘仿的红外光谱图

5.7.1.7 思考题

(1) 计算实验中有多少（以百分数表示）碘化钾和丙酮转化为碘仿。

(2) 在电解过程中，溶液的pH值逐渐增大（可用pH试纸检验），试对此作出解释。

5.7.2 聚苯胺的合成

5.7.2.1 实验目的

(1) 了解导电聚合物的基本性质、导电能力及应用。

（2）观察由电化学聚合得到的PAN膜随外加电压的变化而发生的颜色变化。

5.7.2.2 实验原理

聚苯胺（Polyaniline，PAN）是一种研究较多的、导电能力较强的聚合物。聚苯胺的形成是通过阳极偶合机理完成的，具体过程可由下式表示：

聚苯胺链的形成是活性链端（$—NH_2$）反复进行上述反应，不断增长的结果。在酸性条件下，聚苯胺链具有导电性质，保证了电子能通过聚苯胺链传导至阳极，使增长继续。只有当头-头偶合反应发生，形成偶氮结构，才会停止聚合。

PAN有4种不同的存在形式，它们分别具有不同的颜色（见表5-2）。苯胺能经电化学聚合形成绿色的叫做翡翠盐的PAN导电形式，当膜形成后，PAN的4种形式都能得到，并可以非常快地进行可逆电化学相互转化。完全还原形式的无色盐可在低于0.2V时得到，翡翠绿在0.3～0.4V时得到，翡翠基蓝在0.7V时得到，而紫色的完全氧化形式在0.8V时得到。因此，可通过改变外加电压实现翡翠绿和翡翠基蓝之间的转化，也可以通过改变pH值来实现。区分不同光学性质是由苯环和喹二亚胺单元的比例决定的，它能通过还原或质子化程度来控制。

5.7.2.3 实验用品

仪器：烧杯（150mL，两只），导电玻璃（工作电极A，正极），铜导线（B，负极），电池（1.5V，两节），可变电阻器（0～$1\times10^5\Omega$）。

药品：苯胺，浓HNO_3，固体KCl。

表5-2 PAN的不同化学结构及相应的颜色

名称	结构	颜色	性质
无色翡翠	$[-C_6H_4-NH-C_6H_4-NH-C_6H_4-NH-C_6H_4-NH-]_x$	无色	完全还原形式;绝缘
翡翠绿	$[-C_6H_4-NH^+=C_6H_4=NH^+-C_6H_4-NH-C_6H_4-NH-]_x$	绿色	部分氧化形式;质子导体
翡翠基蓝	$[-C_6H_4-N=C_6H_4=N-C_6H_4-NH-C_6H_4-NH-]_x$	蓝色	部分氧化形式;绝缘
完全氧化聚苯胺	$[-C_6H_4-N=C_6H_4=N-C_6H_4-N=C_6H_4=N-]_x$	紫色	完全氧化形式;绝缘

5.7.2.4 实验步骤

（1）配制50mL 3mol/L HNO_3溶液：量取浓HNO_3 6.8mL，稀释至50mL。

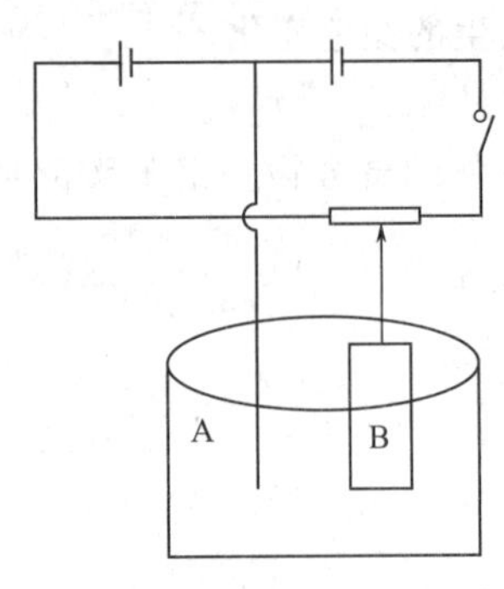

图 5-14 实验装置图

（2）配制 0.1mol/L HNO_3 和 0.5mol/L KCl 混合溶液：量取 3mol/L HNO_3 1.5mL，稀释至 45mL，再加入 KCl 1.7g，混合均匀。

（3）烧杯中加 40mL 3mol/L HNO_3 溶液和 3mL 苯胺，混合均匀。

（4）如图 5-14 所示，连接电路，将可变电压调至 0.6～0.7V。

（5）闭合电路，通电 20～30min 后断电，在导电玻璃制成的工作电极表面形成一层绿色的 PAN 镀层。

（6）将两电极移入盛有 0.5mol/L KCl 和 0.1mol/L HNO_3 混合溶液的烧杯中。

（7）改变电阻，观察现象。先把电压设置到 1.15V，PAN 表现出紫色的完全氧化形式，随之，与它的 4 种氧化还原态相对应的 4 种颜色依次出现，同时电压也相应改变，当电压降到 0.17V 时，膜完全无色。颜色改变发生在秒数量级，并且可以循环多次直至膜的降解发生。

5.7.2.5 注意事项

（1）苯胺应为浅黄色，这表明有些低聚物存在。高纯无色的难引发聚合，黑色的在使用前要进行真空蒸馏以纯化。

（2）观察电变色现象的最合适的膜厚度在通电 20～30min 后得到。若膜太厚，则颜色太深，很难观察清楚。

（3）HNO_3 也可以用其他常用的无机或有机酸代替。

（4）镀膜电压选在 0.6～0.7V，虽然较小，镀膜速度不很快，但形成膜的质量较好，更为重要的是，当电压超过 0.7V 时，聚合物的电解反应将不可忽略。

（5）外加电压、所用酸的种类及浓度等，会影响膜的形成速度、形态以及电变色的循环周期。因此，实验中应对各种条件进行控制。

5.7.2.6 思考题

（1）认真观察膜的形成过程，试分析电压对 PAN 颜色的影响。

（2）谈谈 PAN 有哪些合成方法及在工业上的应用。

5.8 相转移催化在有机合成中的应用

相转移催化技术是 20 世纪 70 年代初发展起来的应用在有机合成中的新技术。在有机合成中，通常均相反应容易进行，而非均相反应则难以反生，例如在有机相与水相或无机盐共存的多相体系中，反应就十分困难。1951 年，M. J. Jarrousse 发现环己醇或苯乙腈在两相体系中进行烷基化时，季铵盐具有明显的催化作用。1965 年，M. Makosza 等人对季铵盐催化下的烷基化反应作了系统的研究。人们这才认识到，季铵盐具有一种奇特的性质，它能够使水相中的反应物转移到有机相中，从而加速反应，提高收率。后来，具有季铵盐这类性质的化合物就被称作相转移催化剂（Phase Transfer Catalyst，缩写为 PTC），PTC 的相转移催化原理如下。

在一个互不相溶的两相系统中（其中一相一般为水相，含碱或起亲核试剂作用的盐类；另一相为有机相，其中含有与上述盐类起反应的作用物），加入 PTC 如季铵盐

$[(R_4N)^+X^-]$，其阳离子是双亲性的，溶于水相也溶于有机相，当在水相中碰到分布在其中的盐类时，水相中的阴离子便与 PTC 中的阳离子进行交换。若将季铵盐用 Q^+X^- 表示，碱或亲核试剂用 Nu^-M^+ 表示，则离子交换过程如下：

$$\underset{(\text{水相})}{Q^+X^-} + \underset{(\text{水相})}{Nu^-M^+} \rightleftharpoons \underset{(\text{水相})}{Q^+Nu^-} + \underset{(\text{水相})}{M^+X^-}$$

作为 PTC，还必须存在如下式所示的相转移平衡：

$$\underset{(\text{水相})}{Q^+Nu^-} \rightleftharpoons \underset{(\text{有机相})}{Q^+Nu^-}$$

进入有机相的 Q^+Nu^- 与有机相中的试剂发生反应。在亲核取代反应中，Q^+ 最终与取代下来的基团形成离子对。若该基团是 X^-，则生成 Q^+X^-。该离子对参与上述平衡，整个过程如下式表示：

$$\begin{array}{ccccccc} Q^+Nu^- & + & RX & \rightleftharpoons & RNu & + & Q^+X^-(\text{有机相}) \\ \updownarrow & & & & & & \updownarrow \\ Q^+Nu^- & + & M^+X^- & \rightleftharpoons & Nu^-M^+ & + & Q^+X^-(\text{水相}) \end{array}$$

PTC 必须具备的条件是：①其结构中应含阳离子，以便和阴离子形成离子对，或能与反应物形成配离子；②PTC 中必须具备足够多的碳离子，以使形成的离子对具有亲油性；③PTC 中亲油基的结构位阻应尽量小，一般为直链；④在反应条件下，化学性质应稳定，且易回收。

常见催化剂的种类如下。

(1) 季铵盐类　在液-液相转移催化反应中，应用最多的是季铵盐类催化剂，如四丁基溴化铵、四丁基氯化铵、四丁基硫酸氢铵、十六烷基三甲基溴化铵、十六烷基三甲基氯化铵、十六烷基三乙基溴化铵等。其次是季磷盐类，季锑盐和季铋盐因毒性较大，一般不使用。

(2) 冠醚类　冠醚可以折叠成一定半径的空穴，使氧原子处于一边，所以能与适当大小的正离子形成配合物。形成的配合正离子能与水相中的负离子形成离子对进入有机相中，从而起到相转移催化的作用。例如过氢二苯-18-冠-6 可将高锰酸钾溶于苯中（其空穴配合 K^+），成为有机化合物在温和条件下的一种方便的氧化剂，可以将烯烃、醇、醛及烷基苯等定量地氧化成酮和羧酸钾，而无进一步的氧化所产生的杂质，其收率高于高锰酸钾水溶液氧化所得。

(3) 聚乙二醇类　聚乙二醇（PEG）也是一种常用的相转移催化剂，它多用于杂环化学反应、过渡金属配合物催化的反应及其他催化反应中，它可以折叠、弯曲成合适的形状结构和不同大小的离子配合。常用的催化剂有 PEG-400、PEG-600、PEG 单醚、PEG 双醚以及 PEG 单醚单酯等，可以用于亲核取代反应、烃基化反应、缩合反应、氧化反应以及金属有机化合物的合成制备等。如硫脲衍生物的合成反应中，使用 PEG-400 相转移催化剂可以取得良好的反应效果。

而固-液相的 PTC 有叔胺、季铵盐、联胺、冠酯和穴位配体，由于冠酯的特殊结构，它最常用。

相转移催化在有机合成方面的应用发展很快，现已成为重要的有机合成技术之一，随着这一领域研究的不断发展，由最初的应用仅限于有活泼氢化合物的烃化反应，扩大到许多亲核性的烃化（包括 *C*-烃化、*O*-烃化及 *S*-烃化等）、取代和缩合等反应。利用相转移催化可以产生二氯卡宾，然后与烯烃、胺类、羟基、羰基以及羧酸衍生物等反应来制得各类化合物，从而发展了卡宾化学。在氧化还原反应方面，用相转移催化也有其独特的优点。最近几年应用相转移催化的反应类型一再增加，已经扩展到了诸如加成、消除、重排、酰化、酯化、偶合、高分子聚合、金属有机化合物以及有机磷的制备等许多方面，形成了一个比较完整的催化体系。

5.8.1 乙酸苄酯[1]的合成

5.8.1.1 实验目的

(1) 了解相转移催化[2]在有机合成中的应用。

(2) 熟悉搅拌、减压蒸馏等操作。

5.8.1.2 实验原理

$$CH_3COONa + C_6H_5CH_2Cl \xrightarrow{Bu_4NBr} CH_3COOCH_2C_6H_5 + NaCl$$

5.8.1.3 实验用品

仪器：三口烧瓶（100mL），球形冷凝管，分液漏斗（60mL），锥形瓶（25mL），圆底烧瓶（25mL），烧杯（50mL），机械搅拌器，减压蒸馏装置。

药品：氯化苄，乙酸钠三水合物，四丁基溴化铵，碳酸钠溶液（5%），无水硫酸镁。

5.8.1.4 实验步骤

在100mL三口烧瓶中放置6.3g(10.05mol) 氯化苄[3]、10.2g(0.075mol) 乙酸钠三水合物和0.25g 四丁基溴化铵[4]。装好机械搅拌装置，开动搅拌器，并慢慢升温，直到115℃，保持匀速搅拌[5]，在该温度维持1h。然后加入10～20mL水，继续加热数分钟，使固体完全溶解后[6]，转入分液漏斗，静置分出有机层。有机层先用5mL 5%碳酸钠溶液洗涤，再用10mL水分两次洗涤，然后再用少量无水硫酸镁干燥，静置30min后进行减压蒸馏。收集89～90℃/1.20kPa(9mmHg) 的馏分。称量产品，计算产率。

测定乙酸苄酯的折射率，测定其红外光谱。

5.8.1.5 注释

[1] 乙酸苄酯是无色至微淡黄色透明液体，是有似梨香味的一种香料。其熔点为−51℃，沸点为213℃，$d_4^{20}=1.04$，$n_D^{20}=1.5232$，能与醇及醚混溶，不溶于水。

[2] 本实验是在相转移催化剂四丁基溴化铵（Bu_4NBr）存在下发生相转移催化反应制取乙酸苄酯的。这是在互不相溶的两相间，利用相转移催化剂，反应物从一相转移到另一相中，随即与该相中的另一个物质发生反应，合成目标化合物。

[3] 氯化苄接触铁器并加热会迅速分解。也可用苄醇代替氯化苄。

[4] 本实验也可用其他相转移催化剂，如溴化十六烷基三甲铵[$C_{16}H_{33}(CH_3)_3NBr$]等。

[5] 本实验最好在通风橱中进行，至少在投料时应在通风橱内进行。在实验中，若有氯化苄气味逸出时，应在回流冷凝管上连接橡皮管，将尾气引入下水道随水排出，或引入通风橱排出。

[6] 该固体应当是吸附有目标产物酯的盐块，加水后溶解，将所吸附的酯层分出，漂浮在上层有机层中，加水时，应当通过滴液漏斗缓缓滴入，避免产生大量泡沫。

5.8.1.6 实验结果及分析

品名	折射率	产量/g	收率/%

测定产品乙酸苄酯的红外光谱。

5.8.1.7 思考题

(1) 为什么使用相转移催化剂可以提高乙酸苄酯的产率?

(2) 用碳酸钠溶液和水分别洗去什么杂质?

5.8.2 2,4-二硝基苯磺酸钠的合成

5.8.2.1 实验目的

(1) 了解相转移催化合成的基本原理。

(2) 掌握聚乙二醇类催化剂在非均相反应中的作用机理和实验技术。

5.8.2.2 实验原理

2,4-二硝基苯磺酸钠是制备酸性染料和活性染料的重要中间体。以2,4-二硝基氯苯为原料，在氧化镁催化下与亚硫酸氢钠反应制得。由于该反应是在非均相条件下进行，反应时间较长，收率较低，一般只有50%～60%。为了加快反应速率，提高收率，加入相转移催化剂是一种有效的方法。例如，在硫酸叔丁基铵催化下，2,4-二硝基氯苯与亚硫酸钠作用，其磺化产率可达80%以上；在季铵盐催化下，以偏重亚硫酸钾（$K_2S_2O_5$）作磺化剂，其收率可达97%。本实验以聚乙二醇（PEG-400）作相转移催化剂，以亚硫酸钠作磺化剂，可使磺化收率达70%～87%。反应式如下：

$$\text{2,4-(NO}_2)_2\text{C}_6\text{H}_3\text{Cl} + Na_2SO_3 \xrightarrow{\text{PEG-400}} \text{2,4-(NO}_2)_2\text{C}_6\text{H}_3\text{SO}_3\text{Na} + NaCl$$

5.8.2.3 实验用品

仪器：三口烧瓶（250mL），冷凝管，滴液漏斗（60mL），温度计，机械搅拌器，抽滤装置，红外光谱仪。

药品：2,4-二硝基氯苯，亚硫酸钠溶液（16%）、PEG-400（聚乙二醇），碳酸氢钠，氯化钠。

5.8.2.4 实验步骤

向250mL三口烧瓶上配置机械搅拌器、冷凝管、滴液漏斗和温度计，向瓶中分别加入7g(0.035mol)2,4-二硝基氯苯、25mL水、0.3g PEG-400和1.6g碳酸氢钠。加热至60℃，搅拌10min。然后向反应混合物中滴加35mL 16%亚硫酸钠溶液（0.04mol），约20min滴完。在60～65℃温度条件下，继续搅拌反应75min。

将反应液倒入烧杯，加入15g氯化钠，搅拌至氯化钠全部溶解，静置，冷却至室温，溶液中析出黄色晶体，抽滤，干燥，得2,4-二硝基苯磺酸钠粗品。2,4-二硝基苯磺酸钠为黄色固体，粗产物中含有少许氯化钠，可用乙醇重结晶除去。干燥后称重，计算产率。

注意2,4-二硝基氯苯有毒，避免直接触及皮肤。

5.8.2.5 实验结果及表征

品名	性状	产量/g	收率/%

用红外光谱表征2,4-二硝基苯磺酸钠，并与图5-15比较，指出其中重要的特征吸收峰。

5.8.2.6 思考题

(1) 简述以聚乙二醇作催化剂的相转移催化反应原理。

(2) 聚乙二醇的分子量大小与相转移催化反应性能有什么关系?

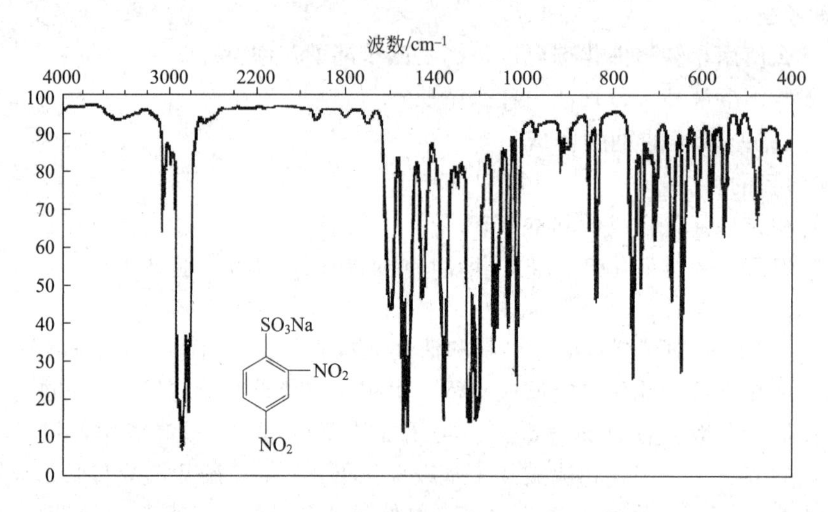

图 5-15　2,4-二硝基苯磺酸钠的红外光谱图（研糊法）

（3）本反应结束后，为什么要向反应混合物中加氯化钠？其添加量对实验结果有何影响？

5.9　微波辐射在有机合成中的应用

微波是指电磁波谱中位于远红外与无线电波之间的电磁辐射，微波能量对材料有很强的穿透力，能对被照射物质产生深层加热作用。对微波加热促进有机反应的机理，目前较为普遍的看法是极性有机分子接受微波辐射的能量后会发生每秒几十亿次的偶极振动，产生热效应，使分子间的相互碰撞及能量交换次数增加，因而使有机反应速率加快。另外，电磁场对反应分子间行为的直接作用而引起的所谓“非热效应”，也是促进有机反应的重要原因。与常规加热方法不同，微波辐射是表面和内部同时进行的一种体系加热，不需热传导和对流，没有温度梯度，体系受热均匀，升温迅速。与经典的有机反应相比，微波辐射可缩短反应时间，其反应速率可快几倍至几千倍，可提高反应的选择性和收率，减少溶剂用量甚至无溶剂也可进行，同时还能简化后处理，减少“三废”，保护环境，故被称为“绿色化学”。

微波技术应用的反应类型有成环反应、开环反应、氧化反应、酰胺化反应、水解反应、缩合反应、取代反应、重排反应、偶合反应、烯烃加成、Diels-Alder 反应等。随着绿色化学和组合化学的蓬勃发展，微波技术已迅速发展成为一项新兴的合成技术，应用于生态友好的绿色合成、原子经济性合成、化合物库合成等新型的国际高新研究领域中。

5.9.1　微波辐射合成和水解乙酰水杨酸

5.9.1.1　实验目的

（1）学习微波合成及有关的反应原理和操作技术。

（2）了解微波辐射在化学和其他领域中的发展与应用。

（3）培养创新实验技术和方法的能力和意识。

5.9.1.2　实验原理

乙酰水杨酸俗称阿司匹林（Aspirin），是人们熟悉的解热镇痛、抗风湿类药物，可以由水杨酸和乙酸酐合成得到。若采用酸催化合成法，存在着相对反应时间长、乙酸酐用量大和副产物多等缺点。本实验将微波辐射技术用于合成和水解乙酰水杨酸并加以回收利用，和传统方法相比，具有反应时间短、产率高和能耗低及污染少等特点。其化学反应式如下。

合成：

$$\text{C}_6\text{H}_4(\text{COOH})(\text{OH}) + (\text{CH}_3\text{CO})_2\text{O} \longrightarrow \text{C}_6\text{H}_4(\text{COOH})(\text{OCOCH}_3) + \text{CH}_3\text{COOH}$$

水解：

$$\text{C}_6\text{H}_4(\text{COOH})(\text{OCOCH}_3) + \text{H}_2\text{O} \xrightarrow{\text{NaOH}} \text{C}_6\text{H}_4(\text{COONa})(\text{OH}) + \text{CH}_3\text{COONa}$$

$$\text{C}_6\text{H}_4(\text{COONa})(\text{OH}) \xrightarrow{\text{H}^+} \text{C}_6\text{H}_4(\text{COOH})(\text{OH})$$

5.9.1.3 实验用品

仪器：微波反应器，电子天平，烧杯（200mL），锥形瓶（50mL、100mL），冰水浴，减压过滤装置，量筒（50mL），表面皿，牛角勺，玻璃棒，熔点测定仪，红外光谱仪。

药品：水杨酸，乙酸酐，固体碳酸钠，盐酸（0.5mol/L、6mol/L），氢氧化钠溶液（0.3mol/L），乙醇（95%），$FeCl_3$ 溶液（2%），活性炭。

5.9.1.4 实验步骤

（1）微波辐射碱催化合成乙酰水杨酸　在 50mL 干燥的锥形瓶中加入 2.0g 水杨酸和 0.1～0.3g 碳酸钠，再加入 4mL 乙酸酐，轻轻振荡混合均匀，放入微波炉中，在微波辐射输出功率为 480W(60%火力）下，微波辐射 20～40s，用 2% $FeCl_3$ 溶液检验反应是否完全[1]，直至反应完全。反应完全后取出锥形瓶，此时反应液清亮，温度为 70～90℃。稍冷，加入约 5mL 0.5mol/L 的盐酸水溶液调 pH 至 3～4，将混合物继续在冰水浴中冷却至结晶完全。减压过滤，用少量冷水洗涤晶体 2～3 次，抽干，得乙酰水杨酸粗产品。粗产品用乙醇-水混合溶剂（1 体积 95%乙醇＋2 体积水）约 16mL 重结晶，干燥得白色晶体状乙酰水杨酸。称重，测定熔点和红外光谱。

（2）微波辐射水解乙酰水杨酸　在 100mL 锥形瓶中加入 2.0g 乙酰水杨酸和 40mL 0.3mol/L 氢氧化钠水溶液，在微波辐射输出功率为 480W(60%火力）下，微波辐射 40s。冷却后滴加 6mol/L 盐酸至 pH 为 2～3，置于冰水浴中令其充分析晶，减压过滤，水杨酸粗产品用蒸馏水重结晶（活性炭脱色），干燥得白色针状水杨酸，计算收率并测定熔点。

5.9.1.5 注释

[1] 在表面皿中放入少量 2% $FeCl_3$ 溶液，用细滴管蘸取一点反应液插入 $FeCl_3$ 溶液中，若出现紫色，表明还有水杨酸存在。

5.9.1.6 实验结果及表征

品名	熔点/℃	产量/g	收率/%

测定乙酰水杨酸的红外光谱。

5.9.1.7 思考题

（1）微波辐射碱催化法和水解法与传统合成方法相比有什么突出的优点？

（2）合成乙酰水杨酸的原料水杨酸应该是干燥的，为什么？

5.9.2 *β*-萘甲醚的制备

5.9.2.1 实验目的

（1）学习微波合成的反应原理及操作技术。

(2) 了解 β-萘甲醚的制备方法，学会其结构表征。

5.9.2.2 实验原理

β-萘甲醚，又名橙花醚，是一种白色鳞片状结晶，有橙花味，主要用作香皂中的香料，也是合成炔诺孕酮和米非司酮等药物的中间体。工业上用 β-萘酚在硫酸催化下与过量甲醇反应制备 β-萘甲醚，其收率约为 70%；也可由 β-萘酚与硫酸二甲酯在氢氧化钠水浴下加热制得，其收率为 73%；在微波辐射下，以对甲苯磺酸作催化剂合成 β-萘甲醚，其收率可达 93%。反应式如下：

$$C_{10}H_7\text{—}OH + CH_3OH \xrightleftharpoons[\text{微波辐射}]{\text{对甲苯磺酸}} C_{10}H_7\text{—}OCH_3 + H_2O$$

5.9.2.3 实验用品

仪器：微波反应器，电子天平，圆底烧瓶（50mL、100mL），回流装置，抽滤装置，蒸馏装置，玻璃棒，熔点测定仪，红外光谱仪。

药品：β-萘酚，甲醇，乙醇（95%），对甲苯磺酸，无水乙醚，氢氧化钠溶液（10%），无水 $CaCl_2$。

5.9.2.4 实验步骤

将 3.6g(0.025mol) β-萘酚与 3mL（0.124mol）无水甲醇放入圆底烧瓶中，加入催化剂对甲苯磺酸 1.5g(0.00789mol) 后充分搅拌使之混合均匀，放入微波炉内，接好回流装置，用 P-30 功率微波辐射 24min。待反应结束后，拆去回流装置，取出圆底烧瓶，冷却后析出粉红色晶体。加入少量水，用约 25mL 无水乙醚分两次萃取，醚层用 10%氢氧化钠溶液和水洗涤后，用无水 $CaCl_2$ 干燥，水浴蒸去乙醚，再冷却析出浅黄色晶体，洗涤液中溶解的 β-萘酚经酸化后析出，过滤后可供下次使用。将粗品用乙醇重结晶，称量，计算产率，母液蒸馏回收乙醇，再利用。测定产品的熔点和红外光谱图。

5.9.2.5 实验结果及表征

品名	熔点/℃	产量/g	收率/%

β-萘甲醚的熔点为 73.1～74.1℃。

解析产品的红外光谱图。β-萘甲醚主要基团的红外特征吸收峰 ν/cm^{-1}（KBr 压片）为：1260.79(═C—O—C 非对称伸缩振动吸收峰)、1030.17(═C—O—C 对称伸缩振动吸收峰，说明有醚基)，1594.71、1508.01、1469.22、1439.10（四个强吸收峰说明是萘环，环上有碳碳双键），2961.98、2936.36(—OCH_3 的 C—H 伸缩振动吸收峰)，1469.22(C—H 面内弯曲振动吸收峰，说明有—CH_3)。

5.9.2.6 思考题

(1) 微波辐射为什么能快速完成化学反应?（查资料回答）

(2) 查阅相关有机化学实验资料，对比用传统加热与用微波辐射加热，两实验的最大差别是什么?

5.10 酶催化在有机合成中的应用

酶是一种由活细胞产生的，具有高催化活性和高选择性的特殊蛋白质。由于它具有复杂的三维结构，使它对底物具有特殊的高效催化作用。在生物的新陈代谢、物质合成、能量转换和生物降解等过程中，酶都是不可缺少的催化剂。同一般的化学催化剂一样，酶能加速反应进程，降低反应的活化能，而本身不发生变化，能多次使用。同时，酶又与一般催化剂不同，它可以在常温、常压、低浓度条件下，将复杂的有机反应和生物反应催化完成。

酶在化学工业中具有逐渐扩大的应用领域。工业酶的生产已成为新兴的生产门类，新型生物化学产品层出不穷，同时为传统工业的改造和发展提供了一条节能降耗的新途径。工业酶的研究、开发和生产已成为化学工业发展的一个热点。

对石油化工产品及工艺的取代也是工业酶的重要领域。利用工业酶的催化技术，可由新的原料生产多种精细化工产品。

随着生物技术向化学工业的不断渗入，可以用酶催化技术生产的品种不断增多。酶作为一种高效催化剂，在精细有机合成中也得到了广泛的应用。特别是酶催化具有立体选择性，可以制备多种手性合成子及特殊的精细化学品，如糖类化合物、核酸、氨基酸、多肽和抗生素等。同时利用酶催化和温和条件、高效及高度立体专一性，还可以合成各种不对称的光学活性化合物。

酶的主要成分是蛋白质，分子量一般在 $1.2\times10^4\sim1.0\times10^6$ 之间。和一般化学催化剂相比，酶催化具有以下几个特点。

（1）活性高　酶催化反应的速率是相应的非酶催化反应的 $10^6\sim10^{13}$ 倍。由于酶的催化效率和活性很高，故较低浓度的酶便能催化大量的底物发生反应。

（2）选择性高　酶对所作用的底物有严格的选择性，某一种酶只能对某一类物质甚至某一种物质起催化作用，促进一定的反应生成一定的产物。例如，蔗糖酶只能催化蔗糖水解，蛋白酶只能催化蛋白质水解，它们对其他物质无催化作用。而无机催化剂对其作用物却没有严格的选择性。酶对底物的专一性大致有以下三种情况。

① 绝对专一性。这类酶只能催化某一底物进行一种特定反应。例如，脲酶只能催化尿素水解为氨和二氧化碳，而对尿素的任何衍生物或其他物质都不具有催化水解的作用，也不能使尿素发生水解以外的其他反应。

② 相对专一性。有的酶只对底物的某一化学反应发生作用，而对该化学键两端所连接的原子团则无多大的选择性。

③ 立体异构专一性。这种酶只能催化底物立体异构体中的一种，而对底物的另一种立体异构体则完全无催化作用。例如，L-氨基酸氧化酶只能催化 L-氨基酸氧化为 α-酮酸，而不能催化 D-氨基酸氧化为 α-酮酸。通过这种催化反应可以将 D-和 L-异构体区别出来。

（3）活化能低　酶催化反应的活化能低于非酶催化反应，所以酶催化效率也远远高于非酶催化效率。

（4）反应条件温和　一般都是在室温或体温和中性 pH 值条件下进行的。

（5）酶的活力与辅酶、辅基和金属离子有关　酶的活力是指酶催化一定化学反应的能力，它与辅酶、辅基和金属离子有关。

除了以上几个特点外，酶催化的应用还受一些条件的限制。近年来，“酶的固相化”技术大大推进了酶工业化应用的进程。酶的固相化是将酶附载于惰性载体上，这样酶便可以反复使用，连续操作，而且稳定性和活性也得到改善和提高。该技术集中了多相和均相催化的优点，又克服了各自的缺点，必将在工业上发挥重要作用。

5.10.1　酶催化淀粉的水解反应

5.10.1.1　实验目的

（1）学习酶催化淀粉的水解反应及操作技术。

（2）通过对淀粉的酶催化水解和酸催化水解实验对比，了解和掌握酶催化反应的特点。

(3) 进一步熟练掌握薄层色谱（TLC）的操作技术。

5.10.1.2　实验原理

淀粉是D-葡萄糖的缩聚物，广泛存在于谷物中。可溶于水的淀粉为直链淀粉，含有2000～4000个葡萄糖单元。这些葡萄糖单元以α-1,4-糖苷键结合成高分子糖。直链淀粉常为螺旋形构象，螺旋内腔能稳定包含多碘负离子$3I_2 \cdot 2I^-$，碘-淀粉包结物呈深蓝色。

淀粉可以被淀粉酶或酸催化水解。人的唾液中含α-糖淀粉酶，它能专一地水解α-糖苷键，使淀粉很快水解成含6～7个葡萄糖单元的低聚糖，淀粉失去螺旋形构象，碘-淀粉包结物被破坏，失去蓝色。进一步水解生成最终产物二聚糖麦芽糖。再进一步水解很难，需要很长时间。

酸催化淀粉水解的机理与酶催化的机理完全不同，非专一性，随机进行，产物是麦芽糖、葡萄糖和低聚糖的混合物。酸性水解的速率比α-淀粉酶催化水解的速率慢得多。

5.10.1.3　实验用品

仪器：试管（ϕ10mm×75mm），锥形瓶（50mL、100mL），秒表，玻璃板（100mm×50mm），展开槽，小喷雾瓶等。

药品：可溶性淀粉，氢氧化钠溶液（2mol/L），浓盐酸，葡萄糖，麦芽糖，对甲氧基苯胺，邻苯二甲酸，无水乙醇，正丁醇，乙酸，甲基叔丁基醚，碘，碘化钾，硅胶F25等。

5.10.1.4　实验步骤

(1) 实验准备

① 碘-碘化钾溶液的配制：在棕色滴瓶中放入100mL水，加入0.05g碘和0.15g碘化钾，摇匀。

② 展开剂的配制：按体积比9∶6∶3∶1取正丁醇、乙酸、甲基叔丁基醚和水，放入100mL锥形瓶中，混合均匀，配制80mL展开剂。

③ 显色剂的配制：在50mL锥形瓶中，放入40mL乙醇、3g对甲氧基苯胺和3g邻苯二甲酸，混合均匀，装于小喷雾瓶中。

④ 制备TLC用板：按2.4.12.2(2) 薄层色谱中铺板及活化步骤和要求，用硅胶F25在100mm×50mm玻璃板上铺层，共铺板三块。

⑤ 制备淀粉溶液：在100mL锥形瓶中，加入0.6g可溶性淀粉和3mL水，摇匀，再加入40mL沸水，小火加热温和沸腾直到淀粉颗粒完全消失。趁热分成两份，冷却至室温后，溶液变成乳白色，一份用于酶催化水解，一份用于酸催化水解。

(2) 酶催化水解　取8支ϕ10mm×75mm的干净试管，分别编号A1#、A2#、A3#、A4#、A5#、A6#、A7#、A8#，在A1#～A5#每支试管中滴入2滴碘-碘化钾溶液。用移液管移取0.5mL淀粉溶液放入A1#试管中，溶液立即呈深蓝色。向酶催化水解的淀粉溶液中加入0.2～0.3mL唾液，迅速搅拌随即记录时间，每隔1min取0.5mL酶催化水解淀粉溶液依次加入A2#、A3#、A4#和A5#试管中，并混合均匀，观察现象，并记录现象[1]。然后在10min、20min和40min时分别移取2mL水解液放入A6#、A7#和A8#试管中，并立即小火加热沸腾使酶变性而停止催化作用。

(3) 酸催化水解　再取7支干净的ϕ10mm×75mm试管，分别编号B1#、B2#、B3#、B4#、B5#、B6#、B7#。在酸催化水解的淀粉溶液中加入0.5mL浓盐酸，并立即置于沸水浴中加热，随即开始计时。每隔5min取0.5mL酸催化水解液分别放入B1#、B2#、B3#、B4#试管中，迅速冷却至室温，并加入2滴碘-碘化钾溶液，观察现象并记录[2]。同时分别在加热后15min、30min和45min取2mL酸催化水解液放入B5#、B6#、B7#试管中，并用

2mol/L 氢氧化钠溶液中和至中性。

（4）TLC 色谱分离　将酶催化水解的 A6#、A7#、A8# 样品和麦芽糖（1%溶液）分别点样于同一块 TLC 板上，在展开槽中展开（约 20min）后，放入烘箱中烘干，喷显色剂，再次烘干，测各点 R_f 值，观察现象并记录[3]。将酸催化水解的样品 B5#、B6#、B7# 和葡萄糖样品（1%溶液）按上述方法同样点板操作，测量 R_f 值，观察现象并记录[4]。

实验所需时间为 6～8h。

5.10.1.5　注释

［1］A2# 试管出现红棕色，A3#、A4#、A5# 试管的颜色与 A2# 相同。

［2］B1#、B2# 试管为蓝色，B3# 为淡蓝色，B4# 呈很淡的红棕色。

［3］四个样品的斑点基本相同，$R_f=0.4$ 左右，为浅棕色斑点。A8# 也未观察到第二个斑点。

［4］B5#、B6#、B7# 样品都出现两个斑点，分别为 $R_{f1}=0.4$ 左右，浅棕色；$R_{f2}=0.65$、浅棕色。B5# 和 B7# $R_{f2}=0.65$ 的斑点颜色有变深的趋势。葡萄糖样品的 $R_f=0.65$，为深色斑点。

5.10.1.6　实验结果

（1）观察、比较并解释各试管的现象。

（2）测量各样品的比移值（R_f）并比较、解释。

样品	a/cm	b/cm	R_f 值

5.10.1.7　思考题

（1）总结并解释实验结果，对酶催化和酸催化结果进行比较。

（2）查阅相关有机化学实验资料，说明酶催化在有机反应中还有哪些应用。

5.10.2　辅酶维生素 B_1 催化法合成安息香

5.10.2.1　实验目的

（1）学习辅酶催化法合成安息香的方法及操作技术。

（2）了解和掌握酶催化反应的特点。

（3）进一步熟练掌握有机化学单元操作及技能。

5.10.2.2　实验原理

安息香（二苯羟乙酮，Benzoin）可用于配制止咳药和感冒药，还可制成局部用药。等级较好的安息香提取后用于生产香皂、香波、护肤霜、浴油、气溶胶、爽身粉、液体皂、空气清新剂、织物柔顺剂、洗衣粉和洗涤剂等日用化学品。安息香配剂用作吸入剂，可减轻黏膜炎、喉炎、支气管炎等上呼吸道病症。安息香还是一种主要的食用香精。

安息香可采用芳香醛在 NaCN（或 KCN）作用下，分子间发生缩合（称为安息香缩合）而得。但因为 NaCN（或 KCN）为剧毒药品，使用不方便，应用受到很大限制。

绝大多数生化过程都是在特殊条件下进行的化学反应，酶的参与可以使反应更巧妙、更有效，并且在更温和的条件下进行。维生素 B_1（硫胺素或盐酸噻胺）是一种辅酶，作为生物化学反应的催化剂，在生命过程中起着重要作用，主要是对 α-酮酸脱羧和形成偶姻（α-羟基酮）等三种酶促反应发挥辅酶的作用。其结构式如下：

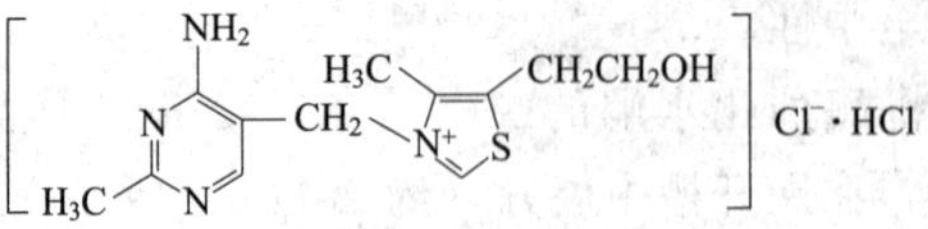

$$\left[\ \text{(NH}_2\text{, N, N, H}_3\text{C, CH}_2\text{, H}_3\text{C, N}^+\text{, S, CH}_2\text{CH}_2\text{OH)}\ \right] Cl^- \cdot HCl$$

从化学角度来看，硫胺素分子中最主要的部分是噻唑环。噻唑环 C2 上的质子由于受氮和硫原子的影响，具有明显的酸性，在碱的作用下质子容易被除去，产生的碳负离子作为催化反应中心，形成苯偶姻。

安息香的辅酶合成法就是以维生素 B_1 为催化剂来合成安息香，其反应式为：

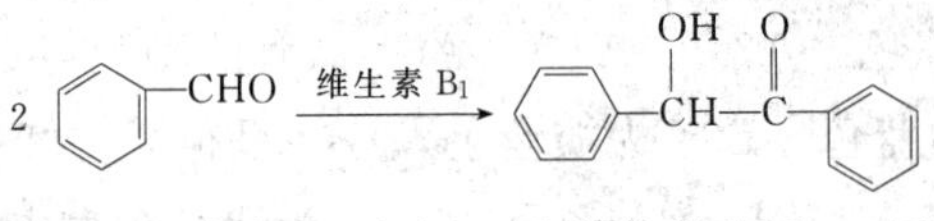

$$2\ C_6H_5-CHO \xrightarrow{\text{维生素 } B_1} C_6H_5-\underset{}{CH(OH)}-\overset{O}{\overset{\|}{C}}-C_6H_5$$

采用辅酶维生素 B_1 催化安息香缩合反应，反应条件温和、无毒且产率高。

5.10.2.3 实验用品

仪器：圆底烧瓶（100mL），锥形瓶，烧杯（1000mL、500mL），球形冷凝管，热过滤漏斗，玻璃漏斗，抽滤装置，提勒管，酒精灯，红外光谱仪等。

药品：苯甲醛，维生素 B_1（盐酸硫胺素），乙醇（95%），固体 NaOH，活性炭，冰块等。

5.10.2.4 实验步骤

在室温下，称取 15.0g 氢氧化钠，放入锥形瓶，然后加水至 100mL 刻度线，搅拌，摇匀待用。

在 100mL 圆底烧瓶中，加入 1.8g 维生素 B_1、6mL 水、15mL 乙醇和 15mL 苯甲醛。将上面配制的氢氧化钠溶液，慢慢滴加到混合溶液中，并充分摇匀混合液[1]，将 pH 调到 8，且 3min 内不褪色。然后向烧瓶中加入 2～3 粒沸石，安装好加热回流装置，水浴加热回流 75min，水浴温度保持在 60～75℃（不可加热至沸腾）[2]，反应混合物呈橘黄（红）色均相溶液。

将烧瓶置于空气中冷却片刻，然后将溶液倒入锥形瓶中，将锥形瓶放入冰水浴中冷却，使结晶完全析出。抽滤，并用冷水洗涤结晶两次（如果滤液中还有晶体，可以对滤液再次进行抽滤），将抽滤得到的粗品称重。

将称重的粗品加入到计算量的 95%乙醇中[3]，然后放入圆底烧瓶中，加入沸石，进行加热回流，待其全部溶解后，停止加热，冷却片刻，加入活性炭，再加热沸腾 5min 左右。在此同时，也应加热热过滤装置，使水沸腾，将酒精灯移走后，开始热过滤[4]。过滤完成后，将得到的滤液放入冰水浴中冷却结晶，然后再进行抽滤，晶体用冷水洗涤两次，抽干。称量抽滤得到的晶体质量，记录数据。

重复上述实验，将反应混合液的 pH 分别调至 9、10、11。再做三次实验，对比实验结果[5]。选取三组中自己认为得到最纯安息香的一组，测定熔点，测定产品的 IR 图。

5.10.2.5 注释

[1] 维生素 B_1 在酸性条件下稳定，易吸收水，在水溶液中易被空气氧化。滴加氢氧化钠溶液时，要用冷却的氢氧化钠溶液，防止维生素 B_1 开环失效。

[2] 反应过程中，溶液不能沸腾，反应后期可适当升温，缓慢加热，温度太高维生素 B_1 会分解。

[3] 安息香在沸腾的 95%乙醇中，溶解度为 12～14g/100mL。

[4] 热过滤一定要迅速，防止冷却；热过滤时一定要将酒精灯移走，防止失火。

[5] 本次实验采用的是辅酶催化法合成安息香，所以酶的活性直接影响反应的产量。酶的活性受溶液的 pH 影响，溶液过酸或者过碱，都很大程度上影响酶的活性。在调节溶液的 pH 时，影响了酶的活性从而影响了催化效果。

5.10.2.6 实验结果及表征

pH	品名	熔点/℃	产量/g	收率/%

安息香的熔点为 134～137℃。

解析产品的 IR 图。安息香主要基团的红外特征吸收峰 ν/cm^{-1}（KBr 压片）为：在 3412 和 3375 处有强吸收峰可知样品中有—OH，在 3059 和 2931 处有吸收峰可知样品中有—CH，在 1678 处有吸收峰可知样品中有 C═O 键，在 1595 和 1448 处有吸收峰说明有苯环，在 1263 和 1207 处有吸收峰说明有 C—O 键。

5.10.2.7 思考题

(1) 总结并解释实验结果。

(2) 查阅相关资料，解释什么是辅酶？试解释本实验的反应机理。

6 设计性和研究性实验

设计性有机化学实验是学生按照实验题目的要求，参考给定的实验样例和相关的资料，自主设计实验方案、独立完成的实验。学生选定实验题目后，根据实验室条件和设计题目要求，在教师指导下，需要自己查阅相关文献资料，参考相关实验样例，充分运用所掌握的理论知识和实验操作技术，独立地设计实验方案，完成包括实验目的、实验原理、仪器选择、装置构建、药品选用、操作步骤、实验可能发生事故的预防、实验结果预测、结果鉴定、废弃物处理等一整套方案的制订；实验方案确定后，经与指导教师或同学讨论完善后，自行独立完成全部实验内容；实验完成后，根据实验结果写出完整的实验报告。设计性实验是为了培养学生查阅文献资料、独立思考、设计实验的综合能力以及独立进行实验操作的动手能力，也是培养学生分析问题和解决问题综合能力的重要环节。

研究性有机化学实验是将有机化学研究课题的全过程经过简化提炼用于教学的实验。与设计性实验的最大差别在于，研究性实验是在掌握大量文献资料的基础上，选定先进合理的研究路线，经充分论证，反复修改完善实验方案后，再由学生付诸实施，优化实验参数，力争得到创新性结果。通过研究性实验使学生能够直接感受和体会研究工作的思路和方法，扩大学生的视野，启迪学生的心智，激发学生的兴趣，为学生进行创新以及今后的工作奠定良好的基础。经过研究性实验训练，使学生初步掌握有机化学课题研究的一般程序和过程以及有机化学研究的思维方法和动手能力，培养学生的创新意识和创新能力。

6.1 有机化合物的分离与鉴别

(1) 未知有机化合物的鉴别　在红外光谱仪和核磁共振仪出现前，有机化合物的鉴别主要是测定化合物的物理常数、溶解性，进行官能团特征反应的化学试验以及把官能团化合物转化成具有特征物理常数的衍生物来进行相关测试。

要确定一个化合物的结构，除了由元素分析知道所含的元素和它们的百分含量外，还要测定它们的物理常数并进行溶解度试验。此外，官能团分析也是很重要的方法，尤其是官能团的定性试验，操作简便、费时少、反应快，可立即知道结果，综合波谱分析，对化合物的鉴定非常有用。官能团的定性是利用有机化合物中各官能团所具有的不同特性，能与某些试剂作用产生特殊的颜色或沉淀等现象，而与其他有机物区别开来。所以，定性试验要求反应迅速，现象明显，而且对某一官能团有专一性。

有机反应大多是分子反应，分子中直接发生变化的部分一般都局限在官能团上，具有同一官能团的不同化合物由于受到分子其他部分的影响不同，反应性不可能完全相同，所以在有机定性试验中例外情况也是常见的。此外，有机定性试验中还存在不少干扰因素。但是，使用几种试验方法还是可以达到官能团定性分析的目的的，这就是有机定性试验中常常用几种方法来检验同一种官能团的原因。

为了更进一步确定有机化合物的结构，通常可以采用制备衍生物的方法，利用某些特殊的反应和衍生物的结构来证明原来有机物的结构。在选择制备衍生物时应考虑下列几点：

① 衍生物在常温下是固体，要求熔点在50～200℃之间；

② 反应速率快而副反应少，容易纯化；

③ 衍生物的物理性质与样品有较大的差别。

制备所得的衍生物的熔点可由一般的有机分析书中查得，从而可以鉴定原来的有机化合物。

(2) 有机混合物的分离与鉴别　在生产和生活中接触到的很多物质大多是混合物，如石油、粗盐、化工反应的产物、动植物的提取液等，都常混有少量的杂质。为了适应各种不同的需要，常常要把混合物中的几种物质分开，得到较为纯净的物质，这就叫做混合物的分离。

混合物常用的分离方法有溶解、过滤、结晶、重结晶、蒸馏、升华和萃取等常规操作，以及精馏，气相、液相色谱分离等。具体要用哪种，要看混合物的成分及其相关性质。

① 结晶　结晶即固体物质从过饱和溶液里析出晶体的过程，在生产或科研活动中，用以分离可溶性混合物或除去一些可溶性杂质，是混合物分离的常用方法。析出晶体后的溶液仍是饱和溶液，又称母液。结晶法又可分结晶、重结晶（或称再结晶）和分步结晶等方法。一般来说，将可溶性的粉末状物质经溶解、过滤、蒸发溶剂或冷却热饱和溶液分离出晶体状态的物质叫结晶。从混有少量可溶性杂质的晶体里用多次结晶的方法除去杂质得到纯度较高的物质叫做重结晶。如果把可溶于水的混合物利用各种物质在一种溶剂中溶解度的不同，用结晶方法把它们分离，同时得到两种或几种晶体，这种方法叫做分步结晶法。例如，苦卤的主要成分是$MgCl_2$、NaCl，其次是$MgSO_4$，含量较少的是KCl，工业上利用这四种物质的溶解度不同，采取去水或加水、升温或降温的方法，分别使它们结晶或溶解，从而把比较重要的KCl分离出来。

② 过滤　过滤是把不溶于液体的固体物质与液体相分离的一种方法。根据混合物中各成分的性质可采用常压过滤、减压过滤或热过滤等不同方法。其中常用的是常压过滤，即用普通玻璃漏斗作过滤器，用滤纸作过滤介质。当将混合物进行过滤时，得到的澄清液体是滤液，留在过滤介质上面的固体颗粒是滤渣。

③ 萃取　萃取是利用溶质在互不相溶的溶剂里溶解度的不同，以一种溶剂把溶质从另一溶剂里提取出来的方法。例如用四氯化碳萃取碘水中的碘。

④ 分馏　分馏是分离提纯沸点很接近的有机液体混合物的一种重要方法。因对沸点很接近的混合物需经多次蒸馏方可达到较好的结果，但比较麻烦，若采用分馏的方法进行分离纯化就大为方便。目前最精密的分馏设备已能将沸点相差仅1～2℃的混合物分开。实际上分馏就是多次蒸馏。

⑤ 色谱分离分析法　根据其分离原理，有吸附色谱、分配色谱、离子交换色谱与排阻色谱等方法。

吸附色谱是利用吸附剂对被分离物质的吸附能力不同，用溶剂或气体洗脱，以使组分分离。常用的吸附剂有氧化铝、硅胶、聚酰胺等有吸附活性的物质。

分配色谱是利用溶液中被分离物质在两相中的分配系数不同，以使组分分离。其中一相为液体，涂布或使之键合在固体载体上，称为固定相；另一相为液体或气体，称为流动相。常用的载体有硅胶、硅藻土、硅镁型吸附剂与纤维素粉等。

离子交换色谱是利用被分离物质在离子交换树脂上的离子交换势不同而使组分分离。常用的有不同强度的阳、阴离子交换树脂，流动相一般为水或含有有机溶剂的缓冲液。

排阻色谱又称凝胶色谱或凝胶渗透色谱，是利用被分离物质分子量大小的不同和在填料上渗透程度的不同，以使组分分离。常用的填料有分子筛、葡聚糖凝胶、微孔聚合物、微孔硅胶或玻璃珠等，可根据载体和试样的性质，选用水或有机溶剂为流动相。

色谱分离方法有柱色谱法、纸色谱法、薄层色谱法、气相色谱法、高效液相色谱法等。色谱所用溶剂应与试样不发生化学反应，并应用纯度较高的溶剂。色谱分离时的温度，除气相色谱法或另有规定外，系指在室温下操作。

分离后各成分的检出，应采用各单体中规定的方法。通常用柱色谱、纸色谱或薄层色谱分离有色物质时，可根据其色带进行区分。对有些无色物质，可在 245～365nm 的紫外灯下检视。纸色谱或薄层色谱也可喷显色剂使之显色。薄层色谱还可用加有荧光物质的薄层硅胶，采用荧光熄灭法检视。用纸色谱或薄层色谱进行定量测定时，可将色谱斑点部分剪下或挖取，用溶剂溶出该成分，再用分光光度法或比色法测定，也可用色谱扫描仪直接在纸或薄层板上测出。柱色谱、气相色谱和高效液相色谱可用接于色谱柱出口处的各种检测器检测。柱色谱还可分步收集流出液后用适宜方法测定。

6.1.1　某未知有机化合物的鉴别

6.1.1.1　实验目的

（1）巩固有机化合物的主要化学性质及鉴别方法。

（2）通过自行设计实验进一步提高实验技能。

（3）熟练实验操作技术和培养敏锐的观察能力。

（4）培养应用理论知识解决实际问题的能力。

（5）培养综合解决问题的能力。

6.1.1.2　实验设计要求

（1）现有两组未知物(无标签试剂)，液体未知物的体积是 4mL，固体未知物的质量是 400mg。

一组，编号分别为 A、B、C、D、E，可能是氯化苄、苯酚、苯甲醛、苯胺及苯甲醇。

二组，编号分别为甲、乙、丙、丁、戊、己，可能是乙醇、乙醛、乙醚、乙胺、丙醇及丙酮。

请用适当的化学实验鉴别出各试剂。

（2）要求：查阅资料，独立设计实验方案，设计方案可行，且现象明显；实施实验方案，鉴别未知化合物，并写出报告。

（3）说明：指导教师可根据实验室条件、课程要求，改变未知化合物的种类、数量；配制好可能使用的各种鉴定试剂；如果需要可向学生提供操作说明等。

6.1.1.3　实验设计提示

（1）有机物的鉴定实际上就是官能团的鉴定，因此首先要确定有机物中的官能团，再根据官能团的不同性质来设计鉴别方案。

（2）复习卤代烃、醇、酚、醚、醛、酮以及胺的化学性质及官能团的特性反应，预测可能观察到的现象。

（3）水、10％氢氧化钠溶液、10％碳酸氢钠溶液和 10％盐酸能区别醛、酮、醇、酚、羧酸和胺。能溶于水的化合物，都能溶于 10％氢氧化钠溶液、10％碳酸氢钠溶液和 10％盐酸。

（4）高锰酸钾溶液可氧化醇、醛；2,4-二硝基苯肼可鉴别醛、酮；氯化铁溶液可鉴别烯醇、酚类化合物；碘试剂可鉴别甲基酮、2-羟基烃等；卢卡斯（Lucas）试剂能区别可溶于水的伯、仲、叔醇；托伦试剂可鉴别醛；兴斯堡（Hinsberg）试剂可以区别伯、仲、叔胺。

这些试剂所用的溶剂必须是纯的，否则可能出现干扰现象。

（5）设计实验时最好设计成一个表格，列出可能的未知化合物、选用的鉴定反应和预期出现的现象。

（6）在用反应（如卢卡斯反应）速率区别化合物时，可用已知结构物进行对照试验。

（7）实验所用仪器必须是干净的，试剂最好是新配制的，试剂用量要合理，鉴别实验最好一次完成。否则预期的现象可能不明显或不出现，需要重做。

6.1.1.4 实验基础知识与技能

（1）卤代烃的鉴定　卤代烃与硝酸银作用产生卤化银沉淀，通常烯丙基型卤代烃、叔卤代烃能立即反应，伯、仲卤代烃加热后反应，芳香卤代烃、乙烯基型卤代烃等在加热条件下也不与硝酸银作用。

（2）醇的鉴定

① 醇与硝酸铈铵溶液作用生成红色配合物。

$$\underset{(橘黄色)}{(NH_4)_2Ce(NO_3)_6} + ROH \longrightarrow \underset{(红色)}{(NH_4)_2Ce(OR)(NO_3)_5} + HNO_3$$

② 伯、仲醇可被橙色的铬酸溶液氧化，溶液变为蓝绿色；叔醇不被氧化。

③ 卢卡斯试剂与伯、仲、叔醇的反应速率不同。叔醇与卢卡斯试剂立即反应，变浑浊；仲醇加热数分钟后变浑；伯醇加热很长时间也不变化。

（3）酚的鉴定

① 酚类与氯化铁溶液产生有色配合物（苯酚呈蓝紫色，间苯二酚呈紫色，对苯二酚呈暗绿色），可鉴定稳定的烯醇结构。

② 酚类不仅可使溴水褪色，还会产生沉淀。例如，苯酚与溴水作用，产生三溴苯酚沉淀。

$$C_6H_5\text{—}OH + 3Br_2 \longrightarrow 2,4,6\text{-}Br_3C_6H_2\text{—}OH\downarrow + 3HBr$$

（4）醛、酮的鉴定

① 鉴定醛、酮等羰基的重要试剂是2,4-二硝基苯肼，反应后生成黄色、橙色或橙红色的2,4-二硝基苯腙。

② 弱氧化剂托伦试剂可氧化醛发生银镜反应而不能氧化酮，可用来区别醛、酮。

③ 碘仿反应可用来确定是否存在甲基酮、乙醛和结构如 $CH_3CH(OH)$—的醇。这些物质与碘的碱溶液作用能产生黄色的碘仿沉淀。

（5）胺的鉴定

① 兴斯堡试验（苯磺酰氯与胺的反应）可用来鉴别三级不同的胺。伯胺与苯磺酰氯反应生成的苯磺酰胺沉淀，可溶于氢氧化钠；仲胺反应生成的沉淀不溶于氢氧化钠；叔胺不与苯磺酰氯反应。

② 与亚硝酸作用时，脂肪族伯胺放出氮气；芳香伯胺低于5℃稳定，升至室温放出氮气；仲胺生成黄色的 *N*-亚硝基化合物；脂肪叔胺生成铵盐，无现象；芳香叔胺生成翠绿色的 *C*-亚硝基化合物。

（6）试剂的配制　下面是上述鉴定实验中所用的一些试剂的配制方法。

① 硝酸铈铵试剂：取100g 硝酸铈铵加250mL 2mol/L 硝酸，加热溶解后放冷。

② 铬酸试剂：取25g CrO_3 加入到25mL 浓硫酸中，搅拌至形成均匀的浆状液，然后用

15mL蒸馏水稀释至形成清亮的橙色溶液。

③ 卢卡斯试剂：将无水氯化锌在蒸发皿中加强热熔融，稍冷后在干燥器中冷却至室温，取出捣碎，称取136g溶于90mL浓盐酸中，放冷后贮于玻璃瓶中，塞紧。

④ 溴水溶液：溶解15g溴化钾于100mL水中，加入10g溴，振摇。

⑤ 2,4-二硝基苯肼试剂：取2,4-二硝基苯肼1g，加入7.5mL浓硫酸，溶解后倒入75mL 95%乙醇中，用水稀释至250mL。

6.1.1.5 问题讨论

总结官能团化合物鉴定的一般方法及实施步骤。

6.1.2 某有机混合物的分离与纯化

6.1.2.1 实验目的

（1）了解常见有机物的分离、纯化方法。

（2）理解色谱分离的原理和方法，掌握薄层色谱（TLC）分离的具体操作。

6.1.2.2 实验原理

阿司匹林、非那西汀、醋氨酚等都是常见的非处方止痛药。除了单独成分制成药片外，在非处方止痛药商品中还常见到复方止痛药，即它们中的两种或三种复配。有的还加入咖啡因或其他活性组分进行复配，满足不同人群和不同疼痛症状的需要。常见的非处方止痛药活性组分见表6-1。

表6-1 常见的非处方止痛药活性组分

商品名	止痛药活性组分			
	阿司匹林	非那西汀	醋氨酚	咖啡因
阿司匹林肠溶片	√			
扑热息痛(醋氨酚)			√	
非那西汀		√		
酚咖片			√	√
复方对乙酰氨基酚	√		√	√
复方阿司匹林(镇痛片)	√	√		√
紫外吸收 λ_{max}/nm	276	249	250	273
化合物的熔点/℃	135～138	134～136	169～170	234～237

阿司匹林、非那西汀、醋氨酚、咖啡因的结构式如下：

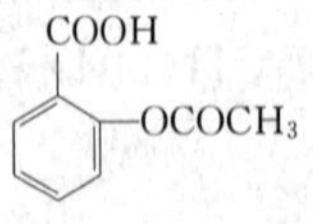

乙酰水杨酸（阿司匹林，醋柳酸）　对乙酰氨基苯乙醚（非那西汀）　对乙酰氨基酚（醋氨酚，扑热息痛）　咖啡因（来自茶叶提取物）

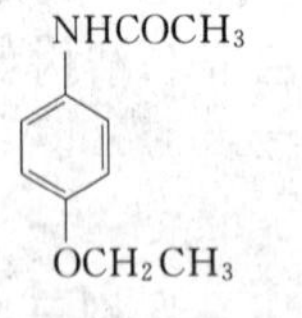

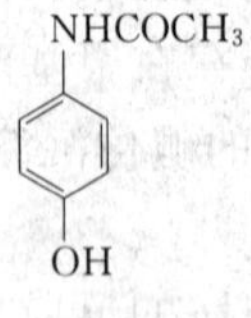

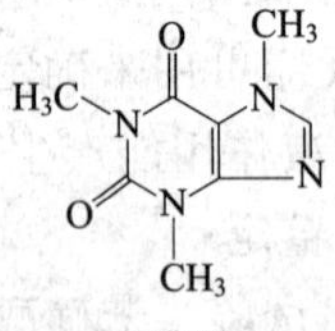

6.1.2.3 实验内容与要求

设计题目：复方止痛药片成分的分离与鉴定。

设计要求：参考以上色谱分离原理，设计分离、测定复方对乙酰氨基酚药片或复方阿司匹林（镇痛片）药片的活性组分的实验。

要求独立设计，分组讨论确定具体实验方案，并实施操作，鉴别出活性组分。

6.1.2.4 设计思路

具体方法简单的可用薄层色谱（TLC）分离分析法，也可用高效液相色谱法，甚至可以先分离出纯活性组分后进行测定。下面就 TLC 提供一些设计参考。

(1) 非处方止痛药片包括两大组分：非活性组分，主要是淀粉等辅料；活性组分，即表6-1 中的化合物，活性组分种类不同、含量不等。

(2) 可用二氯甲烷与甲醇的 1∶1(体积比) 混合物萃取，把药片的活性组分与非活性组分分开。

(3) 根据显色方式选择吸附剂硅胶的种类。按相应要求制板，或采用市售的商品薄层板。

(4) 展开剂可用乙酸乙酯，也可以采用混合展开剂。

(5) 显色可用碘蒸气熏蒸法，也可以在紫外灯下观察斑点。

(6) 要用标样确定各组分的 R_f 值 (怎样得到标样?)。

(7) 如果要分离出纯的各组分，制板时吸附剂的涂层要厚，点样品成条状。

6.1.2.5 设计说明

指导教师可根据当地药店供应止痛药片的情况选用其他止痛药片供学生实验用。

6.1.2.6 问题讨论

总结自己做设计性实验的体会。

6.2 有机化学实验条件和有机化合物制备工艺的研究

有机化学实验的另一个重要问题是反应条件 (实验参数) 的确定。这也是一项繁杂的工作。一个化学反应的实验条件由反应物结构、数量、催化剂、温度等参数所决定。

反应条件直接影响反应物的转化率和产物的产率。适当的反应条件，需要通过查阅资料，参照相似反应、试剂实验参数，然后反复实践、比较、筛选才能最后确定下来。例如，酯化反应是可逆平衡反应，反应物酸与醇的结构、配料比、催化剂、温度等都影响平衡、反应速率以及转化率。要得到高收率的酯，需过量加入某一反应物或将产物分离出反应体系。

有机化合物制备工艺的研究是有机化学研究课题最基本也是最重要的研究方面。作为有机化合物制备研究性实验，其基本方面应包括：实验题目与背景材料；文献资料查阅与评述；实验方法的设计与比较；实验仪器的选择与构建；实验方案的实施与改进；产物的分离、提纯与鉴定等步骤。在此基础上进行实验参数的优化和结果的创新，直至得到较满意的结果。从完整性考虑，还可对化学工艺进行研究与设计。

6.2.1 乙酸戊酯制备条件的研究

6.2.1.1 实验目的

(1) 了解有机化学制备反应具体实验条件的重要性。

(2) 研究、确定制备乙酸戊酯的具体实验条件。

6.2.1.2 实验内容与要求

研究题目：乙酸戊酯的制备实验条件的研究。

研究内容：通过对有机化学反应——乙酸戊酯的制备实验之实验条件的研究，确定提高乙酸戊酯收率的制备实验条件与实验步骤。

6.2.1.3 研究思路

做 4 个试验，前 3 个试验在回流反应装置中完成，后 1 个试验在回流分水反应装置中完成。

试验 1：醋酸 0.1mol，戊醇 0.1mol，浓硫酸 5 滴。

试验 2：醋酸 0.1mol，戊醇 0.1mol，不加浓硫酸。

试验 3：醋酸 0.12mol，戊醇 0.1mol，浓硫酸 5 滴。

试验 4：醋酸 0.1mol，戊醇 0.1mol，浓硫酸 5 滴，苯 5mL。

做试验 1、2、3 时，在烧瓶中分别加入上述反应物和几粒沸石。缓慢加热时反应物出现回流，继续回流 30min 后冷却，用 5mL 冷水洗涤反应混合物，再用饱和碳酸钠溶液洗涤两次，每次用 5mL，最后再用 5mL 水洗涤一次。加入 5mL 苯，将混合物倒入 50mL 烧瓶中，蒸馏收集 144℃以前的馏分，保存残留液。馏出液再重新蒸馏收集 144℃以前的馏分，合并两次蒸馏的残留液进行蒸馏，收集 144～150℃的乙酸戊酯。

试验 4 在回流分水反应装置中进行到几乎没有生成水进入分水器中（约 30min）为止。在反应过程中及时让分水器中的有机层流回反应器中。记录反应分出的水量。按前 3 个试验的方法（但不加 5mL 苯）分离、纯化乙酸戊酯。

6.2.1.4 研究说明

具体研究的问题主要有以下几点。

（1）比较 4 个试验，确定乙酸戊酯制备的最优的实验方法。

（2）计算此酯化反应的近似平衡常数。

（3）研究实验中加入 5mL 苯是否必要。

（4）研究乙酸丁酯、乙酸异戊酯、乙酸己酯的合成条件，总结出酯制备实验的一般操作方法和条件。

6.2.1.5 结论

写出研究结果的总结报告。

6.2.2 9,9-双(甲氧甲基)芴的制备工艺研究

6.2.2.1 实验目的

（1）了解有机化合物制备工艺研究的重要性。

（2）研究、优选确定制备 9,9-双(甲氧甲基)芴的最佳工艺条件。

6.2.2.2 实验内容与要求

研究题目：9,9-双(甲氧甲基)芴的制备工艺研究。

研究内容：通过对有机化学反应——9,9-双(甲氧甲基)芴的制备之工艺条件的研究，确定 9,9-双(甲氧甲基)芴的制备之最佳工艺参数与具体实验步骤。

6.2.2.3 研究思路

9,9-双(甲氧甲基)芴是聚丙烯齐格勒-纳塔（Ziegler-Natta）催化体系中一种优良的给电子体，这种最新一代齐格勒-纳塔催化体系，对丙烯聚合有明显的调节作用。9,9-双(甲氧甲基)芴分子中两个醚键氧上有孤电子对，可与金属离子配位，形成配合物或螯合物。因此除了两个苯环丰富的电子源的给电子能力外，螺环螯合物两个互相垂直的平面具有空间立体阻碍作用。

9,9-双(甲氧甲基)芴是一个双醚化合物，常规的方法是先在乙醇钠催化作用下，芴与多聚甲醛反应，合成 9,9-双(羟甲基)芴，然后采用相转移催化剂催化，由 9,9-双(羟甲基)芴与甲醛作用，然后再与卤甲烷或硫酸二甲酯进行醚化反应，制得 9,9-双(甲氧甲基)芴。反应式如下：

$$\text{芴}(9\text{-H},\ 9\text{-H}) + HCHO \xrightarrow{C_2H_5ONa} \text{9,9-}(CH_2OH)_2\text{芴} \xrightarrow[\text{或}CH_3I]{(CH_3)_2SO_4} \text{9,9-}(CH_2OCH_3)_2\text{芴}$$

（1）文献查阅与评述　经查阅美国《化学文摘》（CA）和专利文献，有关合成这个化合物的文献很少。有 3 篇有实质性参考价值的文献，内容概括如下。

合成 9,9-双(羟甲基)芴：

$$\text{芴}(H)(H) + HCHO \xrightarrow[\text{DMSO}]{C_2H_5ONa} \text{芴}(CH_2OH)(CH_2OH) \qquad (1)$$

合成 9,9-双(甲氧甲基)芴：

$$\text{芴}(CH_2OH)(CH_2OH) + CH_3I \xrightarrow[N_2\text{保护}]{NaH} \text{芴}(CH_2OCH_3)(CH_2OCH_3) \qquad (2)$$

$$\text{芴}(CH_2OH)(CH_2OH) + (CH_3)_2SO_4 \xrightarrow[NaOH]{\text{相转移催化剂}} \text{芴}(CH_2OCH_3)(CH_2OCH_3) \qquad (3)$$

经过比较，（1）、（3）二式所示的路线可行。（为什么？）

（2）实验方案的设计与实施

① 9,9-双(羟甲基)芴的制备研究的参考实验过程　在三口烧瓶上安装机械搅拌，置冰水浴中。依次向三口烧瓶中加入 4g 多聚甲醛、0.7g 乙醇钠、3.5mL 无水乙醇、50mL 二甲基亚砜（DMSO），搅拌。将溶解 8g 芴的 50mL DMSO 溶液在 30s 内加入三口烧瓶，继续搅拌 3min 后，用 1mL 浓盐酸终止反应。再加入 200mL 水，有白色固体析出。分别用 80mL、40mL、20mL 乙酸乙酯萃取三次，合并萃取液。加适量水蒸出乙酸乙酯与水的共沸物。过滤出产物。用 50mL 甲苯重结晶得针状晶体 9,9-双(羟甲基)芴。晾干后称重，计算产率，测熔点。

② 9,9-双(甲氧甲基)芴的制备研究的参考实验过程　依次向三口烧瓶中加入 5g 9,9-双(羟甲基)芴、0.125g 硫酸氢四丁基铵、含 10g 氢氧化钠的 50% 溶液、30mL 甲苯，在搅拌条件下于 2h 内将 5.6g 硫酸二甲酯和 30mL 甲苯的混合物滴入三口烧瓶中，继续搅拌反应 5h。停止搅拌后，烧瓶中反应液分层，上层为淡黄色清液，下层为乳白色溶液。分出甲苯层，用水洗涤至中性。倒入烧瓶中，再加入适量水，蒸馏，收集甲苯与水的共沸物。过滤出黄色固体产物。用 15mL 乙醇重结晶，得到 9,9-双(甲氧甲基)芴针状晶体。干燥后测熔点。

6.2.2.4　研究问题

（1）9,9-双(羟甲基)芴的制备研究

① 溶剂 DMSO 的作用，改换其他溶剂的可能性。

② 产物结构的表征和含量分析（可用 NMR、IR）。

③ 粗产物的组成分析（用 TLC 定性分析，展开剂用乙酸乙酯-庚烷（体积比 4∶1）；也可用 HPLC 定性分析）。

④ 用 TLC 或柱色谱分离出产物的各组分，并鉴定各组分。

⑤ 优化反应的各参数（包括强碱的选择）。

⑥ 粗产物中有乙酸乙酯或热甲苯不溶物，试找出原因，提出解决办法。

⑦ 讨论反应机理。

（2）9,9-双(甲氧甲基)芴的制备研究

① 改变硫酸二甲酯、氢氧化钠的加料顺序、方式。

② 产物结构的表征和含量分析（可用 NMR 谱）。

③ 用 TLC 或 HPLC 定性分析粗产物的生成。

④ 用 TLC 或柱色谱分离粗产物各组分，用 NMR 谱鉴定分离出来的各组分。

⑤ 反应温度对产物产率的影响。

⑥ 优化反应各参数（包括相转移催化剂的选择）。

⑦ 讨论反应机理。

（3）化学工艺的研究　研究溶剂、萃取剂、副产物回收、循环利用等内容。

6.2.2.5　结论

写出实验总结报告。

6.3　有机反应机理研究

对反应机理的研究可以加深对有机反应的理解，有利于合理改变实验条件，提高反应产率。通过机理研究，也可了解结构与反应活性之间的关系。

6.3.1　丙酸正丙酯的制备反应机理研究

6.3.1.1　实验目的

（1）了解有机反应机理研究的重要性。

（2）研究确定制备丙酸正丙酯过程中产物与反应机理的关系。

6.3.1.2　实验内容与要求

研究题目：制备丙酸正丙酯的反应机理研究。

研究内容：通过对丙酸正丙酯的制备之反应产物的研究，确定丙酸正丙酯制备的反应机理。

6.3.1.3　研究思路

有时，一种特殊的酸不易有效地与醇发生反应生成酯。当碰到这种情况时，就可以直接用醇来制备酯。用这种方法已制得了正丁酸正丁酯，然而有关这个反应的机理问题却很少有人研究过。

在此制备中，将以正丙醇、重铬酸钠等为主要原料进行反应，然后将产物分离，并根据产物的组成解释反应如何发生，即反应机理问题。反应中使用乙酸具有两个目的：①使缩醛的形成降到最少；②有助于确定反应机理。

6.3.1.4　研究问题

（1）试剂用量　正丙醇，15.0mL(0.2mol)；重铬酸钠（含两分子结晶水），20.0g(0.067mol)，溶于32mL 水中；乙酸，6.0mL(0.1mol)；硫酸，27mL，溶于60mL 水中。

（2）参考实验步骤　将正丙醇放入250mL 锥形瓶中。在冰盐浴中冷却，并加入硫酸溶液。混合物冷却到10℃，加入乙酸。在搅动的混合物中加入重铬酸钠溶液，滴加速度以维持反应温度接近10℃为宜，任何时候不得超过15℃，滴加时间约需20min。分出有机层，用冰水洗涤三次，每次用5mL。加入固体碳酸氢钠直至不再放出二氧化碳。最后用5mL 冰水洗涤产物，分离后用无水硫酸钠干燥。将混合物分馏，收集主要馏分，并确定其成分。反应混合物的可能组成为下列化合物（括号中为相应的沸点）：正丙醇（97℃）、丙醛（49℃）、乙酸正丙酯（101℃）、丙酸正丙酯（123℃）、二正丙基缩丙醛（170℃）。

如果有丙酸和乙酸存在，在碳酸氢钠处理时将被除去。要特别注意收集沸点在120～126℃的馏分。

（3）机理研究　主要产品是什么？其产量如何？关于它的生成方式有下列两种意见：

① 丙醇一部分被氧化成相应的酸，然后这两个化合物再发生反应。写出反应方程式。化合物是否以这个方式生成？在回答时考虑下面因素：

a. 根据浓度、催化剂和温度，反应条件是否有利于直接酯化？

b. 如发生直接酯化，可以生成多少乙酸正丙酯？是否得到可观数量的化合物？

② 丙醇被氧化为丙醛，它立刻生成半缩醛。半缩醛氧化得到产品。写出反应方程式。在什么条件下可以直接形成缩醛？反应条件是否有利于这个机理？所假定的半缩醛氧化是否讲得通？（与醇的氧化比较）

试说明产品收率低的原因。实验第一部分馏分检查丙醛和正丙醇是否存在，是否形成了其他氧化产物，而导致产品收率降低。

6.3.1.5　注意事项

（1）乙酸不要接触皮肤，要保护眼睛，不要吸入其蒸气。

（2）2,4-二硝基苯肼有毒，不要接触皮肤。

（3）重铬酸钠在酸溶液中是强氧化剂，要保护皮肤、眼睛和衣服。

6.3.1.6　结论

写出实验总结报告；列出主要反应机理。

6.3.2　溴对反式肉桂酸亲电加成的立体化学反应机理研究

6.3.2.1　实验目的

（1）了解有机反应机理研究的重要性。

（2）研究确定溴与烯烃的亲电加成产物与反应机理的关系。

6.3.2.2　实验内容与要求

研究题目：溴对反式肉桂酸的亲电加成——反应的立体选择性问题。

研究内容：通过对溴对反式肉桂酸亲电加成反应产物的研究，推测出反应的立体化学特征及反应机理。

6.3.2.3　研究思路

反应式为：

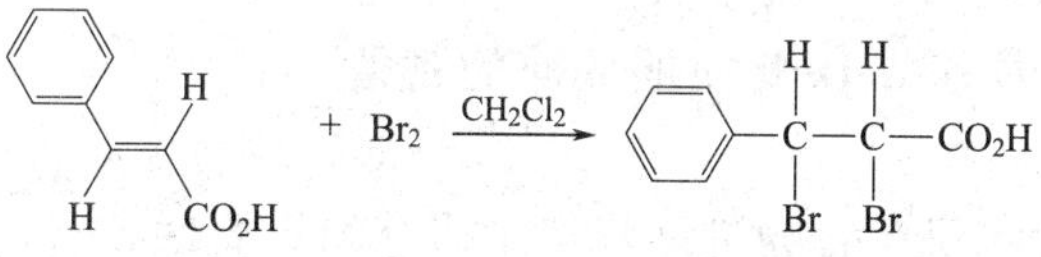

$$C_6H_5CH=CHCO_2H + Br_2 \xrightarrow{CH_2Cl_2} C_6H_5-CHBr-CHBr-CO_2H$$

2,3-二溴-3-苯基丙酸

对映体(2*S*,3*S*)和(2*R*,3*R*)

熔点为93.5～95℃

对映体(2*S*,3*R*)和(2*R*,3*S*)

熔点为202～204℃

溴对反式肉桂酸的加成生成有两个手性中心的二溴化物，故有四种可能的立体异构体，形成两对外消旋体。

- CO_2H；Br—C—H；H—C—Br；C_6H_5　(2*S*,3*S*)
- CO_2H；H—C—Br；Br—C—H；C_6H_5　(2*R*,3*R*)

苏式(thero)异构体

- CO_2H；H—C—Br；H—C—Br；C_6H_5　(2*S*,3*R*)
- CO_2H；Br—C—H；Br—C—H；C_6H_5　(2*R*,3*S*)

赤式(erythro)异构体

本实验中，将通过对加成产物——二溴化物熔点的测定，确定生成了哪一对异构体，从而推测出反应的立体化学特征及反应机理。

6.3.2.4　实验用品

仪器：BC1-X-4 数字熔点测定仪。

药品：反式肉桂酸，10%溴的二氯甲烷溶液，二氯甲烷，乙醇。

6.3.2.5　参考实验步骤

在 25mL 圆底烧瓶中加入 0.6g(4mmol) 反式肉桂酸、3.5mL 二氯甲烷和 2mL 10%溴的二氯甲烷溶液，振荡后加入几粒沸石，装上冷凝管。将烧瓶置于烧杯的水浴中，保持水浴温度为 45～50℃，回流 30min。回流期间，如溴颜色消失，从冷凝管上端滴加少量溴溶液，直至反应物呈淡橙色保持不变。

将反应物冷却至室温，然后置于冰水浴中冷却 10min，促使产物结晶完全。抽滤，粗产物每次用 2mL 冷二氯甲烷洗涤 3 次，抽干。

将粗产物转移至锥形瓶中，加入 2mL 乙醇，在水浴中加热至沸。如结晶未全溶，每次补加 0.5mL 乙醇至结晶全溶。在醇溶液中加入等体积的水，在水浴中温热至结晶开始形成，冷却室温并置于冰水浴中冷却，抽滤，干燥后测熔点并计算收率。

根据测定的产物熔点，确定该实验为顺式或反式加成，写出反应机理并对实验结果加以解释。

6.3.2.6　思考题

(1) 分别写出溴与顺-2-丁烯、反-2-戊烯的反应产物的结构式。

(2) 本实验中反应混合物中为何要保持过量的溴？如何确定溴是否过量？

6.4　手性化合物的实验研究

手性化合物特别是手性药物、手性农药的需要日益增加，已发展成高新技术产业。合成手性化合物有两种方法。一种是由高纯对映体为起始手性物质（如手性辅助剂、手性配体、手性催化剂）经不对称合成得到；另一种是对称合成得到外消旋体经拆分得到。日前，后一种方法仍是获得大量对映体纯化合物的主要方法。外消旋体的拆分方法有多种，其中分子识别的方法是新近发展起来的一种适用方法。

6.4.1　1,2,3,4,6-五乙酰基-α-D-吡喃葡萄糖的制备

6.4.1.1　实验目的

(1) 了解由天然手性有机化合物进一步衍生研究的重要性。

(2) 研究掌握由手性源合成的方法合成手性有机化合物。

6.4.1.2　实验内容与要求

研究题目：1,2,3,4,6-五乙酰基-α-D-吡喃葡萄糖的制备——手性源合成方法的问题。

研究内容：通过对 1,2,3,4,6-五乙酰基-α-D-吡喃葡萄糖的制备的研究，掌握由手性源合成手性有机化合物的方法。

6.4.1.3　研究思路

自然界中 D-(+)-葡萄糖是以环形半缩醛形式存在的，有 α-型和 β-型两种差向异构体。将葡萄糖与过量的乙酸或乙酸酐在催化剂存在下加热，所有的 5 个羟基都被乙酰化，用无水氯化锌作催化剂时，生成的主要产物为 1,2,3,4,6-五乙酰基-α-D-吡喃葡萄糖；用无水乙酸钠作催化剂时，大部分为 1,2,3,4,6-五乙酰基-β-D-吡喃葡萄糖。从立体构型来看，β-异构体比 α-异构体稳定，但在无水氯化锌催化作用下 β-异构体也能转换为 α-异构体。

反应式如下：

$ZnCl_2,Ac_2O$

Ac_2O,CH_3COONa

$ZnCl_2$

6.4.1.4 实验用品

仪器：BC1-X-4 数字熔点测定仪。

药品：D-(+)-葡萄糖，乙酸酐，无水氯化锌，无水乙酸钠，乙醇。

6.4.1.5 参考实验步骤

（1）1,2,3,4,6-五乙酰基-*α*-D-吡喃葡萄糖的制备　在 50mL 圆底烧瓶中加入 0.7g 无水氯化锌、12.5mL 乙酸酐。装上回流冷凝管，在沸水浴中加热 5～10min，慢慢加入 2.5g 粉末状葡萄糖，轻轻摇动混合物，以便控制发生激烈的反应，反应瓶在水浴上加热 1h，将反应物倒入一个盛有 125mL 冰水的烧杯中，搅拌混合物，使产生的油状物完全固化。过滤，用少量冷水洗涤，用乙醇重结晶，一般需要重结晶两次。产量为 3.05g，产率为 56.3%，熔点为 110～111℃。

（2）1,2,3,4,6-五乙酰基-*β*-D-吡喃葡萄糖的制备　将 2g 无水乙酸钠与 2.5g 干燥的葡萄糖在一干燥的研钵中一起研碎，将此粉状混合物置于 50mL 圆底烧瓶中，加入 12.5mL 乙酸酐。装上回流冷凝管，在水浴上加热直到成为透明溶液（约需 30min，时时振摇），再继续加热 1h。将反应混合物倾入盛有 150mL 冰水的烧杯中，搅拌，并放置 10min，直至固化为止。减压过滤，用水洗涤结晶数次。然后用 25mL 乙醇重结晶，使其熔点达到 131～132℃，需重结晶两次。产量为 3.5g，产率为 64.6%。

（3）1,2,3,4,6-五乙酰基-*β*-D-吡喃葡萄糖转化成 1,2,3,4,6-五乙酰基-*α*-D-吡喃葡萄糖　在50mL 圆底烧瓶中加入 12.5mL 乙酸酐，迅速加入 0.25g 无水氯化锌，装上回流冷凝管，在沸水浴中加热 5～10min 至固体溶解。然后迅速加入 2.5g 1,2,3,4,6-五乙酰基-*β*-D-吡喃葡萄糖，在水浴上加热 30min。将热溶液倒入盛有 125mL 冰水的烧杯中，激烈搅拌以诱导油滴结晶。减压过滤，用冰水洗涤，用乙醇或甲醇重结晶，熔点为 110～111℃。

6.4.1.6 思考题

在冰水中，搅拌固化时为什么要尽量使块状固体成为粉末？

6.4.2 1,1′-联-2-萘酚的合成及其拆分

对映体纯 1,1′-联-2-萘酚（简写成 BINOL，*R*-或 *S*-1,1′-联-2-萘酚）的衍生物是不对称合成中应用最广泛、不对称诱导效果最好的手性辅助剂之一。

6.4.2.1 实验目的

（1）了解外消旋体的拆分方法和手性拆分的重要意义。

（2）研究手性化合物的制备及其拆分的方法。

6.4.2.2 实验内容与要求

研究题目：外消旋体 1,1′-联-2-萘酚的合成及其拆分的研究。

研究内容：研究在不同反应条件下合成外消旋体 1,1′-联-2-萘酚，并且对拆分剂氯化 *N*-苄基辛可宁的制备和拆分应用进行研究。

6.4.2.3 研究思路

(1) 文献的查阅与评述　BINOL 的制备方法与研究一直十分活跃，有上百篇研究论文发表。虽然用不对称合成方法得到对映体纯 BINOL 的报道也不少，但外消旋体的拆分方法仍占主导地位。由 2-萘酚氧化偶联得到外消旋体化合物，其拆分方法不少于 20 种。适用作教学实验的（±)-BINOL 的合成方法有用水为分散介质，$FeCl_3$ 为氧化剂将固体 2-萘酚偶联；以 $FeCl_3$ 为氧化剂，2-萘酚固体固相氧化偶联；微波加速 $FeCl_3$ 氧化 2-萘酚偶联等方法。

BINOL 的拆分方法有以下两种。

① 氧化 *N*-苄基辛可宁为拆分剂的分子识别方法

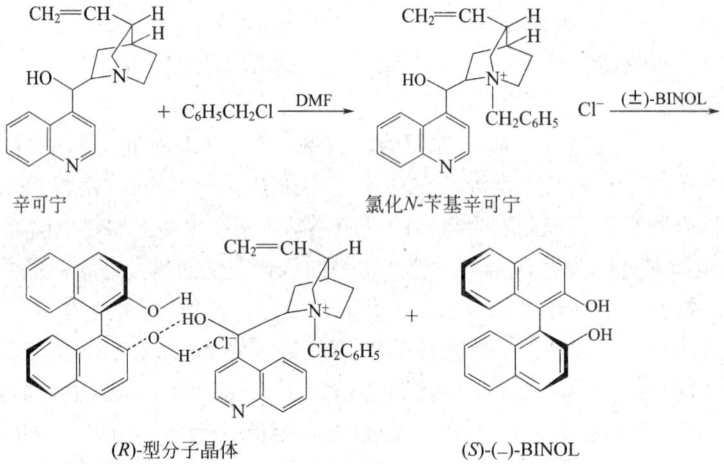

辛可宁 + $C_6H_5CH_2Cl$ $\xrightarrow{DMF}$ 氯化*N*-苄基辛可宁 $\xrightarrow{(\pm)\text{-BINOL}}$ (*R*)-型分子晶体 + (*S*)-(−)-BINOL

(*R*)-型分子晶体 $\xrightarrow{HCl}$ (*R*)-(+)-BINOL + 氯化*N*-苄基辛可宁

(*S*)-(−)-BINOL(在溶液中) $\xrightarrow[\text{②HCl}]{\text{①蒸出溶剂}}$ (*S*)-(−)-BINOL

② 用环硼酸酯法拆分

i-BuOH + H_3BO_3 $\xrightarrow{\text{回流分水}}$ $(i\text{-BuO})_3B + 3H_2O$

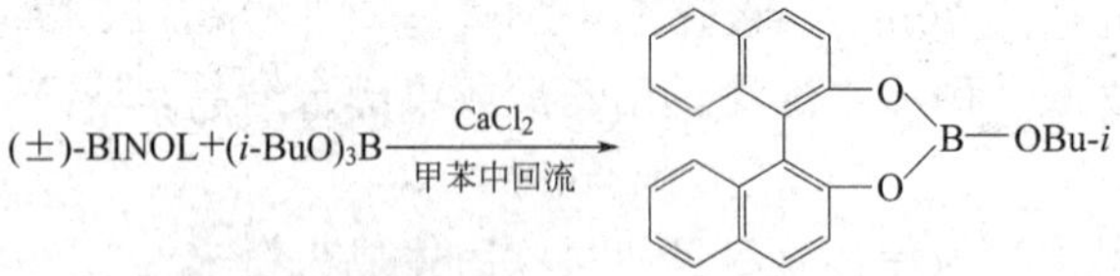

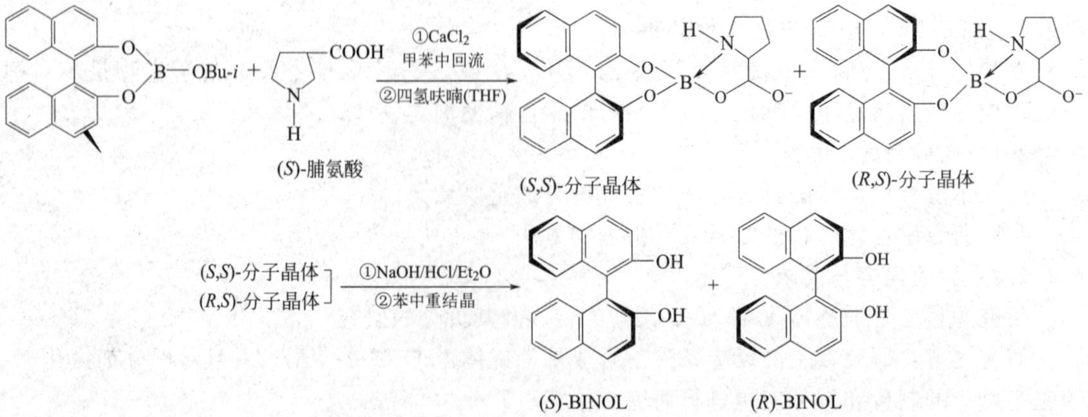

(±)-BINOL+$(i\text{-BuO})_3B$ $\xrightarrow[\text{甲苯中回流}]{CaCl_2}$ BINOL 环硼酸酯（B—OBu-*i*）

BINOL 环硼酸酯（B—OBu-*i*） + (*S*)-脯氨酸 $\xrightarrow[\text{②四氢呋喃(THF)}]{\text{①}CaCl_2\text{ 甲苯中回流}}$ (*S,S*)-分子晶体 + (*R,S*)-分子晶体

(*S,S*)-分子晶体、(*R,S*)-分子晶体 $\xrightarrow[\text{②苯中重结晶}]{\text{①NaOH/HCl/}Et_2O}$ (*S*)-BINOL + (*R*)-BINOL

（2）实验方案设计与实施

①（±）-1,1′-联-2-萘酚的制备研究的参考实验过程

a. 水为分散介质制备（±）-BINOL。在圆底烧瓶中加入 3.8g $FeCl_3 \cdot 6H_2O$ 的 20mL 水溶液和 1g 粉末状 2-萘酚。装上回流冷凝管，在 60℃水浴中搅拌反应 4h。冷却至室温后过滤，用少许水洗去滤饼中的 Fe^{3+} 和 Fe^{2+}。晾干后用 10mL 甲苯重结晶，得到无色晶体 0.93g。测熔点。

b. 固相反应制备（±）-BINOL。将 3.8g $FeCl_3 \cdot 6H_2O$ 和 1g 2-萘酚放在研钵中研细，混合均匀，转移至试管中。将试管放到 60℃水浴中加热 3h。反应产物用适量的水调制成浆液，过滤，用水洗去滤饼中的 Fe^{3+} 和 Fe^{2+}。干燥后用 10mL 甲苯重结晶，得到无色晶体 0.93g。测熔点。

c. 微波加速固相反应制备（±）-BINOL。在研钵中将 3.8g $FeCl_3 \cdot 6H_2O$ 和 1g 2-萘酚研细，混合均匀，转移至小烧杯中。盖上表面皿，放到微波炉中，小火加热。每加热 0.5min 后取出烧杯搅拌反应物。共加热 1.5min 后加入少许水，混合，过滤。洗涤滤饼中的 Fe^{3+} 和 Fe^{2+}，干燥后用 10mL 甲苯重结晶，得到无色晶体 0.91g。测熔点。

②（±）-1,1′-联-2-萘酚的拆分研究的参考实验过程

a. 拆分剂氯化 *N*-苄基辛可宁的制备。在 25mL 烧瓶中依次加入 1.18g 辛可宁、0.76g 氯化苄、8mL *N*,*N*-二甲基甲酰胺（DMF）和电磁搅拌转子。装上回流冷凝管，在 80℃水浴中搅拌反应 3h。冷却至室温，过滤出白色固体。用丙酮洗涤固体两次，每次用丙酮 5mL。得拆分剂 1.28g。测其熔点和旋光度。

b.（±）-BINOL 的拆分。在 25mL 圆底烧瓶中，加入 1.02g(±)-BINOL、0.87g 氯化 *N*-苄基辛可宁和 13mL 乙腈。装上回流冷凝管，加热回流 4h。冷却，逐渐有固体析出。在 0～5℃放置 2h 后过滤，用乙腈洗涤固体两次，每次用乙腈 5mL，合并乙腈层。固体为(*R*)-BINOL 与氯化 *N*-苄基辛可宁的 1∶1 分子配合物。测定熔点、旋光度。保留母液，待回收(*S*)-BINOL。

将白色固体悬浮于 25mL 浓度为 1mol/L 的盐酸中，剧烈搅拌 30min，固体部分溶解。过滤出固体，用少许水洗涤，干燥。用苯重结晶，得(*R*)-BINOL。测定其熔点，在 THF 中测其旋光度。

将上述保存母液中的乙腈蒸出，得到的固体放入 25mL 浓度为 1mol/L 的盐酸中。剧烈搅拌 30min，使固体部分溶解。过滤，用水洗涤，干燥后用苯重结晶，得到（*S*）-BINOL。测熔点，在 THF 中测旋光度。

合并上述两次过滤的母液盐酸溶液，用固体 Na_2CO_3 中和至无气体放出，固体析出。过滤，用甲醇-水混合溶剂重结晶得拆分剂氯化 *N*-苄基辛可宁。计算回收率。

6.4.2.4 研究问题

（1）（±）-1,1′-联-2-萘酚的制备研究

① 产物结构的表征方法（可用 NMR 谱、IR 谱）。

② 粗产物的定性分析｛薄层色谱［展开剂：乙酸乙酯-庚烷（体积比为 1∶4）］、高效液相色谱等｝。

③ 用 TLC 跟踪反应，观察反应过程中组成的变化，确定反应时间。

④ 寻找一个能大规模制备（±）-BINOL 的实验条件（如水中加入其他溶剂）。

（2）（±）-1,1′-联-2-萘酚的拆分研究

① 重复拆分实验，完善实验操作步骤，以获得最大的（*R*)-(＋)-BINOL 和（*S*)-(－)-

BINOL 收率、最好的 *ee* 值和提高氯化 *N*-苄基辛可宁的回收率。

② 可按环硼酸酯法的拆分步骤进行拆分，比较两种方法。

③ 如果实验室中无辛可宁，可用环硼酸酯的拆分方法进行拆分。

6.4.2.5 结论

写出实验总结报告。

6.5 文献实验

在通过基本操作、合成实验的训练之后，可安排学生选做一些难度较大的实验以及进行文献实验。所谓文献实验，是让学生在掌握文献查阅方法后，在教师指导下，选择题目，查阅文献，确定实验步骤，进行一些实验教学内容以外的实验。文献实验对于学生进一步巩固基本知识和实验操作技能，初步掌握文献查阅方法，培养独立进行有机实验的能力是十分必要的。

文献实验的具体过程如下。

(1) 布置课题 文献实验最好能结合科学研究的需要，合成某些原料或中间体，或者结合生产实际，合成一些有实用价值的化合物。课题难度适当，能激发学生主动学习的激情和兴趣。教师要先进行一些研究性工作，对其中的具体问题做到心里有数，这样在指导学生的过程中才能有的放矢。

(2) 查阅文献 教师应向学生介绍有机文献概况，以实验参考书和工具书为主。针对具体题目，要求学生充分查阅相关的文献资料，当查到需要的文献时，应摘录有关化合物的制备方法和物理常数。

(3) 提出方案，进行实验 学生应对所查阅的文献资料进行归纳整理，结合具体情况，提出初步的实验方案。在征求教师的意见后，确定最后的合成路线与实验步骤，独立地进行实验。由于原始文献中报道的实验步骤和实验条件有时没有实验教材那么详细，所以有关仪器的装置、操作条件的选择、产物的鉴定都需要学生运用已掌握的知识和技能进行设计。同时原料的纯化、试剂的配制也需自行处理。

(4) 进行总结，写出实验报告 文献实验报告可按小论文形式进行撰写。报告格式应以一般化学期刊的论文作为借鉴，由题目、作者、日期、摘要、讨论、实验步骤和结果组成。要求学生能简要介绍题目的背景和实验的目的，准确描述实验步骤和实验结果，包括原料的用量、产物的产量和收率、产物的物理常数及文献值等。要根据实验结果写出自己的实验心得以及对实验的改进意见，并在报告结尾引录制备所依据的参考文献。

以阿司匹林的制备实验为例。

阿司匹林是具有解热和镇痛作用的一种药品，用于治疗感冒、发热、头痛等疾病。其学名为乙酰水杨酸，可以从水杨酸出发用不同的方法合成。请利用常用试剂水杨酸、乙酸、乙酸酐、乙酰氯以及其他必备的试剂与仪器，在查阅相关资料的基础上，自行设计出阿司匹林的合成方案，并在实验室里合成出来，按要求写出设计报告和实验报告。

设计报告如下。

一、实验目的

根据给定的试剂，在查阅相关资料的基础上自行设计并合成得到乙酰水杨酸（阿司匹林），培养查阅资料和自行设计实验的初步能力。

二、实验原理

阿司匹林即乙酰水杨酸，是一种常用的非处方解热镇痛药，用于治疗感冒、发热、头痛、牙痛等疾病。阿司匹林的制备事实上就是水杨酸邻位羟基被酯化的过程，可以使用乙酸、乙酸酐、乙酰氯对其进行酯化。反应式如下：

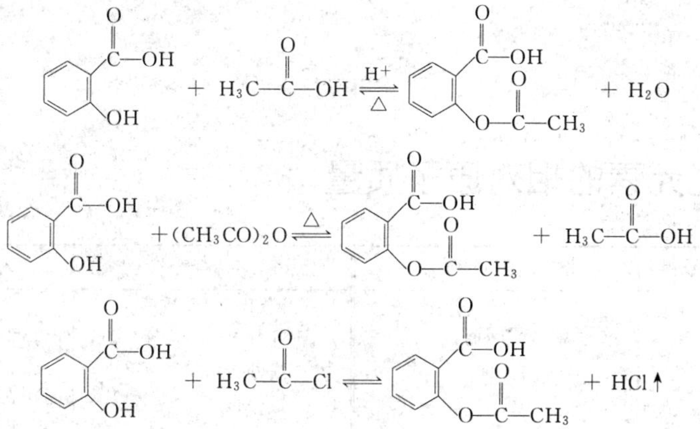

$$C_6H_4(OH)\overset{\overset{O}{\|}}{C}{-}OH + H_3C{-}\overset{\overset{O}{\|}}{C}{-}OH \xrightleftharpoons[\triangle]{H^+} C_6H_4(O{-}\overset{\overset{O}{\|}}{C}{-}CH_3)\overset{\overset{O}{\|}}{C}{-}OH + H_2O$$

$$C_6H_4(OH)\overset{\overset{O}{\|}}{C}{-}OH + (CH_3CO)_2O \xrightleftharpoons{\triangle} C_6H_4(O{-}\overset{\overset{O}{\|}}{C}{-}CH_3)\overset{\overset{O}{\|}}{C}{-}OH + H_3C{-}\overset{\overset{O}{\|}}{C}{-}OH$$

$$C_6H_4(OH)\overset{\overset{O}{\|}}{C}{-}OH + H_3C{-}\overset{\overset{O}{\|}}{C}{-}Cl \rightleftharpoons C_6H_4(O{-}\overset{\overset{O}{\|}}{C}{-}CH_3)\overset{\overset{O}{\|}}{C}{-}OH + HCl\uparrow$$

三、主要试剂及其物理常量

水杨酸：

乙酰氯：

乙酰水杨酸：

四、实验装置图

带有 HCl 吸收装置的回流滴加反应装置。

五、拟采取的实验步骤或方案设计

按照反应装置图装好反应装置⟶在三口烧瓶中加入？g 水杨酸、……⟶通过恒压滴液漏斗逐滴滴入乙酰氢……⟶待没有 HCl 生成时，停止反应⟶将反应混合倒入……⟶……

六、参考文献

黄涛主编．有机化学实验[M]．第 2 版．北京：高等教育出版社，1998：174.

七、教师评语

附　录

附录 1　常见元素的相对原子质量

元素名称及符号	相对原子质量	元素名称及符号	相对原子质量
银(Ag)	107.868	碘(I)	126.9045
铝(Al)	26.98154	钾(K)	39.098
溴(Br)	79.904	镁(Mg)	24.305
碳(C)	12.011	锰(Mn)	54.9380
钙(Ca)	40.08	氮(N)	14.0067
氯(Cl)	35.453	钠(Na)	22.9898
铬(Cr)	51.996	氧(O)	15.9994
铜(Cu)	63.546	磷(P)	30.97376
氟(F)	18.99840	铅(Pb)	207.2
铁(Fe)	55.845	硫(S)	32.06
氢(H)	1.0079	锡(Sn)	118.71
汞(Hg)	200.59	锌(Zn)	65.409

附录 2　常用酸碱溶液的相对密度及组成

（1）盐酸

HCl 的质量分数	相对密度(d_4^{20})	100mL 水溶液中含 HCl 的质量/g	HCl 的质量分数	相对密度(d_4^{20})	100mL 水溶液中含 HCl 的质量/g
1%	1.0032	1.003	22%	1.1083	24.38
2%	1.0082	2.006	24%	1.1187	26.85
4%	1.0181	4.007	26%	1.1290	29.35
6%	1.0279	6.167	28%	1.1392	31.90
8%	1.0376	8.301	30%	1.1492	34.48
10%	1.0474	10.47	32%	1.1593	37.10
12%	1.0574	12.69	34%	1.1691	39.75
14%	1.0675	14.95	36%	1.1789	42.44
16%	1.0776	17.24	38%	1.1885	45.16
18%	1.0878	19.58	40%	1.1980	47.92
20%	1.0980	21.96			

（2）硫酸

H_2SO_4 的质量分数	相对密度（d_4^{20}）	100mL 水溶液中含 H_2SO_4 的质量/g	H_2SO_4 的质量分数	相对密度（d_4^{20}）	100mL 水溶液中含 H_2SO_4 的质量/g
1%	1.0051	1.005	10%	1.0661	10.66
2%	1.0118	2.024	15%	1.1020	16.53
3%	1.0184	3.055	20%	1.1394	22.79
4%	1.0250	4.100	25%	1.1783	29.46
5%	1.0317	5.159	30%	1.2185	36.56

续表

H_2SO_4 的质量分数	相对密度（d_4^{20}）	100mL 水溶液中含 H_2SO_4 的质量/g	H_2SO_4 的质量分数	相对密度（d_4^{20}）	100mL 水溶液中含 H_2SO_4 的质量/g
35%	1.2599	44.10	90%	1.8144	163.3
40%	1.3028	52.11	91%	1.8195	165.6
45%	1.3476	60.64	92%	1.8240	167.8
50%	1.3951	69.76	93%	1.8279	170.2
55%	1.4453	79.49	94%	1.8312	172.1
60%	1.4983	89.90	95%	1.8337	174.2
65%	1.5533	101.0	96%	1.8355	176.2
70%	1.6105	112.7	97%	1.8364	178.1
75%	1.6692	125.2	98%	1.8365	179.9
80%	1.7272	138.2	99%	—	181.6
85%	1.7786	151.2	100%	—	183.1

（3）硝酸

HNO_3 的质量分数	相对密度（d_4^{20}）	100mL 水溶液中含 HNO_3 的质量/g	HNO_3 的质量分数	相对密度（d_4^{20}）	100mL 水溶液中含 HNO_3 的质量/g
1%	1.0036	1.004	65%	1.3913	90.43
2%	1.0091	2.018	70%	1.4134	98.94
3%	1.0146	3.044	75%	1.4337	107.5
4%	1.0201	4.080	80%	1.4521	116.2
5%	1.0256	5.128	85%	1.4686	124.8
10%	1.0543	10.54	90%	1.4826	133.4
15%	1.0842	16.26	91%	1.4850	135.1
20%	1.1150	22.30	92%	1.4873	136.8
25%	1.1469	28.67	93%	1.4892	138.5
30%	1.1800	35.40	94%	1.4912	140.2
35%	1.2140	42.49	95%	1.4932	141.9
40%	1.2463	49.85	96%	1.4952	143.5
45%	1.2783	57.52	97%	1.4974	145.2
50%	1.3100	65.50	98%	1.5008	147.1
55%	1.3393	73.66	99%	1.5056	149.1
60%	1.3667	82.00	100%	1.5129	151.3

（4）氢氧化钾

KOH 的质量分数	相对密度（d_4^{20}）	100mL 水溶液中含 KOH 的质量/g	KOH 的质量分数	相对密度（d_4^{20}）	100mL 水溶液中含 KOH 的质量/g
1%	1.0083	1.008	28%	1.2695	35.55
2%	1.0175	2.035	30%	1.2905	38.72
4%	1.0359	4.144	32%	1.3117	41.97
6%	1.0554	6.326	34%	1.3331	45.33
8%	1.0730	8.584	36%	1.3549	48.78
10%	1.0918	10.92	38%	1.3769	52.32
12%	1.1108	13.33	40%	1.3991	55.96
14%	1.1299	15.82	42%	1.4215	59.70
16%	1.1493	19.70	44%	1.4443	63.55
18%	1.1588	21.04	46%	1.4673	67.50
20%	1.1884	23.77	48%	1.4907	71.55
22%	1.2080	26.58	50%	1.5143	75.72
24%	1.2285	29.48	52%	1.5382	79.99
26%	1.2489	32.47			

(5) 氢氧化钠

NaOH的质量分数	相对密度(d_4^{20})	100mL水溶液中含NaOH的质量/g	NaOH的质量分数	相对密度(d_4^{20})	100mL水溶液中含NaOH的质量/g
1%	1.0095	1.010	26%	1.2848	33.40
2%	1.0207	2.041	28%	1.3064	36.58
4%	1.0428	4.171	30%	1.3279	39.84
6%	1.0648	6.389	32%	1.3490	43.17
8%	1.0869	8.695	34%	1.3696	46.57
10%	1.1089	11.09	36%	1.3900	50.04
12%	1.1309	13.57	38%	1.4101	53.58
14%	1.1530	16.14	40%	1.4300	57.20
16%	1.1751	18.80	42%	1.4494	60.87
18%	1.1972	21.55	44%	1.4685	64.61
20%	1.2191	24.38	46%	1.4873	68.42
22%	1.2411	27.30	48%	1.5065	72.31
24%	1.2629	30.31	50%	1.5253	76.27

(6) 碳酸钠

Na_2CO_3的质量分数	相对密度(d_4^{20})	100mL水溶液中含Na_2CO_3的质量/g	Na_2CO_3的质量分数	相对密度(d_4^{20})	100mL水溶液中含Na_2CO_3的质量/g
1%	1.0086	1.009	12%	1.1244	13.49
2%	1.0190	2.038	14%	1.1463	16.05
4%	1.0398	4.159	16%	1.1682	18.50
6%	1.0606	6.364	18%	1.1905	21.33
8%	1.0816	8.653	20%	1.2132	24.26
10%	1.1029	11.03			

附录3 常用有机溶剂的沸点及相对密度

名称	沸点/℃	相对密度(d_4^{20})	名称	沸点/℃	相对密度(d_4^{20})
甲醇	64.9	0.7914	甲苯	110.6	0.8669
乙醇	78.5	0.7890	邻二甲苯	144.4	0.8802
乙醚	34.5	0.7137	对二甲苯	138.5	0.861
正丁醇	117.2	0.8098	间二甲苯	139	0.86
丙酮	56.2	0.7899	氯仿	61.7	1.4832
乙酸	117.9	1.0492	四氯化碳	76.5	1.5940
乙酐	139.5	1.0820	二硫化碳	46.2	1.2632
乙酸乙酯	77.0	0.9003	正丁醇	117.2	0.8098
二氧六环	101.7	1.0337	硝基苯	210.8	1.2037
苯	80.1	0.8786			

附录4 部分共沸混合物的性质

(1) 二元共沸混合物的性质

混合物的组分	101.325kPa 时的沸点/℃		质量分数/%	
	纯组分	共沸物	第一组分	第二组分
水[①]	100			
甲苯	110.8	84.1	19.6	80.4
苯	80.2	69.3	8.9	91.1
乙酸乙酯	77.1	70.4	8.2	91.8
正丁酸丁酯	125	90.2	26.7	73.3
异丁酸丁酯	117.2	87.5	19.5	80.5
苯甲酸乙酯	212.4	99.4	84.0	16.0
2-戊酮	102.25	82.9	13.5	86.5
乙醇	78.4	78.1	4.5	95.5
正丁醇	117.8	92.4	38	62
异丁醇	108.0	90.0	33.2	66.8
仲丁醇	99.5	88.5	32.1	67.9
叔丁醇	82.8	79.9	11.7	88.3
苄醇	205.2	99.9	91	9
烯丙醇	97.0	88.2	27.1	72.9
甲酸	100.8	107.3(最高)	22.5	77.5
硝酸	86.0	120.5(最高)	32	68
氢碘酸	−34	127(最高)	43	57
氢溴酸	−67	126(最高)	52.5	47.5
氢氯酸	−84	110(最高)	79.76	20.24
乙醚	34.5	34.2	1.3	98.7
丁醛	75.7	68	6	94
三聚乙醛	115	91.4	30	70
乙酸乙酯[①]	77.1			
二硫化碳	46.3	46.1	7.3	92.7
正己烷[①]	69			
苯	80.2	68.8	95	5
氯仿	61.2	60.8	28	72
丙酮[①]	56.5			
二硫化碳	46.3	39.2	34	66
异丙醚	69.0	54.2	61	39
氯仿	61.2	65.5	20	80
四氯化碳[①]	76.8			
乙酸乙酯	77.1	74.8	57	43
环己烷[①]	80.8			
苯	80.2	77.8	45	55

① 表示第一组分。

(2) 三元共沸混合物的性质

第一组分		第二组分		第三组分		沸点/℃
名称	质量分数/%	名称	质量分数/%	名称	质量分数/%	
水	7.8	乙醇	9.0	乙酸乙酯	83.2	70.0
水	4.3	乙醇	9.7	四氯化碳	86.0	61.8
水	7.4	乙醇	18.5	苯	74.1	64.9
水	7	乙醇	17	环己烷	76	62.1
水	3.5	乙醇	4.0	氯仿	92.5	55.5
水	7.5	异丙醇	18.7	苯	73.8	66.5
水	0.81	二硫化碳	75.21	丙酮	23.98	38.04

附录 5 常用溶剂和特殊试剂的纯化

市售试剂规格一般分为一级（G. R.）保证试剂、二级（A. R.）分析纯试剂、三级（C. P.）化学纯试剂、四级（L. R.）实验试剂，按照实验要求购买某一规格试剂与溶剂是化学工作者必须具备的基本知识。大多有机试剂与溶剂性质不稳定，久贮易变色、变质，而化学试剂和溶剂的纯度直接关系到反应速率、反应产率及产物的纯度。为合成某一目标分子，选择什么规格的试剂，以及为满足合成反应的特殊要求，对试剂与溶剂进行纯化处理，这些都是有机合成的基本知识与基本操作内容。以下介绍一些常用试剂和某些溶剂在实验室条件下的纯化方法及相关性质。

1. 无水乙醇（absolute ethyl alcohol）

b. p. 78.5℃；n_D^{20} 1.3611；d_4^{20} 0.7893。

市售的无水乙醇一般只能达到99.5%的纯度，而在许多反应中则需用纯度更高的乙醇，因此在工作中经常需自己制备绝对乙醇。通常工业用的95.5%乙醇不能直接用蒸馏法制取无水乙醇，因95.5%乙醇和4.5%的水可形成恒沸混合物。要把水除去，第一步是加入氧化钙（生石灰）煮沸回流，使乙醇中的水与生石灰作用生成氢氧化钙，然后再将无水乙醇蒸出。这样得到的无水乙醇，纯度最高为99.5%。若用纯度更高的无水乙醇，可用金属镁或金属钠进行处理。

（1）用95.5%乙醇初步脱水制取99.5%无水乙醇　在250mL圆底烧瓶中，放入45g生石灰、100mL 95.5%乙醇，装上带有无水氯化钙干燥管的回流冷凝管，在水浴上回流2～3h，然后改装成蒸馏装置，进行蒸馏，收集产品70～80mL。

（2）用99.5%乙醇制取绝对无水乙醇（99.99%）

方法一：用金属镁制取

① 实验原理　反应按下式进行：

$$2C_2H_5OH + Mg \longrightarrow (C_2H_5O)_2Mg + H_2\uparrow$$

乙醇中的水，即与乙醇镁作用形成氧化镁和乙醇。

$$(C_2H_5O)_2Mg + H_2O \longrightarrow 2C_2H_5OH + MgO$$

② 实验步骤　在250mL圆底烧瓶中，放置0.80g干燥纯净的镁条、7～8mL 99.5%乙醇，装上回流冷凝管，并在冷凝管上端安装一支无水氯化钙干燥管（以上所用仪器都必须是干燥的），在沸水浴上或用小火直接加热达微沸。移去热源，立即加入几粒碘（此时注意不要振荡），顷刻即在碘粒附近发生反应，最后可以达到相当剧烈的程度。有时反应太慢则需加热，如果在加碘之后，反应仍不开始，可再加入数粒碘（一般来讲，乙醇与镁的反应是缓慢的，若所用乙醇的含水量超过0.5%时，反应尤其困难）。待全部镁已经反应完毕后，加入100mL 99.5%乙醇和几粒沸石。回流1h，蒸馏，收集产品并保存于玻璃瓶中，用橡皮塞塞住，这样制备的乙醇纯度超过99.99%。

③ 注意事项

a. 由于无水乙醇具有很强的吸水性，在操作过程中必须防止一切水汽侵入仪器中，所用的仪器必须事先干燥。而在使用时操作也必须迅速，以免吸收空气中的水分。

b. 在以上方法中，困难在于促使镁与乙醇开始反应的一步。如果所制的乙醇中含有少量甲醇且对实验并无影响时，则开始所用的7～8mL乙醇可以用甲醇代替，因为甲醇与镁的反应较易进行。

方法二：用金属钠制取

① 实验原理　乙醇与金属钠的反应与金属镁是相似的，当金属钠溶于乙醇时生成乙醇钠。

$$C_2H_5OH + Na \longrightarrow C_2H_5ONa + \frac{1}{2}H_2\uparrow$$

由于以下反应趋向于向右进行，乙醇中大部分水生成氢氧化钠。

$$C_2H_5ONa + H_2O \rightleftharpoons C_2H_5OH + NaOH$$

再通过蒸馏即可得到所需的无水乙醇。由于以上反应的可逆性，这样制备的乙醇还含有极少量的水，但已能符合一般的实验要求。

如果在加入金属钠后，再加入相当量的某种高沸点有机酸的乙酯（常用的是邻苯二甲酸二乙酯或琥珀酸乙酯），由于以下反应，消除了上述的可逆反应，因而这样制备的乙醇可以达到极高的纯度。反应式如下：

$$o\text{-}C_6H_4(COOC_2H_5)_2 + 2NaOH \longrightarrow o\text{-}C_6H_4(COONa)_2 + 2C_2H_5OH$$

② 实验步骤　在250mL圆底烧瓶中，将2.0g金属钠溶于100mL纯度至少是99%的乙醇中，加入几粒沸石，装球形冷凝管，回流30min后进行蒸馏。产品贮于玻璃瓶中，用橡皮塞塞住。

2. 无水乙醚（absolute diethyl ether）

b. p. 34.51℃；n_D^{20} 1.3526；d_4^{20} 0.7138。

市售的乙醚中常含有一定量的水、乙醇和少量其他杂质，如贮藏不当还容易产生少量的过氧化物。对于一些要求以无水乙醚作为介质的反应，实验室中常常需要把普通乙醚提纯为无水乙醚。

（1）实验步骤

① 过氧化物的检验与除去　取0.5mL乙醚，加入0.5mL 2%碘化钾溶液和几滴稀盐酸（2mol/L）一起振荡，再加几滴淀粉溶液。若溶液显蓝色或紫色，即证明乙醚中有过氧化物存在。除去过氧化物的方法是：在分液漏斗中加入普通乙醚和相当于乙醚体积20%的新配制的硫酸亚铁溶液，剧烈振荡后分去水层，将乙醚按下述方法精制。

② 无水乙醚的制备　在250mL圆底烧瓶中，放置100mL除去过氧化物的普通乙醚和几粒沸石，装上冷凝管。冷凝管上端通过一带有侧槽的橡皮塞，插入盛有10mL浓硫酸的滴液漏斗，通入冷凝水，将浓硫酸慢慢滴入乙醚中。由于脱水作用所产生的热，使乙醚自行沸腾，加完后振荡反应物。

待乙醚停止沸腾后，拆下冷凝管，改成蒸馏装置。在接收乙醚的接引管支管上连一氯化钙干燥管，并用橡皮管将乙醚蒸气引入水槽。向蒸馏瓶中加入沸石后，用水浴加热（禁止明火）蒸馏。蒸馏速度不宜太快，以免冷凝管不能冷凝全部的乙醚蒸气。当蒸馏速度显著下降时（收集到70～80mL），即可停止蒸馏。瓶内所剩残液，倒入指定的回收瓶中（切记：不能向残余液内加水!）。

将蒸馏收集到的乙醚倒入干燥的锥形瓶中，加入少量钠丝或钠片，然后使用一个带有干燥管的软木塞塞住，放置48h，使乙醚中残余的少量水和乙醇转变成氢氧化钠和乙醇钠。如果在放置之后全部的金属钠作用完，或钠的表面全部被氢氧化钠所覆盖，就需要再加入少量的钠丝或钠片。观察有无气泡发生，放置至无气泡产生为止，再倒入或滤入一干燥的玻璃瓶中，加入少许钠片，然后将其用一个有锡纸的软木塞塞住。除非在必要时，不要把无水乙醚由一个瓶移入另一瓶（由于乙醚的高度挥发，在蒸发时温度下降，于是空气中的水汽凝聚下来，使乙醚受潮，这种现象在夏天潮湿的季节特别明显）。这样制备的乙醚符合一般要求。

如果需要纯度更高的乙醚（用于敏感化合物），需在氨气保护下，将上述处理的乙醚再加入钠丝，回流，直至加入二苯酮溶液变深蓝色，经蒸馏使用。

（2）注意事项

① 硫酸亚铁溶液的配制　在 110mL 水中加入 6mL 浓硫酸和 60g 硫酸亚铁，溶解即可。硫酸亚铁溶液久置后容易氧化变质，需在使用前临时配制。

② 除去乙醚中的少量过氧化物　加入质量分数为 2％的氯化亚锡溶液，回流 0.5h。

3. 丙酮（acetone）

b. p. 56.2℃；n_D^{20} 1.3588，d_4^{20} 0.7899。

市售的丙酮往往含有甲醇、乙醛、水等杂质，利用简单的蒸馏方法，不能把丙酮和这些杂质分离开。含有上述杂质的丙酮，不能作为某些反应（如 Grignard 反应）的合适原料，需经过处理后才能使用。

三种处理方法如下。

① 于 100mL 丙酮中，加入 0.50g 高锰酸钾进行回流。若高锰酸钾的紫色很快褪掉，需再加入少量高锰酸钾继续回流，直至紫色不再褪时，停止回流，将丙酮蒸出。于所蒸出的丙酮中加入无水碳酸钾进行干燥，1h 后，将丙酮滤入蒸馏瓶中蒸馏，收集 55～56.5℃的蒸出液。

② 于 100mL 丙酮中，加入 4mL 10％硝酸银溶液及 3.5mL 0.1mol/L 的氢氧化钠溶液，振荡 10min，然后再向其中加入无水硫酸钙进行干燥，1h 后蒸馏，收集 55～56.5℃的蒸出液。

③ 于 100mL 丙酮中，加入 3mL 饱和的高锰酸钾溶液，放置 3～4d 后（若颜色消褪，需要再加一些高锰酸钾溶液）蒸出丙酮；并于所蒸出的丙酮中放入无水硫酸钙进行干燥，1h 后，将丙酮滤入蒸馏瓶中蒸馏，收集 55～56.5℃的蒸出液。

4. 无水甲醇（absolute methyl alcohol）

b. p. 64.96℃；n_D^{20} 1.3288；d_4^{20} 0.7914。

市售的甲醇大多数是通过合成法制备的，一般纯度能达到 99.85％，其中可能含有极少量的杂质，如水和丙酮。由于甲醇和水不能形成恒沸混合物，故无水甲醇可以通过高效精馏柱分馏得到纯品。甲醇有毒，处理时应避免吸入其蒸气。制无水甲醇与使用镁制无水乙醇的方法相似。

5. 正丁醇（*n*-butyl alcohol）

b. p. 117.7℃；n_D^{20} 1.3993；d_4^{20} 0.8098。

用无水碳酸钾或无水硫酸钙进行干燥，过滤后，将滤液进行分馏，收集纯品。

6. 苯（benzene）

b. p. 80.1℃；n_D^{20} 1.5011；d_4^{20} 0.8787。

普通苯可能含有少量噻吩。

（1）噻吩的检验　取 5 滴苯于小试管中，加入 5 滴浓硫酸及 1～2 滴 1％ *α*,*β*-吲哚醌的浓硫酸溶液，振摇后呈墨绿色或蓝色，说明含有噻吩。

（2）除去噻吩　可用相当于苯体积 15％的浓硫酸洗涤数次，直至酸层呈无色或浅黄色。然后再分别用水、10％碳酸钠水溶液和水洗涤，用无水氯化钙干燥过夜，过滤后进行蒸馏，收集纯品。若要进一步除水，可在上述的苯中加入钠丝，再经蒸馏收集纯品。

7. 甲苯（toluene）

b. p. 110.6℃；n_D^{20} 1.4961；d_4^{20} 0.8669。

用无水氯化钙将甲苯进行干燥，过滤后加入少量金属钠片，再进行蒸馏，即得无水甲苯。普通甲苯中可能含有少量甲基噻吩。

除去甲基噻吩的方法：在 1000mL 甲苯中加入 100mL 浓硫酸，振荡约 30min(温度不要超过 30℃)，除去酸层；然后再分别用水、10%碳酸钠水溶液和水洗涤，以无水氯化钙干燥过夜；过滤后进行蒸馏，收集纯品。

8. 氯仿 (chloroform)

b. p. 61.7℃；n_D^{20} 1.4459；d_4^{20} 1.4832。

普通的氯仿含有 1%乙醇（它是作为稳定剂加入的，以防止氯仿分解为有害的光气）。

除去乙醇的方法：用其体积一半的水洗涤氯仿 5～6 次，然后用无水氯化钙干燥 24h，进行蒸馏，收集的纯品要放置于暗处，以免见光分解而形成光气。

氯仿不能用金属钠干燥，否则会发生爆炸。

9. 乙酸乙酯 (ethyl acetate)

b. p. 77.06℃；n_D^{20} 1.3723；d_4^{20} 0.9003。

市售的乙酸乙酯中含有少量水、乙醇和乙酸，可用下列方法提纯：

① 用等体积的 5%碳酸钠水溶液洗涤后，再用饱和氯化钙水溶液洗涤数次，以无水碳酸钾或无水硫酸镁进行干燥。过滤后蒸馏，即得纯品。

② 于 100mL 乙酸乙酯中加入 10mL 乙酸酐、1 滴浓硫酸，加热回流 4h，除去乙醇和水等杂质，然后进行蒸馏。馏出液用 2～3g 无水碳酸钾干燥，干燥后再蒸馏，纯度可达 99.7%。

10. 石油醚 (petroleum)

石油醚为轻质石油产品，是低分子量烃类（主要是戊烷和己烷）的混合物。其沸程为 30～150℃，收集的温度区间一般为 30℃左右，如有 30～60℃(d_4^{15} 0.59～0.62)、60～90℃(d_4^{15} 0.64～0.66)、90～120℃(d_4^{15} 0.67～0.72)、120～150℃(d_4^{15} 0.72～0.75) 等沸程规格的石油醚。石油醚中含有少量不饱和烃，沸点与烷烃相近，不能用蒸馏法分离，必要时可用浓硫酸和高锰酸钾把它除去。通常将石油醚用其体积 1/10 的浓硫酸洗涤两三次，再用 10%浓硫酸溶液加入高锰酸钾配成的饱和溶液洗涤，直至水层中的紫色不再消失为止。然后再用水洗，经无水氯化钙干燥后蒸馏。如需要绝对干燥的石油醚，则需加入钠丝（见无水乙醚处理）。

使用石油醚作溶剂时，由于轻组分挥发快，溶解能力降低，通常在其中加入苯、氯仿、乙醚等以增加其溶解能力。

11. 吡啶 (pyridine)

b. p. 115.2℃；n_D^{20} 1.5095；d_4^{20} 0.9819。

用粒状氢氧化钠或氢氧化钾干燥过夜，然后进行蒸馏，即得无水吡啶。吡啶容易吸水，蒸馏时要注意防潮。

12. 四氢呋喃 (tetrahydrofuran)

b. p. 64.5℃；n_D^{20} 1.4050；d_4^{20} 0.8892。

四氢呋喃是具有乙醚气味的无色透明液体。市售的四氢呋喃含有少量水和过氧化物（过氧化物的检验和除去方法同乙醚）。可将市售的无水四氢呋喃用粒状氢氧化钾干燥，放置 1～2d，若干燥剂变性，产生棕色糊状物，说明含有较多的水和过氧化物。经上述方法处理后，可用氢化锂铝（$AlLiH_4$）在隔绝潮气下回流（通常情况下，1000mL 四氢呋喃需 2～4g 氢化锂铝），以除去其中的水和过氧化物，直至在处理过的四氢呋喃中加入钠丝和二苯酮，出现深蓝色的化合物，且加热回流蓝色不褪为止。然后在氮气保护下蒸馏，收集66～67℃的馏分。蒸馏时不宜蒸干，防止残余过氧化物爆炸。

处理四氢呋喃时，应先用少量进行实验，以确定其中只有少量水和过氧化物。当反应不致过于猛烈时方可进行，若过氧化物很多，应另行处理。

精制后的四氢呋喃应在氮气中保存，如需久置，应加入0.025%的抗氧剂2,6-二叔丁基-4-甲基苯酚。

13. *N*,*N*-二甲基甲酰胺（*N*,*N*-dimethylformamide）

b.p. 153℃；n_D^{20} 1.4305；d_4^{20} 0.9487。

市售三级纯以上的*N*,*N*-二甲基甲酰胺含量不低于95%，主要杂质为胺、氨、甲醛和水。在常压蒸馏时会有些分解，产生二甲胺和一氧化碳，若有酸、碱存在，分解加快。

纯化方法：先用无水硫酸镁干燥24h，再加固体氢氧化钾振摇干燥，然后减压蒸馏，收集76℃/4.79kPa(36mmHg)的馏分。若其中含水较多时，可加入1/10体积的苯，在常压下蒸去苯、水、氨和胺，再进行减压蒸馏；若含水量较低时（低于0.05%），可用4A型分子筛干燥12h以上，再蒸馏。

N,*N*-二甲基甲酰胺见光可慢慢分解为二甲胺和甲醛，故宜避光贮存。

14. 二甲亚砜（dimethyl sulfoxide，DMSO）

b.p. 189℃；m.p. 18.5℃；n_D^{20} 1.4783；d_4^{20} 1.0954。

二甲亚砜为无色、无味、微带苦味的吸湿性液体，是一种优异的非质子极性溶剂，常压下加热至沸腾可部分分解。市售试剂级二甲亚砜的含水量约为1%。纯化时，通常先减压蒸馏，然后用4A型分子筛干燥，或用氢化钙粉末（10g/L）搅拌48h，再减压蒸馏，收集64～65℃/533Pa(4mmHg)、71～72℃/2.80kPa(21mmHg)的馏分。蒸馏时，温度不宜高于90℃，否则会发生歧化反应生成二甲砜和二甲硫醚。二甲亚砜与某些物质（如氢化钠、高碘酸或高氯酸镁等）混合时可发生爆炸，应注意安全。

15. 二硫化碳（carbon disulfide）

b.p. 46.35℃；n_D^{20} 1.6319；d_4^{20} 1.2632。

二硫化碳是有毒的化合物（可使血液和神经组织中毒），又具有高度的挥发性和易燃性，使用时必须注意，尽量避免接触其蒸气。普通二硫化碳中常含有硫化氢、硫黄和硫氧化碳（COS）等杂质，故其味很难闻，久置后颜色变黄。

一般有机合成实验中对二硫化碳要求不高，可在普通二硫化碳中加入少量研碎的无水氯化钙，干燥后滤去干燥剂，然后在水浴中蒸馏收集。

若要制备较纯的二硫化碳，则需将二硫化碳用0.5%高锰酸钾水溶液洗涤3次，除去硫化氢；用汞不断振荡除去硫；用2.5%硫酸汞溶液洗涤，除去所有恶臭（剩余的硫化氢）；再经无水氯化钙干燥，蒸馏收集。纯化过程的反应式如下：

$$3H_2S + 2KMnO_4 \longrightarrow 2MnO_2\downarrow + 3S\downarrow + 2H_2O + 2KOH$$

$$Hg + S \longrightarrow HgS\downarrow$$

$$HgSO_4 + H_2S \longrightarrow HgS\downarrow + H_2SO_4$$

16. 二氯甲烷（dichloromethane）

b.p. 39.7℃；n_D^{20} 1.4242；d_4^{20} 1.3266。

二氯甲烷为无色挥发性液体，其蒸气不燃烧，与空气混合也不发生爆炸，微溶于水，能与醇、醚混合。它可以代替醚作萃取溶剂用。

二氯甲烷的纯化可用浓硫酸振荡数次，至酸层无色为止。水洗后，用5%碳酸钠溶液洗涤，然后再用水洗。以无水氯化钙干燥，蒸馏，收集39.5～41℃的馏分。二氯甲烷不能用金属钠干燥，否则会发生爆炸。同时注意不要在空气中久置，以免氧化，应贮存于棕色瓶内。

17. 四氯化碳（tetrachloromethane）

b. p. 76.8℃；n_D^{20} 1.4601；d_4^{20} 1.5940。

普通四氯化碳中含二硫化碳约4%。

纯化方法：1L四氯化碳与由60g氢氧化钾溶于60mL水和100mL乙醇配成的溶液一起在50～60℃剧烈振荡0.5h。用水洗后，减半量重复振荡一次。分出四氯化碳，先用水洗，再用少量浓硫酸洗至无色，然后再用水洗，用无水氯化钙干燥，蒸馏即得。

四氯化碳不能用金属钠干燥，否则会发生爆炸。

18. 1,2-二氯乙烷（1,2-dichloroethane）

b. p. 83.4℃；n_D^{20} 1.4448，d_4^{20} 1.2531。

1,2-二氯乙烷是无色液体，有芳香气味，可与水形成恒沸物（含水18.5%，沸点为72℃），可与乙醇、乙醚和氯仿相混合。在重结晶和萃取时，1,2-二氯乙烷是很有用的溶剂。

纯化方法：可依次用浓硫酸、水、稀碱溶液和水洗涤，然后用无水氯化钙干燥，或加入五氧化二磷（20g/L），加热回流2h，常压蒸馏即可。

19. 二氧六环（dioxane）

b. p. 101.5℃；m. p. 12℃；n_D^{20} 1.4224；d_4^{20} 1.0337。

又称二噁烷、1,4-二氧六环，与水互溶，无色，易燃，能与水形成共沸物（含量为81.6%，沸点为87.8℃）。普通二氧六环中含有少量二乙醇缩醛与水。

纯化方法：可加入10%的浓盐酸，回流3h，同时慢慢通入氮气，以除去生成的乙醛。冷却后，加入粒状氢氧化钾直至其不再溶解；分去水层，再用粒状氢氧化钾干燥1d；过滤，在其中加入金属钠回流数小时，蒸馏。

可加入钠丝保存。久贮的二氧六环中可能含有过氧化物，要注意除去，然后再处理。

20. 乙二醇二甲醚（二甲氧基乙烷，dimethoxyethane）

b. p. 85℃；n_D^{20} 1.3796；d_4^{20} 0.8691。

乙二醇二甲醚，俗称二甲基溶纤剂，为无色液体，有乙醚气味，对某些不溶于水的有机化合物是很好的惰性溶剂，其化学性质稳定，溶于水、乙醇、乙醚和氯仿。

纯化方法：先用钠丝干燥，在氮气下加氢化锂铝蒸馏；或先用无水氯化钙干燥数天，过滤，加金属钠蒸馏。

可加入氢化锂铝保存，用前再蒸馏。

21. 吗啉（morpholine）

b. p. 128.9℃；n_D^{20} 1.4540；d_4^{20} 1.007。

市售的吗啉与氢氧化钾（10g/L）一起加热回流3h，在常压下装一个20cm的韦氏分馏柱分馏。

吗啉和其他胺类相似，需加入粒状氢氧化钾贮存。

22. 乙腈（acetonitrile）

b. p. 81.6℃；n_D^{20} 1.3442；d_4^{20} 0.7857。

乙腈是惰性溶剂，可用于反应及重结晶。乙腈与水、醇、醚可任意混溶，与水生成共沸物（含乙腈84.2%，沸点为76.7℃）。市售的乙腈常含有水、不饱和腈、醛和胺等杂质，三级以上的乙腈含量应高于95%。

纯化方法：可将试剂乙腈用无水碳酸钾干燥，过滤，再与五氧化二磷（20g/L）加热回流，直至无色，用分馏柱分馏。乙腈可贮存于放有分子筛（0.2nm）的棕色瓶中。乙腈有毒，常含有游离氢氰酸。

23. 碘甲烷（iodomethane）

b. p. 42.5℃；n_D^{20} 1.5380；d_4^{20} 2.279。

碘甲烷为无色液体，见光变褐色，游离出碘。

纯化方法：用硫代硫酸钠或亚硫酸钠的稀溶液反复洗至无色，然后用水洗，用无水氯化钙干燥，蒸馏。

碘甲烷应贮于棕色瓶中，避光保存。

24. 苯胺（aniline）

b. p. 184.1℃；n_D^{20} 1.5863；d_4^{20} 1.0217。

在空气中或光照下苯胺颜色变深，应密封贮存于避光处。苯胺稍溶于水，能与乙醇、氯仿和大多数有机溶剂互溶。可与酸成盐，苯胺盐酸盐的熔点为198℃。

市售的苯胺可用氢氧化钾（钠）干燥。

纯化方法：为除去含硫的杂质，可在少量氯化锌存在下，用氮气保护，水泵减压蒸馏，收集77～78℃/2.00kPa(15mmHg) 的馏分。

吸入苯胺蒸气或经皮肤吸收会引起中毒症状。

25. 苯甲醛（benzaldehyde）

b. p. 179.0℃；n_D^{20} 1.5463；d_4^{20} 1.0415。

苯甲醛是带有苦杏仁味的无色液体，能与乙醇、乙醚、氯仿相混溶，微溶于水。由于在空气中易氧化成苯甲酸，使用前需经蒸馏，收集64～65℃/1.60kPa(12mmHg) 的馏分。

苯甲醛是低毒化合物，但对皮肤有刺激，若触及皮肤可用水洗。

26. 冰醋酸（acetic acid，glacial acetic acid）

b. p. 117.9℃；m. p. 16～17℃；n_D^{20} 1.3716；d_4^{20} 1.0492。

将市售的冰醋酸在4℃下慢慢结晶，并在冷却下迅速过滤，压干。少量的水可用五氧化二磷（10g/L）回流干燥几小时除去。

冰醋酸对皮肤有腐蚀作用，接触到皮肤或溅到眼睛里时，要用大量水冲洗。

27. 乙酸酐（acetic anhydride）

b. p. 139.55℃；n_D^{20} 1.3904；d_4^{20} 1.0820。

纯化方法：加入无水乙酸钠（20g/L）回流并蒸馏。

乙酸酐对皮肤有严重的腐蚀作用，使用时需戴防护眼镜及手套。

28. 溴（bromine）

b. p. 58℃；m. p. 7.3℃；d_4^{20} 3.12。

溴为红棕色发烟液体，稍溶于水，溶于醇和醚。可用浓硫酸与溴一起振摇使其脱水干燥，再将酸分去。

溴对呼吸器官、皮肤、眼睛等均有强腐蚀性，操作时应注意防护。若接触到皮肤时，应迅速用大量水洗，用酒精洗，再依次用水、碳酸氢钠水溶液洗。

29. 水合肼（hydrazine hydrate）

水合肼是肼与一分子水的缔合物，在合成中常用85%肼的水溶液。

（1）制备85%的水合肼　取100g 40%～45%市售的水合肼和200g 二甲苯的混合物，进行分馏，可在99℃时蒸出水-二甲苯共沸物，再在118～119℃蒸出85%的水合肼。

（2）制备90%～95%的水合肼　取114mL 40%～45%的水合肼和230mL二甲苯，装高效分馏柱，油浴加热分馏；约带出85mL水后，再进行蒸馏，收集113～125℃的馏分。肼浓度愈高，愈易爆炸。蒸馏时，不宜蒸得过干，应在防爆通风橱内进行。

将85%的水合肼和等量粒状氢氧化钠在油浴中加热至113℃，并在此温度下保温2h，再逐渐升温至150℃，即可蒸出肼，浓度为95%左右。

肼严重腐蚀皮肤、眼、鼻、喉，特别是黏膜。若不慎触及皮肤，可用稀醋酸洗涤，必要时服用葡萄糖以解除毒性。

30. 亚硫酰氯（thionyl chloride）

b. p. 75.8℃；n_D^{20} 1.5170；d_4^{20} 1.656。

亚硫酰氯又称氯化亚砜，为无色或微黄色液体，有刺激性，遇水强烈分解。工业品常含有氯化砜、一氯化硫、二氯化硫，一般经蒸馏纯化，但经常仍有黄色。需要更高纯度的试剂时，可用喹啉和亚麻油依次重蒸纯化，但处理手续麻烦，收率低，剩余残渣难以洗净。使用硫黄处理，操作较为方便，效果较好。搅拌下将硫黄（20g/L）加入亚硫酰氯中，加热，回流4.5h，用分馏柱分馏，得无色纯品。

操作中要小心，本品对皮肤与眼睛有刺激性。

附录6　危险化学品的使用常识

化学工作者每天都要接触各种化学药品，很多药品是剧毒、可燃和易爆炸的危险化学品，必须正确使用和保管，严格遵守操作规程，避免事故发生。

根据常用的一些化学药品的危险性质，可以大略分为易燃、易爆和有毒三类，现分述如下。

1. 易燃化学药品

分类	举例
可燃气体	氨、乙胺、氯乙烷、乙烯、燃气、氢气、硫化氢、甲烷、氯甲烷、二氧化硫等
易燃液体	汽油、乙醚、乙醛、二硫化碳、石油醚、丙酮、苯、甲苯、二甲苯、苯胺、乙酸乙酯、甲醇、乙醇、氯甲醛等
易燃固体	红磷、三硫化二磷、萘、镁、铝粉等
自燃物质	黄磷等

实验室保存和使用易燃、有毒药品时，应注意以下几点。

① 实验室内不要保存大量易燃溶剂，少量的也需密闭，切不可放在开口容器内，需放在阴凉背光和通风处并远离火源，不能接近电源及暖气等。腐蚀橡皮的药品不能用橡皮塞。

② 可燃性溶剂均不能直接用火加热，必须用水浴、油浴或可调节电压的加热包。蒸馏乙醚或二硫化碳时，要用预先加热的或通水蒸气加热的热水浴，并远离水源。

③ 蒸馏、回流易燃液体时，防止暴沸及局部过热，瓶内液体应占瓶容积的1/3～2/3量，加热中途不得加入沸石或活性炭，以免暴沸冲出着火。

④ 注意冷凝管水流是否流畅，干燥管是否阻塞不通，仪器连接处塞子是否紧密，以免蒸气逸出着火。

⑤ 易燃蒸气大都比空气重（如乙醚较空气重2.6倍），能在工作台面流动，故即使在较远处的火焰也可能使其着火。尤其处理较大量乙醚时，必须在没有火源且通风的实验室中

进行。

⑥ 用过的溶剂不得倒入下水道中，必须设法回收。含有机溶剂的滤渣不能丢入敞口的废物缸内，燃着的火柴头切不能丢入废物缸内。

⑦ 金属钠、钾遇火易燃，故需保存在煤油或液体石蜡中，不能露置于空气中。如遇着火，可用石棉布扑灭；不能用四氯化碳灭火器，因其与钠或钾易发生爆炸反应。二氧化碳泡沫灭火器能加强钠或钾的火势，亦不能使用。

⑧ 某些易燃物质，如黄磷在空气中能自燃，必须保存在盛水玻璃瓶中，再放在金属筒中，绝不能直接放在金属筒中，以免腐蚀。自水中取出后，立即使用，不得露置在空气中过久。用过后必须采取适当方法销毁残余部分，并仔细检查有无散失在桌面或地面上。

2. 易爆化学药品

当气体混合物发生反应时，其反应速率随成分而变，当反应速率达到一定时，会引起爆炸，如氢气与空气或氧气混合达一定比例，遇到火焰就会发生爆炸。乙炔与空气亦可生成爆炸混合物。汽油、二硫化碳、乙醚的蒸气与空气相混，亦可因小火花或电火花导致爆炸。

乙醚蒸气不但能与空气或氧混合，形成爆炸混合物，同时由于光或氧的影响，乙醚可被氧化成过氧化物，其沸点较乙醚高。在蒸馏乙醚时，当浓度较高时，则发生爆炸，故使用时均需先检定其中是否含有过氧化物（检验与除去过氧化物的方法见附录5“常用溶剂和特殊试剂的纯化”中“2. 无水乙醚”部分）。此外，二氧六环、四氢呋喃及某些不饱和碳氢化合物（如丁二烯），亦可因产生过氧化物而引起爆炸。

某些以较高速率进行的放热反应，因生成大量气体也会引起爆炸并伴随着发生燃烧。一般来说，易爆物质的化学结构中，大多是含有以下基团的物质，见下表。

易爆物中常见的基团	易爆物举例	易爆物中常见的基团	易爆物举例
—O—O—	臭氧、过氧化物	—N≡N—	重氮及叠氮化合物
—O—ClO_2	氯酸盐、高氯酸盐	—ON═C	雷酸盐
═N—Cl	氮的氯化物	—NO_2	硝基化合物（如三硝基甲苯、苦味酸盐）
—N═O	亚硝基化合物	—C≡C—	乙炔化合物（乙炔金属盐）

（1）能自行爆炸的化学药品　如高氯酸铵、硝酸铵、浓高氯酸、雷酸汞、三硝基甲苯等。

（2）能混合发生爆炸的化学药品

① 高氯酸＋乙醇（或其他有机物）

② 高锰酸钾＋甘油（或其他有机物）

③ 高锰酸钾＋硫酸（或硫）

④ 硝酸＋镁（或碘化氢）

⑤ 硝酸铵＋酯类（或其他有机物）

⑥ 硝酸铵＋锌粉＋水滴

⑦ 硝酸盐＋氯化亚锡

⑧ 过氧化物＋铝＋水

⑨ 硫＋氧化汞

⑩ 金属钠（或钾）＋水

氧化物与有机物接触，极易引起爆炸。在使用浓硝酸、高氯酸、过氧化氢等时，应特别注意。使用可能发生爆炸的化学药品时，必须做好个人防护，戴面罩或防护眼镜，并在通风橱中进行操作。要设法减少药品用量或浓度，进行小量试验。平时危险药品要妥善保存，如苦味酸需保存在水中，某些过氧化物（如过氧化苯甲酰）必须加水保存。易爆炸残渣必须妥善处理，不得随意乱丢。

3. 有毒有害化学药品

日常所接触的化学药品中，少数是剧毒药品，使用时必须十分谨慎；很多药品是经长期接触，或接触量过大，产生急性或慢性中毒。只有掌握使用毒品的规则和防范措施，才能避免药品对人体的伤害。

（1）有毒气体　如溴、氯、氟、氢氰酸、氟化氢、溴化氢、氯化氢、二氧化硫、硫化氢、光气、氨、一氧化碳等均为窒息性或刺激性气体。在使用以上气体进行实验时，应在通风良好的通风橱中进行。反应中在气体发生时，应安装气体吸收装置（如反应产生的氯化氢、溴化氢等）。遇气体中毒时，应立即将中毒者移至空气流通处，静卧、保暖，施人工呼吸或给氧，及时请医生治疗。

（2）强酸和强碱　硝酸、硫酸、盐酸、氢氧化钠、氢氧化钾均刺激皮肤，有腐蚀作用，造成化学烧伤。吸入强酸烟雾，会刺激呼吸道。稀释硫酸时，应将硫酸慢慢倒入水中，并随同搅拌，不要在不耐热的厚玻璃器皿中进行。

贮存碱的瓶子不能用玻璃塞，以免碱腐蚀玻璃，使瓶塞打不开。取碱时必须戴防护眼镜及手套。配制碱液时，应在烧杯中进行，不能在小口瓶或量筒中进行，以防容器受热破裂造成事故。开启氨水瓶时，必须事先冷却，瓶口朝无人处，最好在通风橱内进行。

如遇皮肤或眼睛受伤，应迅速冲洗。若是被酸损伤，立即用3%碳酸氢钠溶液冲洗；若是被碱损伤，立即用1%～2%乙酸溶液冲洗。眼睛则用饱和硼酸溶液冲洗。

（3）无机药品

① 氰化物及氢氰酸　毒性极强，致毒作用极快，空气中氰化氢含量达3/10000，即可在数分钟内致人死亡；内服极少量氰化物，亦可很快中毒死亡。取用时，须特别注意，氰化物必须密封保存，因其易发生以下变化：

空气中
$$KCN + H_2O + CO_2 \longrightarrow KHCO_3 + HCN$$
或
$$2KCN + H_2O + CO_2 \longrightarrow K_2CO_3 + 2HCN$$
潮湿时
$$KCN + H_2O \longrightarrow KOH + HCN$$
遇酸
$$KCN + HCl \longrightarrow KCl + HCN$$

氰化物要有严格的领用保管制度，取用时必须戴厚口罩、防护眼镜及手套，手上有伤口时不得进行该项实验。使用过的仪器、桌面均应亲自收拾，用水冲净，手及脸亦应仔细洗净。氰化物的销毁方法是使其与亚铁盐在碱性介质中作用生成亚铁氰酸盐。

$$2NaOH + FeSO_4 \longrightarrow Fe(OH)_2 + Na_2SO_4$$
$$Fe(OH)_2 + 6NaCN \longrightarrow 2NaOH + Na_4Fe(CN)_6$$

② 汞　在室温下即能蒸发，毒性极强，能致急性中毒或慢性中毒。使用时须注意室内通风。提纯或处理时，必须在通风橱内进行。若有汞洒落时，要用滴管收起，分散的小粒也要尽量汇拢收集，然后再用硫黄粉、锌粉或氯化铁溶液消除。

③ 溴　溴液可致皮肤烧伤，其蒸气刺激黏膜，甚至可使眼睛失明。使用时应在通风橱内进行。

当溴洒落时，要立即用沙掩埋。若皮肤烧伤，应立即用稀乙醇洗或多量甘油按摩，然后涂以硼酸凡士林膏。

④ 黄磷　剧毒，切不能用手直接取用，否则引起严重持久的烫伤。

(4) 有机药品 有机溶剂均为脂溶性液体，对皮肤、黏膜有刺激作用。如苯不但刺激皮肤，易引起顽固湿疹，且对造血系统及中枢神经系统均有严重损害；甲醇对视神经特别有害。大多数有机溶剂的蒸气易燃。在条件许可的情况下，最好用毒性较低的石油醚、乙醚、丙酮、二甲苯代替二硫化碳、苯和卤代烷类。使用有机溶剂时注意防火，室内空气流通，一般用苯提取，应在通风橱内进行。绝不能用有机溶剂洗手。

① 硫酸二甲酯 吸入及皮肤吸收均可中毒，且有潜伏期，中毒后呼吸道感到灼痛，滴在皮肤上能引起坏死、溃疡，恢复慢。

② 苯胺及苯胺衍生物 吸入或经皮肤吸收均可致中毒。慢性中毒引起贫血，影响持久。

③ 芳香硝基化合物 化合物中硝基愈多毒性愈大，在硝基化合物中增加氯原子，亦将增加毒性。这类化合物的特点是能迅速被皮肤吸收，中毒后引起顽固性贫血及黄疸病，刺激皮肤引起湿疹。

④ 苯酚 能够灼伤皮肤，引起坏死或皮炎，皮肤沾染应立即用温水及稀酒精洗。

⑤ 生物碱 大多数具有强烈毒性，皮肤亦可吸收，少量即可导致中毒，甚至死亡。

⑥ 致癌物 很多的烷基化试剂，长期摄入体内有致癌作用，应予注意，其中包括硫酸二甲酯、对甲苯磺酸甲酯、*N*-甲基-*N'*-亚硝基脲、亚硝基二甲胺、偶氮乙烷以及一些丙烯酯类等。一些芳香胺类，由于在肝脏中经代谢生成 *N*-羟基化合物而具有致癌作用，其中包括2-乙酰氨基芴、4-乙酰氨基联苯、2-乙酰氨基苯酚、2-萘胺、4-(*N*,*N*-二甲氨基) 偶氮苯等。部分稠环芳香烃化合物，如3,4-苯并蒽、1,2,5,6-二苯并蒽和9-及10-甲基-1,2-苯并蒽等，都是致癌物，而9,10-二甲基-1,2-苯并蒽则属于强致癌物。

4. 化学药品侵入人体途径及防护

(1) 经由呼吸道吸入 有毒气体及有毒药品蒸气经呼吸道吸入人体，经血液循环而至全身，产生急性或慢性全身性中毒，所以实验必须在通风橱内进行，并经常注意室内空气流畅。

(2) 经由消化道侵入 任何药品均不得用口尝味，不在实验室内进食，实验完毕必须洗手，不穿工作服到食堂、宿舍去。

(3) 经由皮肤黏膜侵入 眼睛的角膜对化学药品非常敏感，第3类药品对眼睛的危害性很严重。进行实验时，必须戴防护眼镜。一般来说，药品不易透过完整的皮肤，但皮肤有伤口时是很容易侵入人体的。沾污了的手取食或抽烟，均能将其带入体内。化学药品，如浓酸、浓碱，对皮肤均能造成化学灼伤。某些脂溶性溶剂、氨基及硝基化合物，可引起顽固性湿疹。有的亦能经皮肤侵入体内，导致全身中毒或危害皮肤，引起过敏性皮炎。在实验操作时，注意勿使药品直接接触皮肤，必要时可戴手套。

附录7 有机化学中常见的英文缩写

缩写	英文	中文	缩写	英文	中文
aa	acetic acid	乙酸	Am	amyl(pentyl)	戊基
abs	absolute	绝对的	anh	anhydrous	无水的
ac	acid	酸	aqu	aqueous	水溶液
Ac	acetyl	乙酰基	atm	atmosphere	大气压
ace	acetone	丙酮	b. p.	boiling point	沸点
al	alcohol	醇(乙醇)	Bu	butyl	丁基
alk	alkali	碱	bz	benzene	苯

续表

缩 写	英 文	中 文	缩 写	英 文	中 文
chl	chloroform	氯仿	min	minute	分钟
comp	compound	化合物	*n*-	normal	正
con	concentrated	浓缩的	*n*	refractive index	折射率
cr	crystals	结晶	*o*-	ortho	邻(位)
ctc	carbon tetrachloride	四氯化碳	org	organic	有机的
cy	cyclohexane	环己烷	os	organic solvents	有机溶剂
d	decompose	分解	*p*-	pata	对(位)
dil	diluted	稀释的,稀的	peth	petroleum ether	石油醚
diox	dioxane	二氧六环	Ph	phenyl	苯基
DMF	dimethyl formamide	二甲基甲酰胺	pr	propyl	丙基
DMSO	dimetyl sulfone	二甲亚砜	py	pyridine	吡啶
Et	ethyl	乙基	rac	racemic	外消旋的
eth	ether	醚,乙醚	s	soluble	可溶解的
exp	explode	爆炸	s	solid	固体
et. ac	ethyl acetate	乙酸乙酯	sl	slightly	轻微地
flu	fluorescent	荧光的	sol	solution	溶液,溶解
h	hot	热	solv	solvent	溶剂
h	hour	小时	sub	sublime	升华
hp	heptane	庚烷	sulf	sulfuric acid	硫酸
hx	hexane	己烷	sym	symmetrical	对称的
hyd	hydrate	水合的	*t*-	tertiary	第三的,叔
i	insoluble	不溶的	temp	temperature	温度
i-	iso	异	tet	tetrahedron	四面体
in	inactive	不活泼的	THF	tetrahydrofuran	四氢呋喃
inflam	inflammable	易燃的	tol	toluene	甲苯
infus	infusible	不熔的	vs	very strong	非常强
liq	liquid	液体,液态的	vac	vacuum	真空
m. p.	melting point	熔点	w	water	水
m-	meta	间(位)	wh	white	白(色)的
Me	methyl	甲基	wr	warm	温热的
met	metallic	金属的	xyl	xylene	二甲苯
min	mineral	矿石,无机的			

参考文献

[1] 刘约权，李贵深．实验化学［M］．第2版．北京：高等教育出版社，2005.

[2] 高占先．有机化学实验［M］．第4版．北京：高等教育出版社，2004.

[3] 北京大学化学学院有机化学研究所．有机化学实验［M］．第2版．北京：北京大学出版社，2002.

[4] 李兆陇，阴金香，林天舒．有机化学实验［M］．第3版．北京：清华大学出版社，2001.

[5] 贡雪东．大学化学实验1［M］．北京：化学工业出版社，2007.

[6] 彭新华．大学化学实验2［M］．北京：化学工业出版社，2007.

[7] 居学海．大学化学实验4［M］．北京：化学工业出版社，2007.

[8] 焦家俊．有机化学实验［M］．上海：上海交通大学出版社，2000.

[9] 曾昭琼．有机化学实验［M］．第2版．北京：高等教育出版社，1987.

[10] 熊洪录．有机化学［M］．武汉：武汉大学出版社，2009.

[11] 周宁怀，王德琳．微型有机化学实验［M］．北京：科学出版社，1999.

[12] 胡春．有机化学实验［M］．北京：中国医药科技出版社，2007.

[13] 周莹．有机化学实验［M］．长沙：中南大学出版社，2006.

[14] 焦家俊，郑晓晖，胡朝宏．相转移催化合成2,4-二硝基苯磺酸钠［J］．化学世界，1996，(6)：312-314.

[15] 张其锦，翟焱．聚苯胺的电化学合成实验［J］．大学化学，1998，13 (4)：41-43.

[16] 周广运，张晓辉．微波辐射合成β-萘甲醚的研究［J］．辽宁工学院学报，1998，18 (1)：80-82.